Ludwig Achim's von Arnim

sämmtliche Werke.

Herausgegeben

von

Wilhelm Grimm.

Zehnter Band.

Grünberg und Leipzig,

bei W. Levysohn.

1841.

Novellen

von

Ludwig Achim von Arnim.

Herausgegeben

von

Wilhelm Grimm.

Vierter Band.

Grünberg und Leipzig,
bei W. Levysohn.
1841.

Inhalt.

Seite

Seltsames Begegnen und Wiedersehen. (Erzählung.) 1 — 70

1. Die Verlobung. 3
2. Die Trennung. 8
3. Der Generalmarsch. 28
4. Die Reise über das Schlachtland. 35
5. Die Handschrift. 41
6. Deutsche Frauen. 52
7. Das Wiedersehen. 60

Martin Martir. (Erzählung.) . . . . 71 — 168

Frau von Saverne. (Erzählung.) . . . . 173 — 194

Juvenis. (Erzählung.) . . . . 195 — 230

Die zerbrochene Postkutsche. (Text zu einer komischen Operette.). . . . . 231 — 268

Die Weihnachts-Ausstellung. (Ein Schwank.) . . . 269 — 303

Aloys und Rose. (Französische Miscellen aus Wallis.) 305 — 351

Seltsames
Begegnen und Wiedersehen.

(Erzählung.)

1. Die Verlobung.

„Der Alte hat recht schöne weiße Locken," sagte Julie zum Rittmeister und strich sanft mit ihrer Hand durch das Haar des alten Invaliden; „weiße Locken sind ein reizender Verein von Jugend und Alter." — Der Rittmeister schien nicht Achtung zu geben, er blickte seitwärts und schwieg. — „Das gnädige Fräulein," sprach der Invalide, „sagen mir immer ein liebes Wort am Sonntage, wenn ich die ganze Woche nichts als Verdruß erlebt habe; will es auch heute in meinem Gebete Gott vortragen, daß er dem lieben Fräulein bald Nachricht vom Herrn Vater gebe. Kommt der Herr Vater, da wird das gnädige Fräulein meine weißen Haare nicht mehr ansehen, was hatte der Herr Oberst für schöne weiße Locken, ich habe sie ihm wohl manches tausendmal frisirt. Gott weiß, wer ihn jetzt frisiren mag." — Der Rittmeister wandte sich mit einer unwillkührlichen Bewegung von dem Alten fort, der mit Anstand das Zimmer verließ. „Sie scheinen meinen guten Alten nicht gern zu sehen?" fragte Julie den Rittmeister. „Sie irren sich in meinem Gefühle," antwortete er, „es ist ein Ereigniß dieses Krieges, das mich beim Anblicke alter Krieger stört. In den Heeren Ihres Königs dienten viele alte Leute, und das sollte nicht sein, ohne bösen Willen muß die Jugend in solchen Greisen die heiligsten Gefühle verletzen." — „Sie fühlen vielleicht zu zart," meinte Julie, „wo Ihre Landsleute meist zu hart sind." — „Nicht meine Landsleute," antwortete der Rittmeister, „meine Schicksalsgefährten, ja sie würden mein Gefühl bei dem Vorfalle verspotten, ich aber wünschte, daß ich mich so leicht mit diesem Gefühle abfinden könnte, aber es plagt mich oft in dem stillen Frieden Ihrer Nähe." — Julie fragte nach diesem Ereignisse, und der Rittmeister erzählte ihr, wie der Tag der großen Schlacht ihm für seine militärischen Aussichtrn so besonders günstig gewesen wäre, er sei vom Kaiser bemerkt und belobt worden, aber der Abend dieses Tages habe ihm die Erinnerung desselben verbittert. Die Schlacht war auf unsrer Seite völlig entschieden, erzählte er, unser Kanonenfeuer hatte die feindlichen Infanteriemassen zum Weichen gebracht, unsre Kavallerie stürzte nach. Obgleich ich wegen meiner Anstellung beim General keine Aufforderung hatte, selbst Hand ans Werk zu legen, so trieb mich doch mein böses Blut und frühe Gewohnheit unter dem Vorwande hinein, daß ich eine kleine Verwirrung der Unsern wieder ausgleichen müße. Feindliche Reiterei suchte uns aufzuhalten, aber sie wurde geworfen. Ein einzelner feindlicher Offizier widerstand lange der Flucht unter den Seinen, und ritt uns dann mit blindem Zorne entgegen. Ein Paar Dragoner, die sich an ihn machten, fertigte er so übel ab, daß die andern der größern Masse nacheilten und sich um den einzelnen Reiter nicht kümmerten, der uns nicht mehr schädlich werden konnte. Ich sprang auf ihn los, er hielt seinen Degen mit beiden Händen vor die Stirn, mir war's, als ob er betete und ich hätte ihm Gefangenschaft angeboten, hätte sich nicht in dem Augenblicke der General mit seinem Gefolge genähert, unter dessen Augen ich mich auch im einzelnen Kampfe auszuzeichnen trachtete. Die Eitelkeit verschlang meinen guten Willen, ich sprach nicht mehr vom Gefangennehmen, ich gebot dem Offizier, sein Leben zu vertheidigen. So fochten wir einige Zeit gegen einander. Mein Gegner hatte ein gewandteres Pferd, ich blutete schon, da traf mein Säbel sein Haupt, der Huth fiel zu Boden, er ließ die Zügel sinken, ein Sprung des Pferdes warf den Reiter zur Erde. Ich kann den Schauder nicht beschreiben, als ich niedersah und ein schneeweißes Haupt von Blut überrieselt erblickte, nie tilgt sich dieser Flecken aus meiner Erinnerung, die Ehre des Tages erschien mir nichtig, weil ich mich mit so ehrwürdigem Blute befleckt hatte. Nie hatte ich einen so alten Mann bei meinem Heere gesehen, ich war so entsetzt, als hätte ich meinen Vater unbewußt umgebracht. Ich sprang vom Pferde, er athmete noch; ich befahl meinem Hans, der mit einem Handpferde aus dem Gefolge des General zu mir sprengte, für den Verwundeten zu sorgen, weil mich selbst der Dienst fortrief. — „Wurde der Verwundete gerettet?“ fragte Julie. — „Nein, leider nein,“ antwortete der Rittmeister, „erst nach einem Monat traf ich wieder den Hans, er sagte mir, daß er gestorben sei und brachte ein Zeugniß des Pfarrers im nächsten Dorfe, daß er begraben mit aller Ehre, die einem Manne gebührt, der in seinem Berufe gestorben.“ — „Steht sein Name in dem Zeugnisse, Sie sollten es den Seinen schicken, vielleicht wissen sie so wenig von ihm, wie ich von dem Schicksale meines Vaters,“ sprach Julie. — „Es scheint, daß der Verwundete sich nicht mehr hat erklären können,“ entgegnete der Rittmeister, „kein Name ist in dem Zeugniß und so ist mir auch der Trost, die Beruhigung versagt, den Verwandten wenigstens für ihr äußeres Verhältniß zu ersetzen, was ihnen meine Eitelkeit geraubt hat.“ — Julie war gerührt durch die Güte des Rittmeisters, sie konnte es nicht unterdrücken, ihm dieses Wohlwollen zu bekennen, und wie sich leicht an einem Gefühle ein andres gleichartiges entzündet, daß zur Erscheinung gelangt, was sich sonst vielleicht mühsam doch noch lange geistig verschlossen gehalten hätte, so ward auch dieses Wohlwollen die Veranlassung, daß der Rittmeister endlich seine Neigung, seinen Wunsch zu einer dauernden Verbindung, Julien bekannte. Sie hatten sich gegenseitig lange errathen, nur das seltsame Verhältniß eines einquartirten Feindes zu seiner Wirthin, das jenem so bedeutende Rechte zuspricht, hatte den Mund des Rittmeisters bisher verschlossen. Julie, offen und heftig in ihrem Wesen, konnte eine Neigung nicht verheimlichen, die übermächtig alle andre Freunde, Vorsätze und Beschäftigungen aus ihrer Seele verscheucht hatte. So entwickelte sich eine Verlobung von selbst, das entferntere Sie wurde in ein vertrauliches Du umgesetzt und Julie verwunderte sich, daß die Leute schon aus der Kirche kamen, als sie erst eingehen wollte für das Glück dieser Verbindung zu beten. Sie wäre wohl nicht zur Kirche gegangen, wenn nicht der Rittmeister wegen dringender Geschäfte, die den ganzen Tag einzunehmen drohten, zum General abgerufen wäre. Vor der Kirchthür begegnete ihr Constanze, die sie über acht Tage zur nächsten Versammlung des Schwesternbundes zu sich einlud; eine Verbindung, die zur Unterstützung von allerlei löblichen Zwecken aus geselliger Unterhaltung hervorgegangen, in dieser betrübten Zeit die einzige Veranlassung war, daß die jungen Mädchen in größerer Zahl zu einander kamen. Constanze konnte sich nicht enthalten, nach ihrer Gewohnheit, alle ihre überspannten Hoffnungen darzulegen, wie nun bald die Zeit gekommen sei, um durch treue Verbindung, wie einst Kieslien in der Vesper, aller Feinde sich zu entledigen. Julie war heute zum erstenmal gelähmt in diese Pläne einzustimmen, und Constanze warf ihr Lauheit mit Härte vor. So schieden beide sonst so vertraute Mädchen mit einiger Empfindlichkeit von einander; Julie fand es unleidlich von einer Freundin gleichen Alters immer gehofmeistert zu werden, und Constanze fand das Gerücht nicht mehr unwahrscheinlich, daß der einquartirte feindliche Rittmeister Julien nicht mehr lästig, vielmehr ihr angenehm sei mit seiner steten Gegenwart, die alle Freundinnen verhinderte, sie zu besuchen.

2. Die Trennung.

Constanzens Ärger, der ihr sehr bald als edel und pflichtmäßig erschien, hatte seine reifen Früchte schon am nächsten Sonntage in der Versammlung der verbundenen Schwestern getragen und aufgetischt. Abends, als es eben anfing zu dunkeln in den Zimmern, verließ Julie das Haus Constanzens bei scheinbarer Kaltblütigkeit in so heftiger Bewegung, daß sie den Platzregen kaum bemerkte, der alle andere Fußgänger in den Schutz der Häuser trieb. Es war ihr zuweilen, als hielte sie schon die Pistole in ihrer Hand und die Leute in den Thorwegen meinten, sie fühle nach, ob es noch regne, oder sie erwehre sich der Regentropfen, so seltsam streckte sie den rechten Arm in die Luft. Aus Gewohnheit, ohne sich des Weges bewußt zu sein, ohne ihn dahin gerichtet zu haben, trat sie in den Flur ihres Hauses, der ebenfalls mit flüchtigen Spatziergängern angefüllt war, die ihren Sonntagsstaat zu sichern und zu trocknen bemüht waren. Die Anwesenheit der vielen fremden Gesichter verwunderte sie, aber sie fragte nicht nach der Ursache, sondern lief hastig hindurch, die Treppe hinauf nach ihrer Wohnung, und bemerkte erst hier an ihrer Thüre, daß sie den Drücker in ihrem Arbeitstäschgen bei Constanzen vergessen habe. Sie schlug sich vor die Stirn, weil sie sich erinnerte, daß Charlotte Erlaubniß erhalten, den Nachmittag auszugehen, und der Rittermeister mit seinem Hans ausgeritten, niemand ihr die Wohnung eröffnen konnte. Die Kühlung des Regens hatte allmälig ihre Heftigkeit gemildert, doch konnte sie sich nicht entschließen, das Haus ihrer Freundin je wieder zu betreten; da öffnete ein Windstoß die Thüre, die nur angelehnt war. Hatten Diebe die Thür erbrochen? Aber weder ein Dieb, noch ihr Mädchen hatten aufgeräumt; das ausgezogene weiße Röckchen lag noch wie ein Zauberring in der Mitte des Zimmers, Strohhut und Bänder auf dem Spiegeltische. Sie seufzte, mit welcher Ungeduld sie das Zimmer verlassen, um ihre alten Freundinnen wieder zu begrüßen, ihnen zuerst ihre Verlobung bekannt zu machen, die sie bis jetzt noch jedermann verschwiegen hatte. Sie hatte wohl etwas Neckerei darüber vermuthet, aber nicht ahnen können, daß Constanzens Ärger und Enthusiasmus sich in der Zeit so mit einander verflochten hatte, daß sie, die genaueste, liebste Freundin ihr diesen unabänderlichen Schritt als Entehrung vorwerfen könne. In dem Taumel der freundlichsten Gewalt hatte sie sich mit dem Worte beruhigt, daß der Rittmeister von Geburt ein Deutscher sei, nur durch ein Spiel des Zufalls während der Revolution aller Unterstützung seiner unbekannten Ältern beraubt, sich gezwungen gesehen, gegen seine bessere Überzeugung mit den andern in den Kampf zu ziehen, auch hier glaubte sie sich und ihn dadurch vollkommen gerechtfertigt. Aber die harte Constanze verdammte ihn, ohne darauf einzugehen, was Gewohnheit und Erziehung für Zwang ausüben, sie sprach mit verächtlichem Lächeln: Es sei eine Hauptlüge unsrer Zeit, beschönigen zu wollen, was in sich unverbesserlich schlecht sei, der Rittmeister sei um so ehrloser als jeder andre dieser verhaßten Feinde, weil er gegen seine Überzeugung und gegen sein Vaterland dem Willen eines Zerstörers gefolgt sei. — War es nicht natürlich, daß dieser Schimpf gegen den Geliebten die liebende, ernste Julie empört hatte? Der gleichgültigen Welt hätte sie es verziehen, wenn sie ihr Glück dem Geschwätze und der Prahlerei allgemeiner Grundsätze aufgeopfert hätte, die nur selten den Einzelnen fassen und richten können, der vieljährigen Vertrauten ihres reinen Herzens konnte sie es nicht verzeihen, sondern sie sprach mit recht inniger Überzeugung: „Wäre ich ein Mann, ich würde Dir auf diesen Vorwurf gegen meinen Freund mit den Waffen antworten." Constanze, von ihrem Vater zur Jagdlust erzogen, an Waffen gewöhnt, hatte das Wort aufgenommen und ihr versichert, in ihrer Lage würde sie den Männern nichts vorauslassen und ihre verlorne Ehre durch Gewalt wieder zu gewinnen suchen. Julie rief, „sie wolle ihr zeigen, daß es ihr nicht an Muth fehle, um der Ehre sich würdig zu beweisen, als Braut eines der edelsten Krieger vor aller Welt aufzutreten." Die andern Mädchen hatten erst gelächelt, dann hörten sie erschrocken zu, suchten dann mit Ungeschicklichkeit dazwischen zu treten, aber Julie, der Gesellschaft überdrüssig, die so unerwartet aus der Reihe vieljähriger Verschwisterung in die fremdeste Ferne gerückt war, verließ dieselbe in dem unleidlichsten Zustande von äußern und innern Widersprüchen zerrissen. Dieser Zustand quälte sie noch immer fort, als sie in der einsamen Dunkelheit ihres Zimmers sich auf einen Stuhl setzte, um über den Vorfall ruhig nachzudenken. Ihr that es leid, ihrer Constanze entsagen zu müssen, und sie wünschte sich an Constanzen dafür zu rächen. Ihr Wort wollte sie durchaus nicht zurücknehmen, das Gerede der Welt verachtete sie jetzt, sie sann ernstlich darauf, wie sie dem Rittmeister das Geheimniß, eine Pistole zu laden, ohne daß er etwas von der Absicht ahne, entlocken könne, eine Pistole dachte sie im Schranke des Vaters zu finden. So saß sie nachdenklich auf einem Armstuhle, als eine ihr ähnliche Gestalt in ihren Kleidern, die sie gleich erkannte, hereintrat. Mit hohen abgemessenen Schritten ging die Gestalt ans Fenster und sprach pathetisch die Schlußworte aus der Jungfrau von Orleans: „Kurz ist der Schmerz und ewig ist die Freude!" — Trotz der prachtvollen Stimmenerhöhung erkannte Julie in derselben ihre Charlotte, welche die Dienste einer Kammerjungfer und Köchin zu gleicher Zeit bei ihr verwaltete, seit die Kriegslasten ihr die Beschränkung der Ausgaben räthlich gemacht hatten. Sie sah der geschmückten Köchin verwundert zu, was aus der Thorheit werden sollte, bis diese an dem chemischen Zunder die Argandsche Lampe angesteckt hatte und mit einem Zusammenfahren und Herr-Jesus-Schrei ihre Herrschaft erkannte. „Was für Possen," fragte Julie, „mein Kleid anzuziehen, meinen Helm aufzusetzen, mir ist es unleidlich meine Kleider auf andern zu sehen!" — „Ich hatte keine schlechte Absicht," sagte die Köchin, „es war nur aus Liebe zur Kunst." — „Was für Kunst?" rief Julie ungeduldig, „denkst Du im seidnen Kleide besser zu kochen, ich glaube, Du bist närrisch geworden." — „Ach, mein gnädiges Fräulein," entgegnete Charlotte, „wie wenig kennen Sie mich, ich sollte so unverschämt sein, das schöne Kleid im Küchenrauch zu schwärzen! Nicht für mein leidiges Handwerk, nein, für die edle Kunst lebe ich, nicht in der Küche, nein auf dem hellerleuchteten Liebhaber-Theater sollte das schöne weiße Kleid paradiren, hier bin ich Köchin, da bin ich Fräulein von Orleans, und ohne Ruhm zu melden, bin ich die beste von allen und mache Ihnen Ehre, denn ich werde jedesmal herausgerufen, und die Leute fragen dann, bei wem ich diene, und ob Sie mir die Rolle einstudirt hätten?" — „Wäre mir nicht unwohl," sprach Julie, „so könnte ich lachen, alles studirt, alles künstelt und keiner kann was Rechts zu Stande bringen. Welcher verderbliche Leichtsinn in unserm Unglücke, es ist mir, als litte ich selbst an allen den Übeln, weil ich sie in meinem Vaterlande sehe. Schnell die Kleider ausgezogen, das Schauspiel ist heut geschlossen. Du verdientest Strafe, aber mir ist unwohl, geschwind mache Thee." — „Ach gnädiges Fräulein," rief Charlotte bekümmert, „ich kann keinen Augenblick abkommen, der gute Mensch, der den König spielt, wird mich gleich abholen. Denken Sie, er wäre früher gekommen und Sie später, so hätten Sie mich doch nicht mehr gefunden, ich hatte ihm die Thüre aufgelassen und höre ihn schon kommen." — „Zieh meine Kleider aus und geh aus meinem Dienst, wenn Dir das Lumpentheater mehr als ich zu befehlen hat," antwortete Julie. — „Ich kann nicht bleiben," schrie die Köchin, „ich kann die Kleider nicht ausziehn, denn es ist schon zu spät, um andre zu miethen; ich müßte mir das Leben nehmen, wenn ich die Künstler so anführte und in unanständigen Kleidern aufträte; was an Fettflekken aufs Kleid kommt will ich gern wieder ausmachen." — „Charlotte, sei vernünftig," sprach Julie, „ich muß sonst zur Polizei schicken." — „Es soll mir nur so einer kommen," meinte die Köchin, „die gehen selber gern in unser Liebhaber-Theater, und vor einem fremden Soldaten kriechen sie alle zusammen ins Ofenloch; ich muß heut spielen und sollte ich morgen dafür im Zuchthause sitzen. Da ist er schon, mein König!" — Es war Hans, des Rittmeisters Stallknecht in schönpolirtem Küraß, den er sich von einem Kürassier geliehen, der singend ins Zimmer trat, und sehr erschrocken in der Thüre stehen blieb, als er die Braut seines Herrn (denn er hatte es längst in des Herrn Papieren heraus gelesen), mit seiner Jungfrau in Streit fand. Die Köchin wurde durch seine Nähe angefeuert, sich noch frecher auszulassen; dem Hans ging aber sein Herr weit über seine Liebe. Statt ihr den Arm zu reichen, gebot er ihr mit drohender Hand, den Willen des Fräuleins zu erfüllen, die Komödie möge der Teufel holen. Diesmal ließ die Köchin alles überkochen, sie fluchte auf ihn und auf das Fräulein. Julie rief auf den Flur nach einem Manne, der im Hause wohnte und allerlei Bestellungen für sie machte, sie befahl ihm den Polizei-Kommissär zu holen. Gleich sprang ein Mann in Uniform die Treppe herauf und fragte, wozu er verlangt werde, er sei der Polizei-Kommissär, der Regen habe ihn ins Haus getrieben, und er freue sich die Zeit zu Berufsgeschäften benutzen zu können. Als Julie ihm mit Ernst die grobe Unverschämtheit der Köchin erzählt hatte, sah der Polizei-Kommissär die Köchin mit Wohlgefallen an, und rief entzückt: „Es ist ein großes Talent, man muß ihr schon etwas zu gut halten, solche Grobheit ist eine Übereilung und meint es nicht böse, und die Kleider hat sie wohl nur dem Publiko zu Ehren angezogen.“ Dabei sah er nach der Uhr und versicherte, er müße forteilen, einige Anmeldungen und Abmeldungen von Mägden ins Buch einzutragen. — Julie, vor den Augen der Magd von den Beamten der öffentlichen Ordnung verlassen, fühlte sich in ihrem Zorne berufen, ihm einige ernste Lehren zu geben, er verliere mit dem Unnützen so viel Zeit, daß er für wahre Übel der Zeit keine behalte. — „Ich erfülle höhere Befehle,“ sagte der Mann. — „Schlimm, sehr schlimm,“ rief Julie, „so sollten Sie wenigstens dieses Verderben den höhern Behörden schildern, dieses Aufsteigern der ärmern

Klassen zu geselligen Verhältnissen, die nur der Überfluß gewähren kann. Statt Reisende tagelang mit Paßspielereien hinzuhalten, sollten sie die Zusammenkünfte der dienenden Klasse beobachten, da ist die Ursach zu finden, warum wir in einer mit Polizei bevölkerten Hauptstadt, wie auf den Diebesinseln uns befinden. Zehnfachen Diebstahl habe ich Charlotten hingehen lassen, weil sie darin nicht schlimmer ist als andre, aber die heutige Frechheit verzeihe ich ihr nicht.“ Der Polizei-Kommissär zuckte mit den Achseln und wollte Julien beschwichtigen, als Hans ihn in einen Winkel schob und seiner Charlotte in gemeinen Ausdrücken alle Freundschaft aufkündigte, weil er höre, sie habe gestohlen, eine Diebin sei ehrlos. — Charlotte trat ihm keck entgegen, und fragte ihn, „was er denn besser sei als sie, wenn sie den Wein ihrer Herrschaft genommen habe, wer sei es denn gewesen, der ihn getrunken?“ — Mit erhabnem Antlitze aufblickend drückte Hans beide Hände gegen seinen Magen und rief in französischer Sprache: „Bewahrst du noch etwas, armer Unwissender, von dem gestohlnen Gute, so gieb es ihr mit Wucherzinsen zurück!“ — dann aber warf er dem Mädchen einen Blumenstrauß vor die Füße, und rief: „Nimm alles zurück, was ich von Dir habe, ich will mich nicht mehr mit Dir gemein machen.“ Charlotte weinte wüthende Thränen und schwor, es sei auch ihr recht und sie wolle auch nichts von ihm bewahren. So warf sie ihm ein seidnes Umschlagetuch hin und nahm dann von ihrem Halse eine goldne Kette, woran ein schlechtes Miniaturbild befestigt (beides war vor dem Tuche bisher versteckt gewesen) und warf sie auf den Tisch. Die Kette schurrte über den Tisch bis zu Julien, die unwillkührlich ihre Augen darauf heftete und mit erstarrtem Auge ausrief: „Ach, mein Vater, mein lieber Vater!" — Mehr konnte sie nicht sagen, eine heftige Wehmuth deckte ihr das Licht der Augen, während Hans mit einiger Verlegenheit zugriff und mit der Kette augenblicklich forteilte. Als Julie sich wieder faßte, war er schon fort, aller Zorn war vergessen; sie flehete Charlotten mit aller Freundlichkeit an, dem Hans nachzugehen, ihn auszufragen, wo er die Kette erhalten. — Der Kommissär fragte in gewöhnlicher Neugierde, die sich mit Pflicht deckt: Ob er ein Protokoll aufnehmen solle, wodurch ihr die Kette so bekannt wäre? „Kein Protokoll," sagte Julie, „hier ist kein Diebstahl, wie bei meinen Kleidern, hier hat der Krieg ein liebes Eigenthum in unrechte Hände geschenkt. Diese Kette war meine letzte Gabe, die ich dem Vater dreimal um seinen Vorderarm unter dem Ärmel schlang und mit diesem Schlüssel verschloß, sie ist eigen nach meiner Angabe gearbeitet und mein Name steht in einzelnen Buchstaben dreimal in den Kettengliedern. Sie erklären sich daraus, wie ich die Kette beim ersten Blicke erkennen konnte, ach es war fast die erste Nachricht von ihm seit der Schlacht, nur das erzählte ein Verwundeter, mein Vater, der Oberst sei vom Feinde umringt gewesen, als das Regiment von Übermacht gedrängt wurde. Hat Hans diese Kette selbst erbeutet, so weiß er auch, ob der Vater gefangen ist, vielleicht kann ich seine einsamen Stunden erheitern; ich kann die Hoffnung nicht aufgeben, ihn wiederzusehen!" — Die Hoffnung läßt nicht zu schanden werden, meinte der Kommissär, ich hoffte, daß sich der Regen noch zur rechten Zeit verziehen würde, und jetzt sehen sie den hellsten Himmel, ich empfehle mich bestens und glaube die Genugthuung mit mir nehmen zu können, daß durch meine Zwischenkunft der häusliche Zwist in Frieden ausgeglichen ist. Solch eine Begütigung ist der schönste Lohn aller meiner Thätigkeit, ja wenn ich einst von hinnen scheide, werden die Leute sagen, sie haben einen guten Mann begraben. — Der Kommissär entfernte sich mit der behaglichen Rührung einer guten Herzensverdauung und ließ die unruhige, unbehagliche Julie allein, die geduldlos auf jeden Tritt horchte, ob Charlotte mit Hans nicht bald die Treppe herauf komme. — Charlotte war inzwischen bald ihrem Hans im Hause begegnet, der ihr schnell aus aller Verlegenheit half, indem er ihr versicherte, was er gesagt, sei nur in Rücksicht auf seinen Herrn geschehen, übrigens bleibe alles zwischen ihnen beim Alten. „Aber wo ist die Kette,“ fragte Charlotte, „das Fräulein sagt, daß sie ihr Vater, der alte Oberst getragen.“ — „Ich habe sie im ersten Ärger hinterm Hause ins Wasser geworfen,“ sprach Hans, „eine Kette sieht der andern ähnlich, diese hatte ich in Paris selbst von einem Grobschmidt zum Zeitvertreib mir machen lassen aus vergoldetem Blei; laß uns nach dem Schauspiel gehen, so sind wir doch wenigstens diesen Abend noch recht lustig; es liegt ein Brief auf meines Herrn Tisch, wer weiß, ob wir morgen nicht marschiren müssen.“ So riß er Charlotten mit sich fort, die sich auch nicht sonderlich sträubte, mit ihm den Schauplatz des Ruhmes zu betreten. Juliens Geduld war bald erschöpft, nie hatte eine einzige Tochter ihren Vater so einzig geliebt, nie war ein Vater der Liebe und Achtung so würdig gewesen durch Treue in seinem Wandel als Mensch, Bürger und Soldat. Ohne große Erwartungen von dem Erfolge des Krieges zu hegen, war er doch von der Rechtlichkeit desselben so durchdrungen, daß er jeden Versuch, ihm eine ehrenvolle Ruhe zu sichern, zurückwies, er hatte sein Vaterland früher als seine Tochter unter seinen Augen aufwachsen sehen, und mochte dessen Fall nicht überleben. Das und mehr ging wieder durch Juliens Erinnerung, während sie aus dem Fenster blickte und in bedeutender Entfernung beim Scheine des Vollmonds den Küras des Hans und das Kleid der Charlotte neben einander zu erblicken glaubte. Sie hielt sich nicht zurück, sie folgte den beiden aus allen Kräften, nachdem sie Wohnung und Haus in raschem Entschlusse verlassen hatte. — Dennoch behielten jene beiden den Vorsprung, und Julie hatte endlich den Verdruß, sie in der Thüre eines mit wenigen Lampen verzierten Hauses verschwinden zu sehen. Außer Athem und unschlüssig blieb sie in einiger Entfernung von dieser Thüre stehen, sie scheute sich vor dem Skandale, wenn sie einträte, sie scheute sich vor der unruhigen Sehnsucht, wenn sie zurückginge. So im Nachdenken vertieft, horchte sie den Reden der Vorübergehenden zu wie Orakelsprüchen, die ihren Weg bestimmen sollten, aber sie hörte von nichts, als von Staat und Eßwaaren, die jedes mit sich zu dem Liebhabertheater trug. Hier rühmte sich einer der Flasche Rum, die er allmählig dem Herrn abgezogen, dort erzählte eine der andern, daß ihr Kleid nicht mehr in der Mode sei; so lernte Julie ganz zufällig die Zuchthausschule kennen, durch welche Charlotte zu dieser Frechheit gereift war. Und doch hätte sie ihr für die Kette alles geschenkt und verziehen, warum floh sie, warum hatte sie ihr keine Nachricht gebracht? Da faßte Juliens Arm eine feste männliche Hand, sie erschrack und blickte zornig um sich. Aber ein Wort versöhnte sie, der Rittmeister stand hinter ihr.

er hatte sie trotz der Dunkelheit erkannt und erzählte ihr mit Heiterkeit, sein Hans spiele in dem nahen Hause eine Heldenrolle, er habe Einlaßkarten von ihm und freue sich den Gecken, gespornt von aller Eitelkeit, floriren zu sehen; wenn sie dadurch an keiner bessern Unterhaltung gehindert werde, möge sie doch auch den Spas mit ansehen, an seinem Arme sei sie gegen üble Nachrede geschützt, und überhaupt halte sich die Gesellschaft dort für sehr honnet. Julie unterbrach ihn und erzählte ihm mit Wehmuth, wie sie durch eine Kette, die Hans der Charlotte zu diesem Feste geliehen, einige Auskunft über das Schicksal ihres Vaters zu erlangen hoffe, aber Hans habe ihr nicht Rede gestanden, und sie habe beide auf dem Wege hieher nicht erreichen können, und sich gescheut, ohne männlichen Führer in das Haus zu gehen. — „Wir begegneten uns zur rechten Zeit," sagte der Rittmeister, „ich glaubte Dich noch im Kreise Deiner echtdeutschen Fräuleins, die kein Wort Französisch sprechen wollen und mir auch deutsch keine Antwort geben." — Julie gab vor, die Gesellschaft sei wegen einer Kränklichkeit Constanzens früher als gewöhnlich auseinander gegangen, während ein vorübergehendes Mädchen einer andern erzählte mit manchem unreinen Spotte, ein Paar Fräuleins wären heute verrückt geworden und wollten sich absolut duelliren. Der Rittmeister hörte es nicht; er führte Julien durch das

Gedränge, das ihm nach allen Seiten auswich, ins Haus und auf das Theater, das sich seinem Willen sogleich eröffnete. Der erste der ihnen in die Augen fiel, war der gesuchte Hans, der mit erhabenem Haupte seine königliche Rolle überlas, während eine artige Dame ihm den Stiefel abrieb, den er auf einen Thron gesetzt hatte; ein grauenvolles Bild jener Zeit, wo ein fremder Krieger seinen harten Fuß auf den Thron und in den Nacken der Franzosen gesetzt hatte, und Germania ihm mit ihren Thränen und dem Blut ihrer Kinder höchstens seine Stiefeln zu putzen gewürdigt wurde! Weder Julie, noch der Rittmeister hatten Ruhe genug dieser Bedeutung zu achten, vielmehr begrüßte der Rittmeister den übermüthigen Tyrannen mit einigen derben Soldatenflüchen, daß er nicht dem Fräulein über eine Kette Auskunft gegeben, an der ihr sehr viel liege, weil der welcher sie getragen, ihr Vater gewesen. „Weißt Du etwas von ihm?" fragte Julie. „Der ist todt," antwortete Hans verlegen, „gewißlich ganz todt, wenn er gelebt hätte, wie würde ich ihm etwas abgenommen haben." — Julie seufzte schmerzlich auf, um die Hoffnungen ihrer Liebe mit diesem Seufzer auf immer zu entlassen, dann verwünschte sie den der ihm den Todesstreich gegeben und fragte wehmüthig, indem sie sich an den Rücken einer Kulisse anlehnte: Wo er den Todten verlassen, wie er verwundet gewesen? — „So etwas zerreißt das Herz," sagte der Rittmeister, „wenn wir das allgemeine Kriegsgeschick im Einzelnen uns anschaulich machen." — Julie sprach, ihr Herz sei so tief zerrissen, daß nur eine lange Betrachtung ihres Unglücks sie heilen könne, sie wiederholte ihre Fragen und Hans stammelte in Verlegenheit allerlei unzusammenhängende Reden von Wunden und Schlachtfeldern. Mitten n seiner Rede unterbrach ihn der Direktor des kleinen Theaters, daß er auftreten müsse, und Hans wischte sich die Stirne und drehte sich flüchtig fort. Der Rittmeister befahl ihm zu bleiben, aber Hans schien keine Ohren mehr zu haben, deswegen eilte ihm jener aufs Theater nach, und gewohnt, auf dem Welttheater manches ärgere Geschäft durchzuführen, packte er gleichgültig gegen das zusehende Publikum den guten König, noch ehe sich die begeisterte Jungfrau zu seinem Schutz eingefunden, beim Kragen und schleppte ihn unter schallendem Gelächter der Menge in die Kulisse zu Julien. Hier fragte er ihn: „Wo hast Du die Kette gefunden, was sollen die verwirrten Reden, hast Du noch nicht so viel Artigkeit gelernt, einer Dame Rede zu stehen, so darfst Du noch nicht den König spielen." — Julie bat für den entthronten König, dieser aber verlangte keine Schonung mehr, sondern in seiner Eitelkeit über alles Maaß gekränkt, entgegnete er trotzig: „Was für ein Lermen um eine Armkette, die ich einem Todten abnahm, ich will mich vor jedem Kriegsgerichte rechtfertigen.“ — „Es ist hier gar nicht vom Nehmen die Rede, sondern von Rede und Antwort, die Du zu geben verpflichtet bist, oder ich lasse Dich sogleich festsetzen,“ sprach der Rittmeister. „Wo hast Du den Todten gefunden?“ — „Sie wissens besser als ich,“ antwortete Hans, „denn unser einer bekümmert sich nicht darum, wie die Dörfer heißen, wenn nur Futter für Menschen und Vieh darin zu finden; wo hieben Sie den Alten vom Pferde?“ — „Von dem ist die Kette?“ fragte der Rittmeister verwirrt und beklommen. — „Freilich,“ antwortete Hans, „die Kette und diese Pistole, die ich mir wegen des silbernen Beschlags in den Gurt steckte.“ — „Hatt ich Dir nicht verboten, den Alten zu berauben, Du solltest für ihn sorgen.“ — „Ich sorgte für ihn so lange er lebte, und das währte nicht lange, nachher war ich sein natürlicher Erbe, sollte ich Geld und Geldeswerth den Bauern schenken, die ohnehin alle Soldaten nackt ausplünderten.“ — „Geh und verschweig gegen jedermann, was wir hier gesprochen,“ sagte der Rittmeister, „Dein Plündern führt mich zu einer Entdeckung, die mich sehr unglücklich macht.“ Julie hatte unterdessen Kette und Pistole an sich genommen und ihren Geldbeutel dafür dem Hans in die Hand gedrückt, dann wandte sie sich schweigend mit gesenktem Blicke fort zur Thüre, sie hatte die abgebrochenen Reden jetzt nur zu wohl verstanden, sie mochte keinen nähern Aufschluß mehr, sie wußte alles. Sie konnte den Rittmeister nicht mehr anblicken, für keinen Preis hätte sie seine Hand beim Weggehen annehmen mögen, es war die Hand, die ihren Vater umgebracht, es war ihr nicht mehr die verlobte Hand. Der Rittmeister folgte ihr schweigend, mehr zu ihrem Schutze gegen die Menge, als in dem Wunsche sich näher zu erklären, obgleich ihm auch dies bald ein dringendes Bedürfniß schien; eine Nacht des ernsten Gerichts verfinsterte ihm jede Aussicht, es graute ihm vor dem Unnennbaren, der durch Zeichen dieser Welt andeutet, was eine andre mit ewiger Klarheit ausspricht. Julie nahte sich erst ihrem Hause, aber es war ihr entsetzlich unter einem Dache mit einem Manne zu schlafen, dem sie noch vor wenig Augenblicken die älteste Freundschaft, langgehegte Gesinnung, Vaterland und Freiheit geopfert hätte, die Erzählung am Verlobungstage, das blutige Haupt des Vaters stand vor ihrer Seele, und der rasselnde Degen des Rittmeisters schallte hinter ihr wie ein Mordschwerd des Henkers, das immer noch den bleichen Schatten verfolge und auch ihrer nicht schonen wolle. Sie wandte sich nach der Straße, wo Constanze wohnte, ihre Schritte beflügelten sich, kein qui vit! beachtete sie, der Rittmeister hinter ihr beschwichtigte die Posten, die sie einzufangen Lust hatten. Sie bemerkte es nicht, sondern eilte in das Haus Constanzens, ohne sich nach dem Unglücklichen umzuwenden, der vergebens auf diesen Scheidungsaugenblick zu gegenseitiger Erklärung geharrt hatte. Mit Kette und Pistole in der Hand trat sie bleich in Constanzens Zimmer, die eben von der Gesellschaft früher als gewöhnlich verlassen, die Lichter auslöschte, die zum Überfluß brannten. Der Streit hatte allen eine gewisse Unbehaglichkeit zurück gelassen, und Constanze selbst empfand jetzt einige Reue über ihre Härte. — „Du willst schon heute unsern Streit ausmachen?" fragte sie die eintretende Julie, als sie in ihrer Hand die Pistole erblickte. Julie aber fiel ihr in die Arme, schluchzte heftig und konnte nur allmälig sich erklären. Zuerst versicherte sie ihr nur, daß kein Streit mehr zwischen ihnen sei, daß Constanze Recht behalte, daß sie erst jetzt durch die Hand des Geschicks, das ihr den Mörder ihres Vaters unter Hunderttausenden der Feinde als Bräutigam zugeführt, die Weisung erhalten habe, daß eine Liebe zu den noch unversöhnten Feinden des Vaterlandes immerdar ein Frevel bleibe. „Das Andenken meines Vaters," sagte sie, „die Erinnerung seiner Grundsätze ist mir wieder kräftig durch die Seele gegangen, und ich gebe mein Wort, meine Ehre, meine Liebe zu ihm zum Pfande, daß ich mir selbst nicht wieder ungetreu werden will." Constanze suchte sie mit Lob und Zärtlichkeit zu beruhigen und zu trösten, aber vergebens, die beiden sonst unzertrennlich genannten Mädchen waren wieder vereinigt, aber es fehlte beiden das beruhigte Dasein, die Berathung, was zu thun sei, füllte die Nacht, ohne zu einem festen Ziele zu gelangen. Constanze wollte bitter kränkend im Namen ihrer Freundin an den Rittmeister schreiben, als sie ansetzte fand sie, daß er nichts als seine Schuldigkeit auf dem Schlachtfelde gethan. Juliens Schuld war es, daß sie sich dem Feinde verlobte, es kam kein Brief zustande.

Der Rittmeister hatte lange vor dem Hause gewartet, jede Stunde konnte ihn, nach den Bewegungen des Heeres zu schließen, aus der Stadt entfernen, sollte er nicht abschließen, ehe ihn ein neues Geschick in seinen Strudeln fortriß. Er wollte sich **erklären**, wurde sich selbst aber in diesem Wunsche immer unerklärlicher. Wie war so viel eitle Thorheit in ihm untergegangen, seit er Julien liebte, nie konnte ihn wieder der Zaubernebel seines Handwerks umhüllen, seinen Soldatenrock hatte er ausgewachsen, er war ihm nach allen Seiten zu eng und zu kurz, er beschloß, was er Julien bisher verweigert hatte, zu ihrer Versöhnung die kriegerische Laufbahn zu verlassen, die er mühsam eröffnet hatte, und die ihn jetzt sicher zur Höhe oder zum Untergang führen mußte. Diesen Entschluß ihr schriftlich mitzutheilen, und der Ruf des Wächters, der die zweite Nachtstunde abrief, so daß Julie wohl schwerlich mehr auf dem Heimwege zu sprechen sei, veranlaßten ihn nach Hause zu gehen. Hans öffnete ihm die Thüre in Verlegenheit, der Rittmeister schwieg, Hans reichte ihm einen Brief, der angekommen, der Rittmeister durchlief ihn flüchtig, es war der Befehl am nächsten Morgen zu dem Generalstabe der spanischen Armee aufzubrechen.

3. Der Generalmarsch.

Um vier Uhr Morgens, als Julie und Constanze kaum eingeschlummert waren, schreckte sie der Generalmarsch wieder auf, der durch alle Straßen geschlagen wurde. Constanzens Mädchen, die herunterlief sich nach der Ursach zu erkundigen, kam bleich und athemlos mit den Worten zurück: „die Feinde wollen uns erst ausplündern und die Stadt verbrennen, dann ziehen sie ab; ach, mein schönes neues weißes Kleid!“ — „Dummes Zeug,“ sagte Constanze, „es klingelt, sieh zu, wer so früh zu uns verlangt.“ — Das Mädchen kam zurück, als hätte sie den steinernen Gast gesehen und rief: „da sind sie schon zum Sengen und Brennen, der eine hat den rothen Hahn auf dem Hut.“ — Constanze ergriff Juliens Pistole, ging an die Gitterthüre und fragte, „wer sie so früh störe?“ Sehr artig mit vielen Entschuldigungen antwortete eine männliche Stimme und schob einen Brief durchs Gitter, „er sei der Ordonnanz-Gensdarme des

Generals und bringe für Fräulein Julie ein Schreiben des Rittmeisters Stauffen, sie zögen eben fort nach Madrid." — Constanze nahm den Brief an und sagte laut zu sich selbst: „da sollt ihr nicht sobald hinkommen." — „Ist es sehr weit von hier?" fragte der Gensdarme. — „Nicht weiter als Euer Grab," antwortete Constanze. — Der Gensdarme drohte mit dem Finger, und sagte: „Wir waren zu lange hier, man fürchtet uns nicht mehr." Dann ging er die Treppe hinunter, indem er vor sich sprach: „diese Dame hat Verstand, viel Verstand, aber kein gutes Herz!" — Constanze wollte ihre Julie weder an ihre Schwäche noch an ihr untergegangenes Glück erinnert wissen, sie sagte deswegen beim Eintreten nichts von dem Briefe, sondern berichtete, es sei ein Franzose gewesen, der seinen Offizier gesucht. — Der Schlaf war nun einmal gestört und ließ sich nach seiner eigensinnigen Laune Art nicht wieder zurücklocken, außerdem war der Morgen hell, das Zimmer sonnig, die Blumen vor dem Fenster auf dem Brette erwachten duftreich, alle fingen ihren Tag etwas früher als gewöhnlich an und fanden sich dadurch innerlich lebhafter angeregt. Während Constanze mit ihrer kleinen Wirthschaft beschäftigt war und den Kaffee selbst filtrirte, mußte Julie gegen ihren Willen ohne Haß aller schönen Morgenstunden gedenken, wenn ihr Einquartirter bei ihr gefrühstückt hatte. Und während sie so an ihn dachte und auf die Straße hinausblickte, schallte in ihrer Nähe eine Regimentsmusik auf, die abziehenden Regimenter gingen hier im vollen Glanze an dem General vorüber, der General stand ihr gegenüber — und neben ihm der Rittmeister. Nie war sie innerlich so verlegen, gern hätte sie ihm einen Abschiedsgruß gewährt, aber sie schämte sich vor ihrer Freundin, und als diese mit dem Kaffee zu ihr trat, hatte sie sich schon vom Fenster abgewendet. Der Rittmeister fühlte dieses Abwenden sehr schmerzlich, insbesondere weil ihn der lange Brief im Kopf noch umherwogte, den er während der Nacht an sie geschrieben hatte; er dachte, gewiß habe sie ihn gelesen, er irrte umher in seinen Gedanken, was sie ihm wohl antworten werde, aber ein Paar Zeilen von ihr hatte er schon hier mit Zuversicht erwartet, wäre es auch nur ein ewiger Abschied gewesen. Aber kein Bote erschien und auch Julie trat nicht wieder ans Fenster, er klagte sie der Härte an, während sie von seiner Unempfindlichkeit beleidigt war, daß er keinen Versuch gemacht, ihr seinen Abschied schriftlich oder mündlich zu sagen, das meinte sie, sei er der Erinnerung ihres Verhältnisses schuldig gewesen. Der Ausmarsch war beendet, die Bürger sahen schon leichter und freier umher und fühlten wieder ihr Eigenthumsrecht an ihren Häusern, auch der Rittmeister mußte dem General nachziehen, drückte den Hut auf den Kopf und sprengte mit dem Wunsche fort, sein Pferd möge stürzen und ihn zum längeren Verweilen zwingen. Jetzt trat Constanze vom Fenster, das sie bisher sorgfältig eingenommen hatte, daß Julie den Rittmeister nicht sehen solle und Julie trat hin und sah ihn nicht mehr und mußte sich über ihr Gefühl ärgern. Dienstboten sagen gern, wenn sie sonst keinen Grund ihres Aufsagens erklären wollen, sie möchten sich verändern, so wünschte auch Julie sich verändern und von dem Dienste ihrer Neigung lossagen zu können, sie hoffte, daß eine Reise diese Gewalt über sie haben werde. Das Grab meines Vaters möchte ich sehen und mit seinen Lieblingsblumen schmücken, so brach Julie das Schweigen, aber wo soll ich es finden, in der Zerstörung des gestrigen Tages ist mir der Name des Orts entschwunden. „Da weiß ich Rath," antwortete Constanze, „der Hans vom Rittmeister ist draußen und läßt sich nicht abweisen, er ist von dem Herrn fortgejagt, weil er die schlimme Geschichte verrathen, er sucht einen Dienst, und wenigstens bis dahin könnte er uns begleiten, ich fühle Deinen Wunsch natürlich und wahr, der Anblick des Grabes und was der Mensch über seinen Herrn und dessen Liebschaften in andern Städten spricht, könnten Dich am besten von aller Zuneigung heilen." — „Hans ist hier?" sagte Julie und wurde roth, „sollte er mir etwas bestellen?" fragte sie noch verwirrter. — „Hörst Du nicht," rief Constanze, „sein Herr hat ihn entlassen, er kam schon hieher als ich den Kaffe bereitete, ich wollte Dir aber alles verschweigen.“ Er wurde hereingerufen und ergoß sich in fatalen Historien seines Herrn, der doch in Vergleich mit seinen Kammeraden wirklich tugendhaft zu nennen war, obgleich nicht unschuldig. Julie gebot ihm Stillschweigen und wurde immer unschlüssiger ob sie ihn nehmen sollte, sie rückte ihm sein Verständniß mit der diebischen Charlotte vor, Hans aber schwor hoch und theuer, das sei nie ernsthaft gewesen, nur zum Schauspiel wären sie zusammen gekommen, sie habe eine Liebschaft mit dem Regimentstambour gehabt und sei auch heute mit ihm fortgegangen. „Gewiß bin ich von ihr diese Nacht bestohlen,“ rief Julie, „aber keine Gewalt zieht mich in mein Haus zurück.“ — Hans seufzte und sprach: „Es ist hier eine Menschheit, eine Menschheit sage ich, eine rechte Diebsgeneration, die nur mit dem Kantschu zu kurieren ist, habe schon so etwas im Hause von Diebstahl gehört.“ — „Kein Wort gegen mein Volk!“ rief Constanze erzürnt. — „Nun,“ sagte Hans, „da tritt schon der Herr ein, der alles untersucht hat, der wird das Nähere sagen, ich habe gewiß recht.“ — Der Polizeikommissär von gestern trat ein, bat sich einen Thaler Strafe aus, weil Charlotte nicht abgemeldet worden und heute mit den Franzosen fortgezogen sei, dann berichtete er, sie sei verdächtig man-

cher-

cherlei Küchengeschirr ihrer Herrschaft entwendet zu haben, weil sie mit mehreren andern Köchinnen zusammen eine Restauration von gestohlnen Lebensmitteln errichtet gehabt, die wohl ein halbes Jahr bestanden, bis endlich ein Gast sein eignes Tischzeug dort bemerkt habe. „Sie mein Fräulein," sagte er zu Constanzen, „haben Früchte aller Art dazu liefern müssen, auch Wein und Thee." — Constanze zürnte gegen die Stadt und gegen sich, dann rief sie ihr Mädchen, die sich aber schon bei der Ankunft des Polizeikommissärs entfernt hatte. „Meine politischen Sorgen hatten mich dem eignen Hause entfremdet," sagte Constanze, „ich bemerkte wohl, daß die reichlichen Sendungen meines Oheims schnell verschwanden, aber es war mir lästig, so kleinlicher Noth bei dem allgemeinen Untergange nachzudenken." — „Wer verliert mehr als ich," seufzte der Polizeikommissär, „Charlotte war meine Braut, gewiß sie liebte mich, unglückliche Verhältnisse und der häufige Gebrauch der gebrannten Wasser entführten sie meinem Herzen, so suche ich bei herannahendem Alter vergebens nach einer Lebensgefährtin." — Julie sprach leise zu Constanzen: „Schicke ihn fort und laß uns reisen, daß wir nicht den Jammer dieser Welt verlachen lernen." — „Die gebrannten Wasser," fuhr der Commissär fort, „sind das große Übel unsrer Zeit, sie verzehren Vernunft, Gesundheit und Geld, der Durst wächst mit dem.

Mangel; manches edle Mädchen scheiterte schon an dieser Klippe und ich warne dagegen väterlich, aber meine Stimme verhallt." — „Lassen Sie die Leute trinken," sprach Constanze ungeduldig, „trinken Sie selbst, aber thun Sie künftig besser Ihre Schuldigkeit, für die Sicherheit der Häuser, für die Ordnung des Gesindes, für Straßenreinigung und Löschanstalten zu sorgen, verhüten Sie Verbrechen, sind Sie aber geschehen, so bringen Sie die Verbrecher zur Strafe statt zu schwatzen." — „Mein Gott," rief der Mann, „das ist Injurie, wie komme ich dazu, so wird mein Herz verkannt!" — Mit diesen Worten entfernte er sich als ein gekränkter Biedermann. — „Wir gehen fort," sagte jetzt Constanze, „die Stadt kann ich keinen Tag mehr vor Augen sehen, wie will ich jubeln, wenn ich den Staub von meinen Schuhen schüttle; Dich Hans nehme ich in Dienst für diese Reise, schnell bringe meinen Wagen in Ordnung, zu Deines Vaters Grabe, Julie, sei unsre erste Wallfahrt, aber dann führe ich Dich weiter; der Oheim drängt mich schon lange, daß ich wieder zu ihm komme, lese seinen letzten Brief, ich solle mir Gesellschaft mitbringen, wen ich wolle, ihm sei jeder willkommen der mir den Aufenthalt bei ihm erträglich mache. Unerträglich ist der Oheim, ich gestehs, seine Liebhaberei an den Franzosen, ihren Sitten und Büchern, bringt mich zur Verzweifelung, aber Deine Einfälle Julie, wenn Du wieder heiter wirst, stelle ich ihm entgegen." — „Du dankst dem Oheim viel," sagte Julie. — „Alles," antwortete Constanze, „er hat mich eigentlich erzogen, mein seliger Vater verwilderte mich, er ist der beste Mann, und ich gestehe, ich bin zuweilen hart gegen ihn, aber es geht mir mit ihm wie bei tauben Leuten, ich komme ins Schreien, das Schreien verlangt Kürze, die Kürze wird zur Grobheit und so fertige ich ihn zuweilen unsanft ab, ohne es böse zu meinen. Auch ward er niemals böse, lese nur diesen letzten Brief." — „Seltsam," sagte Julie, indem sie den Brief entfaltete, „ist es doch, als ob Du mit Dir selbst Briefe wechseltest, dieselbe Handschrift." — „Warum seltsam," antwortete Constanze, „ich war schon ein Mädchen von zwölf Jahren, als ich zu ihm kam und konnte noch nicht schreiben, da unterrichtete er mich selbst, damit meine Unwissenheit keinem kund würde, so nahm ich seine Schriftzüge unwillkührlich an.

4. Die Reise über das Schlachtland.

„Wie die Lerchen singen in dem grünen Korn!" sagte Julie zu Constanzen in dem halben Wagen, „es wird einem das Herz hier so leicht, nirgends stand das Korn so lustig." — Hans, der alles auf dem Bocke hörte, was im Wagen gesprochen wurde, drehte sich um und sagte: „Sehen sie, gnädiges Fräulein, hier gings am blutigsten zu, wie sah es hier aus, als wir vorrückten; unsere Kanoniere hatten wie die Teufel gearbeitet; da bei der kleinen Eiche fand ich meinen Herrn und den Herrn Vater; halt Schwager, das Fräulein will aus dem Wagen springen." — Julie lag lange in Gebet und Thränen auf der Stelle, wo das Blut ihres Vaters geflossen, Constanze mußte sie fast mit Gewalt der geliebten Stelle entreißen. Julie nahm einen jungen Eichenzweig zum Angedenken mit, stumm fuhr sie bis zum Pfarrhause des nächsten Dorfes, wo Hans anhalten ließ. Constanze ging voran in die Stube, wo eben allerlei häusliches Geschäft mit großer Eile fortgeräumt war, sie erklärte dem Pfarrer die Ursach des Besuches, der sich darauf mit Theilnahme zum Ausgehen bereit machte und die Kinder zurückwies, die alle gern mitgehen wollten. Sie gingen beim Küster vorbei, der Pfarrer hatte eine Laterne, gebot aber diesem zurück zu bleiben. „Wozu eine Laterne?" fragte Constanze. „Still!" sagte der Pfarrer. Sie kamen an eine hochgelegene schöne alte Kirche von hoher Mauer umgeben, der Kirchhof voll steinerner kleiner Denkmale, mit wilden Rosen blühend bewachsen. Julie nahm jetzt die Blumentöpfe dem Hans ab, es waren die Lieblingsblumen des Vaters, Lilien aller Farben; sie fragte nach der heiligen Stelle. Der Pfarrer winkte und sprach leise: „Hier werden sie ihn unversehrt wieder sehen." Er öffnete die Kirchthüre, und Julie wurde von einer Hoffnung ergriffen, der Vater lebe, er sei vom Pfarrer hier geborgen. Constanze befahl dem Hans zurück zu bleiben. Sie gingen eine steinerne Treppe nieder, die Laterne des Pfarrers leuchtete vor, er öffnete ein zweites Schloß und sie traten in ein Gewölbe, das schaudernd kalt war. Als sie sich umblickten, sahen sie viele Krieger, Freunde und Feinde, bleich aber unversehrt wie die Siebenschläfer in der Stunde ihres Erwachens, in ihren Kleidern umherliegen auf dem Rücken breiter alter Särge. In der Mitte lag ein Ritter in seinem schwarzen Harnisch auf einer Marmorplatte, sein Helm war geöffnet, Julie blickte hin und sank mit dem Ausruf nieder: „Mein Vater!" Die Blumentöpfe stürzten nieder, die Lilien lagen zerstreut und entwurzelt auf dem Boden, Constanze suchte Julien zu unterstützen, und der Pfarrer zündete einige Fackeln an, die er rings im Gewölbe vertheilt hatte. Still ließ er die Verzweifelung des ersten Eindrucks vorübergehen, und entfernte sich, doch bald verkündete der Orgelklang, der durch eine Öffnung im Gewölbe aus der Kirche zu ihnen schallte, daß er ihnen seinen Trost so liebreich er könne, geben wollte. Er regte mit kunstgeübter Hand die schöne Melodie an: Wie sie so sanft ruhn, und der Chor seiner Kinder, die ihm nachgeschlichen, sang das Lied, während Julie den Eichenkranz um den Helm des Vaters schlang.

Am Abend in der Ruhe des wohlgebauten Gartens, von welchem die Kirche gesehen werden konnte, hatte sich Julie so weit gefaßt, daß sie nach der Kunst fragte, die ihr den Genuß gewährt, die Züge des geliebten Vaters unzerstört wiederzufinden. „Es ist die Eigenschaft dieses Gewölbes,“ sagte der Pfarrer, „die Leichen zu erhalten, und durch luftige Kälte die Verwesung zu hemmen und die Säfte auszutrocknen. Der gemeine Glaube ist, daß die Leichen hier versteinerten. Unser Dorf war abgebrannt, die Bewohner zerstreut oder plündernd, es fehlte an Handwerkszeug zu Särgen, an Leuten, um Gräber zu machen. In der Verlegenheit schaffte ich vorläufig alle Leichen derer, die bei mir und bei meinen Nachbarn verschieden, in jenes Gewölbe, ich selbst bewahrte den Schlüssel, daß die Todten ihrer Ehrenkleider am Tage der Schlacht nicht beraubt würden. Ihr Herr Vater war leider schon beraubt, als er in mein Haus gebracht ward, sein herrliches ritterliches Antlitz gab mir den Gedanken ein, ihn in die Rüstung des Stammvaters unseres gutsherrlichen Geschlechts zu hüllen, gewiß ruhen sie mit verbrüderter Ehre gern über einander. Unser Gutsherr sah, was die Noth eingegeben und befahl dieser Einrichtung Dauer zu lassen, das Grabgewölbe allem künftigen Gebrauche zu schließen, und mit diesem Unglückstage die Geschichte seines Geschlechts zu schließen, er selbst wolle in der Erde zerstört werden, und so solle es auch den Seinen ergehen, bis Deutschland wieder befreit sei. So hat er in seinem Testamente verordnet und er starb drei Monden darauf an innerem Gram."

Julie blieb die Nacht im Orte, sie wollte ihrem Vater ein ewiges Blumenopfer auf dem Altar der Kirche stiften, da sein Grab für die Blumen zu kalt und zu tief war. Sie kaufte einen Garten neben dem Gottesacker und stiftete ihn auf ewige Zeit der Benutzung des Küsters unter der Bedingung, den Altar täglich, so lange das Jahr es verstattet, mit frischen Blumen zu schmücken, und wenn sich Betende Morgens einfänden, einen Choral auf der Orgel zu spielen. Sie selbst sah am Morgen diese Einrichtung in ihrem ersten Anfange, sah die Andacht mancher schwer Gebeugten und die Achtung der meisten, endlich sah sie noch einmal das geliebte bleiche Antlitz, und fuhr dann, in sich beruhigt und befestigt, dem ländlichen Aufenthalte zu, der ihrer beim Oheim Constanzens wartete. Die lange Stille im Wagen unterbrach endlich Constanze, indem sie den Abschiedsbrief des Rittmeisters aus ihrem Taschenbuche zog und Julien ruhig erzählte, sie habe den Brief zurückgehalten, bis sie ihr Festigkeit genug zugetraut, eine verderbliche Neigung zu überwinden. Julie, durch den frischen

Anblick des Vaters und der tiefen Wunde seines Hauptes gehärtet, beschwor, daß weder Brief noch selbst die Nähe des Rittmeisters einige Gewalt über sie hätten, der Brief sei ihr so gleichgültig, daß sie ihn nicht lesen und daß sie ihn in keinem Falle beantworten möchte. — „Du mußt doch den Inhalt wissen," sagte Constanze. — „So lese ihn und sage mir den Inhalt in aller Kürze, ich mag ihn nicht lesen, meine Augen sind von dem Schmerze dieser Tage angegriffen." — Constanze erbrach den Brief, las ihn und sagte zu Julien: „Er will den Abschied nehmen, seinen Aussichten auf Glanz und Ehre entsagen, und bei Dir leben zur Buße des unglücklichen Geschicks, als der geringste Diener." — „O wie verhaßt sind mir die leeren Redensarten dieses Volks, seit ich die Wunde meines Vaters gesehen, was sollte mir ein Diener, der mein Bräutigam gewesen, ich antworte ihm nicht, er meint, daß ich thörigt genug bin, mich durch solche Demuth rühren zu lassen." — „Aber ich habe dem Gensdarmen Antwort versprochen," sagte Constanze, „er meint den Brief verloren, schreibt und stört Dich wieder." — „So schreib ihm, Constanze," antwortete Julie, „daß ich den Brief erhalten, daß ich das Schreiben an ihn, wie jedes Zeichen der Verbindung, aufgegeben, wünsche ihm in meinem Namen jedes glückliche Verhältniß in seinem Vaterlande, das er mir, seiner Feindin habe bereiten wollen, nur meine Augen möge er meiden, wenn er mich je geliebt."

5. Die Handschrift.

Der Rittmeister, von den unzähligen Streitigkeiten mit seinen Soldaten im ersten Nachtquartier auf französischem Boden erschöpft, schloß sich ein und sank auf dem großen altväterlichen Stuhle in Schlummer, als es wieder heftig an seine Thüre pochte. Sind denn unsre Soldaten zu wilden Thieren in der Fremde geworden, rief er vor sich in bittrem Unmuth und schloß die Thür mit den Worten auf: „Was giebts wieder für neues Unglück?" — Ein freundlicher wohlgenährter Schildkurier stand aber vor ihm in betreßter Jacke und schwor, er bringe stets Glück und gute Nachrichten und zog einen Brief an den Rittmeister heraus, der ihm von dem Freunde zur eignen Einhändigung empfohlen war. Des Rittmeisters Herz schlug durch den engen Rock fast sichtbar: gewiß eine Antwort von Julien, dachte er, nahm ihn mit Dank und steckte ihn in die Tasche ohne die Aufschrift zu lesen. Dem Kurier wurde eine Flasche vom besten Weine mit Ungeduld einkomplimentirt, kaum war er aus der Thüre, so schloß er sich ein und hätte nicht aufgeschlossen, und wenn die ganze Bürgerschaft um Hülfe geschrieen hätte. Jetzt sah er die Aufschrift, trat näher zum Licht, sah wieder und schrie überrascht laut: „Gott meine arme Mutter!" — Er riß den Brief auf und las das Todesurtheil seiner Liebe von eben der Constanze unterzeichnet, die er wohl im Vorübergehen gesehen, aber niemals näher kennen gelernt hatte. Dreierlei Bewegungen brachen jetzt in seiner Seele gegen einander ihre Heftigkeit, gekränkte Zärtlichkeit, empörter Stolz und neuerregter Schmerz eines von aller Welt verlassenen Kindes um die verlorne Mutter, die es allein geliebt hatte. Verlassen fühlte er sich, seine nahen Freunde waren im letzten Feldzuge geblieben, sein treues Roß war gestorben und das deutsche Mädchen opferte dem Spiele des Zufalls das beschworne Band. Nach einiger Zeit seufzte er und strafte sich selbst: Eine Härte straft die andre, ich lernte kein Schonen im Glück der Schlacht, so schont sie auch meiner nicht im Unglück. — Mitten in seiner Verzweifelung war ihm die Handschrift ein tiefeindringender Trost, denn unverkennbar war es dieselbe Handschrift, aus der seine Mutter ihm Unterricht im Lesen gegeben hatte, er fand sich gedrängt, das Schmerzlichste immer wieder zu lesen, ja zu buchstabiren, wie er am Knie seiner Mutter bis zu dem Augenblicke gethan, als die Nationalgarde sie ihm in den ersten Zeiten der Revolution entriß. Wie war es aber möglich, daß Constanze, die jünger als er, damals schon Briefe an seine Mutter konnte geschrieben haben, sie lebte noch nicht zu jener Zeit, das war ihm gewiß; wer hatte ihr den Brief geschrieben oder für sie abgeschrieben? das ließ ihm keine Ruhe, sein Stolz war bald überwunden, sein Schmerz über Juliens Entschluß, sein Verlangen, den Urheber jener Handschrift zu erfahren, der Constanzens Brief abgeschrieben, wurde mit der ganzen Ursache dieser Neugierde ausführlich erzählt, der Brief schon am andern Tage auf die Post gegeben. Er dachte wohl nicht, daß dieser Brief mit tausend andern mehrere Jahre in dem Kasten des Postmeisters ungelesen ruhen werde, denn der Kaiser hatte alle Correspondenz der spanischen Armee untersagt. Er marschirte mit der Hoffnung weiter, recht bald Auskunft über die Handschrift zu erhalten, die er wie ein Heiligthum stets bei sich trug und gewöhnlich alle Abend betrachtete, wenn er vom Dienst nicht gestört war. Der Dienst war aber in diesem Kriege höchst anstrengend, so leicht die Schlachten auszufechten waren, so wenig nutzte deren Gewinn, das Volk ergab sich nicht, der kleine Krieg war verderblich, die Erhaltung schwer, die Verbindungen stets unterbrochen, jedes Corps wie eine einzelne blockirte Festung in dem weiten durch Gebürge zerrissenen Lande, die Noth und Dauer dieser Anstrengung statt zu ermüden, brachte auch die Gleichgültigsten von beiden Seiten zu einem ungewöhnlichen Eifer für die Sache, die sie ergriffen und die sie vertheidigen mußten. So ward auch der Rittmeister aus dem Widerwillen, den er ursprünglich gegen diesen Krieg hegte, allmälig zum wachsamsten unermüdlichsten Unterdrücker Spaniens umgebildet, doch vergaß er nicht darüber seine Liebe und seine Sehnsucht wegen der Handschrift. Noch zweimal schrieb er deswegen an Constanzen, blieb aber immer aus dem natürlichen Grunde ohne Antwort, weil seine Briefe, wie alle andern, nicht durchgelassen wurden, er aber zufällig diese Maßregel, die von andern künstlich umgangen wurde, nicht ahnete und von niemand zu erfahren bekam.

Vier unruhige zerstörende Jahre, in denen er zum Obersten durch sein Verdienst und seinen Diensteifer sich emporgeschwungen, waren ihm ohne einen Tag hingeschwunden, dessen er mit Lust denken mochte, als ein Befehl des Kaisers mehrere geschickte Offiziere, unter diesen auch ihn von dem spanischen Heere abriefen, Niemand wußte einen Grund dieser Maßregel anzugeben, inzwischen mußte er die bisher im Generalstabe bearbeiteten Geschäfte schnell in Ordnung bringen, konnte aber doch nicht zur rechten Stunde damit fertig werden, als die ganze Schaar Offiziere unter starker Bedeckung den Heimzug antrat. Einen Tag später ritt er ihnen nach, sein Pferd war gut, er traute seinem Führer, und glaubte bestimmt sie schon beim nächsten Nachquartier einzuholen. Bis zum

Mittage ging die Reise ohne Störung durch das öde Land fort, da sanken dem Obersten die Augen zu, er hatte seit ein Paar Nächten nicht geschlafen. Der Führer benutzte diesen Augenblick zu entspringen, er hätte den Schlafenden ohne Gefahr erschlagen können, wenn er die Gesinnung seiner meisten Landsleute gehegt hätte, wahrscheinlich war es ihm nur darum zu thun, aus den steten Besorgungen für die Franzosen heraus zu den Seinen zu kommen. Als der Oberst wieder erwachte, fast aufgelöst von der Hitze und blind von den Strahlen der Sonne, glaubte er erst nur, der Führer habe sich auf einen Augenblick entfernt. Aber vergebens schallte sein Ruf, es war ihm als sähe er in weiter Ferne einen Flüchtigen. Verlassen wie auf einen Nachen im Weltmeere, das ihn im Schlafe von der sichern Küste fortgetrieben, hatte er keinen andern Wegweiser als die Sonne; es war ihm genug, daß sie ihm gerade in dem Rücken brannte, um seinen Weg danach zu bestimmen, zugleich muste er seine Waffen jeden Augenblick bereit halten, ihn gegen Angriffe zu schützen. Kein Haus lag an der Straße, die er ritt, Menschentritte waren wohl am Wege zu sehen, aber wie bei den versteinerten Thieren in Felsen schien kein lebender Überrest von ihnen als der Abdruck im verhärteten Thone der Straße übrig. Die Einsamkeit lenkte seine Gedanken wieder zu der schönen Geselligkeit seiner Kindheit und zu den guten

Tagen seiner Liebe, so verging ihm die Zeit bis zur Dunkelheit gar schnell. Als es fast dunkel war, sah er vor sich ein verbranntes Dorf und ein wohlerhaltenes Klostergebäude in der Nähe. Er ritt auf das Kloster zu, aber auch hier schienen alle Bewohner entflohen. Die Thüre war unverschlossen, er durchschritt den Gang, alles war stille, er öffnete die Thüre einer Zelle und fand eine schlechte Matte von Binsen, um sich ein Lager zu machen; sein Pferd band er in der Nähe an, und fütterte es mit dem geringen Vorrath von Gerste, den er für die kurze Reise mit sich genommen. Bald fand er auch den Brunnen, daß er sich und sein Pferd tränken und seine Kürbisflasche füllen konnte, dann auch Zwiebeln im Garten, um sein mitgenommenes Mahl zu würzen. Schon während des Essens suchte er wieder sein Abendgebet, die Handschrift Constanzens auf, durchlas noch einmal Juliens Zorn, endlich fiel sie ihm aus den Händen und er schlief ein. Es mochte nach Mitternacht sein, als ihn die Hitze und die Bewegung des Pferdes erweckten. Er glaubte schon den Sonnenaufgang verschlafen zu haben, das Zimmer war hell, bald sah er aber eine Flamme in seiner Nähe und bei dem Scheine derselben eine Frau mit weißen Haaren, doch im Antlitze noch jugendlich, der häufige Thränen über die Wangen liefen, während ihre Augen unabwendlich nach einem Papier blickten. Als das erste geisterartige

Grauen dieser Erscheinung vorüber, hatte er Ruhe, sie näher zu betrachten und das Antlitz erfüllte ihn mit Ehrfurcht und Liebe, er glaubt es zu kennen und wagt doch nicht zu hoffen. Endlich richtet er sich auf in seiner Lagerstätte, er ruft sie Spanisch an, wer sie sei, was sie hieher führe. Die Alte bewegt sich nicht, die Thränen schienen das einzige Lebendige in ihr. Er springt auf, er sieht zu, was sie so rührt und sieht erstaunt, daß sie Constanzens Brief betrachtet und ihn zu lesen scheint. Jetzt bemerkte ihn die Alte, blickt auf und begrüßt ihn mit dem Zeichen des Kreutzes, und redet ihn an mit deutschen Worten, und sagt ihm, daß sie lange auf sein Erwachen warte, ihr gehöre das Bett, ihr gehöre die Zelle, sie allein wage es von allen ehemaligen Bewohnerinnen des heiligen Klosters, Nachts dahin zurück zu kehren, er solle ihr erklären, wie er zu dieser seltsamen Handschrift komme, zugleich reichte sie ihm eine Schiefertafel und einen Griffel, denn ihr fehlte der glückliche Sinn, das Gehör. — Nur zweimal bedurfte es der Schrift auf der Schiefertafel, da erkannten sie sich, die in den Revolutionsstürmen hieher verschlagene arme Mutter den verlornen Sohn, den die Welle hoch emporgetragen hatte. Geheimnißvoll sind die Wege, und das Begegnen der Menschen auf Erden. Das Geheimniß der Handschrift blieb ihnen unerklärlich und doch segneten sie es, ohne diese Handschrift hätte Clara, die frühgealtete Mutter die Zelle schnell verlassen, nur die Handschrift ihres todtgeglaubten Mannes hatte sie mitten im Schrecken ihr friedliches Zimmer in einen Stall verwandelt zu sehen, festgehalten. Was sie wußte erzählte sie dem forschenden Sohne. Aus den Briefen des abwesenden Vaters, des Freiherrn Constantin, hatte der Sohn seinen ersten Leseunterricht empfangen, die Briefe blieben aus nach einem Auflauf in Straßburg, Constantin wurde todt geglaubt. Clara beweinte ihn und da ihre Ehe heimlich geblieben, so hatte sie kein Recht aufzutreten, so ließ sie sich vom Zufall, der ihr den Sohn entriß, sie ins Gefängniß stürzte und wieder daraus befreite, nach Spanien hintreiben, wo ein Kloster ihr die Ruhe zum Lohn für so viele Leiden sicherte, bis auch hier die Mordfackel der Weltstürmer eindrang. Beide, Mutter und Sohn, schwärmten in Freude und die Aufmerksamkeit der guten Mutter auf die Lippen des Sohnes, machte ihr manche seiner leidenschaftlichen Reden hörbar, daß es ihr schien, als ob sie mit dem Sohne den verlornen Sinn wiedergewonnen habe. Sie berichtete ihm alle Ereignisse ihrer frühen Jahre, sie hatte ihre Schuld gebüßt, die Ereignisse im menschlichen Herzen sind zu seltsam, und nicht jedem möchte es frommen, sie alle zu kennen. Dem Sohne übergab sie alle Briefe des Vaters, und er staunte über die Gleichheit beider Handschriften! — Clara sagte, daß sie nur diesen Trost

noch

noch vom Himmel erfleht habe, den geliebten Sohn, dies treue Abbild des Vaters, vor ihrem Ende zu sehen, dann wolle sie allem Irdischen, auch dieser Freude an den Briefen einer schmerzlich seligen Zeit entsagen, mit diesen Worten küßte sie noch einmal die zerriebenen Briefe und versteckte sie in der Rocktasche des Sohnes. Der Oberst, nachdem die erste ungestüme Freude vorüber, wurde immer unsicherer, was er beginnen, wie er die geliebte Mutter sichern solle, wie er sie dieser einsamen Wildniß entreißen könne, während ihm selbst alle Wege unkundig, alle Bewohner der Gegend verfeindet wären, er verwünschte, daß er keine Bedeckung mit sich genommen, und doch hätte er wohl nie seine Mutter gefunden, wenn er den Weg in sicherer Begleitung zurückgelegt hätte. Die Mutter wußte wenig mehr von der Welt, nur einen Wunsch äußerte sie, ihren lieben Sohn nicht mehr verlassen zu müssen. In dem Kloster zu bleiben konnte sie ihm nicht rathen, die vertriebenen Bauern des Dorfs lagen in den Felsen versteckt und mordeten alle Fremden, die sich ins Dorf verirrten, für eben so unsicher hielt sie es, den Sohn fortziehen zu lassen. Die Gebürgswege, durch welche sein Weg ihn führte, waren ebenfalls von den bewaffneten Bauern besetzt; sie rieth ihm, spanische Bauerkleider anzuziehen, die sich wahrscheinlich noch in der Wohnung des entflohnen Pförtners fänden. Der Oberst billigte den Vorschlag, und fand die Kleider passend, bereitete seiner Mutter den Sattel seines Pferdes durch ein Flechtwerk von Weiden, daß sie bequem von der Seite reiten konnte, ohne in Gefahr zu kommen, bei ihrer Schwächlichkeit herunterzufallen, er selbst wollte unterm Scheine eines gemeinen Bauern das Pferd führen, so hoffte er Sicherheit für die Mutter und für sich zu erreichen. Die Mutter schaffte noch am Morgen einige versteckte Lebensmittel herbei, und nahm dann einen stillen Abschied von ihrem verödeten Zufluchtsorte. Die Ursach ihrer Entfernung hatte sie in aller Kürze aufgeschrieben ins Meßbuch der Kirche gelegt, die bis dahin von aller Plünderung verschont geblieben war. Der Oberst begleitete sie nach der Kirche, blickte die heiligen Bilder an und wurde von einem Madonnenbilde an Julien erinnert. Er konnte sich nicht losreißen von dem Bilde, und gewohnt, täglich Kirchenbilder nicht geraubt und verehrt, sondern geraubt, als Wachtfeuer verbrannt, oder zu einer Bank zerhauen zu sehen, brach er das schöne Bild aus der goldnen Strahlenfassung, packte es so gut ein in einem leinenen Tuche, als ihm irgend möglich, und band es an den Sattel des Pferdes. Das Glück war nicht sein Element, es machte ihn leichtsinnig und hart, seine Mutter hier bewahrt wiederzufinden hätte ihn zur Verherrlichung, nicht zur

Beraubung der Kirche bewegen sollen, aber zu tief war in ihn die Sitte des Volks eingedrungen, dem er diente, er glaubte das Bild erst zum Dasein zu erwecken, indem er es nach dem kunstgebildeten Frankreich brächte und seine eigne Ergötzung daran ging ihm weit über die Erbauung eines frommen Bauernvölkchens, dessen Sprache ihm freilich nur wenig bekannt war, dessen Ausdauer und Muth seine Achtung hätte erzwingen müssen. Die Mutter bemerkte erst den Raub, als sie schon zu weit von der Kirche entfernt waren, um das Bild zurückzugeben. Sie weinte darüber und sagte voraus, daß ihnen kein Heil daraus hervorgehen könnte, dieses segnende Bild würde seine Blicke zum Verderben von ihm wenden, wenn er in Noth zu ihm aufblickte. Der Oberst belächelte in sich die Einfalt der Mutter, suchte sie aber mit Liebkosungen und Scheingründen zu beruhigen, das Bild wäre gewiß von dem nächsten Soldatenhaufen verbrannt worden, er habe den Untergang so vieler Meisterwerke mit ansehen müssen, dieses sei das Abbild seiner Geliebten, das er hätte retten müssen. Die Mutter beruhigte sich und der glückliche Fortgang ihrer Reise, die sie ohne bedeutende Gefahr über die Pyrenäen in das befreundete Land versetzte, schien seinen Leichtsinn zu bestätigen. Die Mutter wünschte sich aber bald wieder die Gefahr der Reise zurück, denn mit dem

Eintritte in dieses Land gehörte ihr der Sohn nicht mehr, er war bestimmt, ein neues Regiment zu bilden und konnte ihr nur selten Gesellschaft leisten, und mitten in den volkreichen Städten wünschte sie sich die Geselligkeit ihres Klosters zurück. Das Klosterbild erregte die Bewunderung aller Kenner, ein reicher Lieferant bot eine hohe Summe, doch dem Obersten war es wegen der Ähnlichkeit mit Julien für keinen Preis feil. Der Kriegszug, der sich vorbereitete, mußte ihn in ihre Nähe führen, da hoffte er die Enträthselung des Geheimnisses der Handschrift, mehr wagte er nicht zu hoffen; daß Juliens Schmerz über den Tod des Vaters, ihr Zorn gegen die unglückliche Hand, die das allgemeine Geschick gegen ihn geführt hatte, gemildert sei, schien ihm natürlich, daß sie bei ihrer Anmuth, ihrem Reichthum, bei so vielem geselligen Reize unverehlicht geblieben, schien ihm so unwahrscheinlich, daß er durch keinen Brief ihre Gesinnung zu prüfen, sondern alles auf den Augenblick des Wiedersehens zu setzen beschloß.

6. Deutsche Frauen.

Diese Besorgnisse, Julie sei vermählt, waren leer, der Himmel hatte ihr nur eine Liebe verliehen, diese hatte sie irrend dem Mörder ihres Vaters geschenkt, und seitdem konnte sie nicht ohne ein schmerzliches Lächeln von dieser Leidenschaft hören: so wies sie die Bewerbungen mancher achtenswerthen Männer von sich, sie glaubte alle Liebe besiegt und überlebt zu haben. Auch ihre Freundin war noch unvermählt. Constanze hatte zu viele kleine Härten in ihrem Umgange, die wie Bosheit erschienen, die Männer fürchteten sie wegen ihrer Einfälle und waren in ihrer Gesellschaft sehr auf ihrer Hut, ein Zustand der dem Verlieben gar nicht günstig sein kann. Ohne große Liebe wurde aber in jener Zeit allgemeiner Noth in den höheren Ständen nicht geheirathet und großes Vermögen ersetzte nicht bei Constanzen die uneigennützigste Leidenschaft. Sie lebte ganz von der Güte ihres Oheims, von ihm allein konnte sie eine Erbschaft erwarten und dieser Oheim, so alt er war, zögerte noch immer ein Testament zu machen, und ohne ein Testament fiel alles an seine Verwandten, denen Constanze nur eine angeheirathete Nichte und sein Bruder, der verschwenderische Forstmeister, ihr Stiefvater war. Mit diesem Oheim lebte sie in einem steten scherzenden sie aber innerlich erbitternden Kampfe, ihre kleine Herschsuchten hatten ihn zum ewigen Widersprechen aller ihrer Meinungen, Ansichten selbst der Geschichten, die sie selbst erlebt zu haben glaubte, allmählig umgeschaffen. Die Gewohnheit sie als sein

Kind anzusehen machte sie ihm so werth, daß jede Kränklichkeit von ihr ihn erschreckte, daß er ohne sie nicht zu leben meinte, doch war sie ihm eigentlich unleidlich und nur Juliens Gegenwart, die er gar nicht entbehren konnte, vermochten ihn immer in den Schranken eines etwas tückischen, doch immer wohlbegrenzten Witzes sich zurückzuhalten. Er vor allen hätte Julien gern Heirathsanträge, ungeachtet der Verschiedenheit ihres Alters, gemacht, aber er war zu klug, um nicht das Vergebliche dieses Schritts einzusehen. Eine stete Aufmerksamkeit auf jeden ihrer Wünsche war das einzige Zeichen dieser Leidenschaft, so kams, daß jeder der auf dem Gute etwa Begünstigung von ihm begehrte, sich an sie wandte, und daß Constanze nicht blos für ihren Umgang, sondern auch für ihren Einfluß auf den Oheim ihrer nothwendig bedurfte. — Constanze bedurfte aber bald dieser Unterstützung des Oheims zu ihren Lieblingsplänen. Nach vieler Ungeduld trat endlich in dem festen unabänderlichen Fortschritte der Zeit jene merkwürdige Aufregung aller deutschen Völkerschaften nach dem Untergange des französischen Heeres in Rußland ein. Heftige Vaterlandsfreunde gestanden, daß die Zeit noch nicht versäumt sei, und daß der Übermuth des Feindes ihm mehr geschadet habe, als ihr eigener Muth vermocht hätte, die bedenklichsten

Vermittler zwischen Recht und Unrecht ließen sich doch hinreißen, jetzt oder nie ein Gelingen voraus zu sagen; es war eine Zeit, wo die Propheten des eignen Unglücks mit Freuden eingestanden, daß sie sich geirrt hätten. Constanze, die von keiner Zärtlichkeit zerstreut, schon lange mit ganzer Seele und ganzem Munde der allgemeinen Angelegenheit ergeben gewesen, fand sich nun erst in ihr Lebenselement gesetzt, sie fand ihre Thätigkeit von allen Seiten angespannt, und wurde bald der Mittelpunkt aller Bemühungen in der Gegend für den ausbrechenden Krieg im voraus zu sorgen. Der Oheim, obgleich von größerer Milde gegen die besiegten Sieger regiert, versagte ihr selten, was sie zu diesem Behuf von ihm begehrte, wenn er gleich seinen Spott nicht unterdrücken konnte, wo sie etwas Vergebliches, oder etwas Verkehrtes durchsetzte. Wie die Freiwilligen zu den Heeren eilten und ein frischer Geist alles lüftete, da zog er sich einst mit Julien in einen abgelegenen Theil seines Hauses zurück, und sagte ihr, er werde von den Reden der Leute an eine Zeit gemahnt, die unter tausend lockenden Versprechungen ihn um alle Seligkeiten seiner Jugend betrogen hätte. Julie ahnete gleich, daß er von der französischen Revolution spreche, die er nie nannte, und suchte ihm den Unterschied zwischen beiden Erscheinungen mit ihrem Gefühle deutlich zu machen. „Es mag sein," fuhr er fort, „daß mich der Sturm nach einer Seite übergebeugt hat und daß ich mich nie ganz wieder aufrichten kann, um über die zweifelhaften Regungen der Menschen hinaus nach ihrem sichern Ziel zu sehen; hier habe ich niedergelegt in diesem Schranke, was ich gelitten, als die Welt von Freiheit und Muth, von edler Aufopferung und Vaterland sang, während die härteste Sklaverei jede Freiheit unterdrückte, und eigennützige Grausamkeit alle menschlichen Freuden und Gefühle verspottete. Ihnen gebe ich den Schlüssel dieses Archivs meiner Seele, es kann über uns eine Verwirrung einbrechen, die mich hinweg rafft ehe ich für die Erhaltung dieses Nachlasses Sorge getragen, er soll Ihr Eigenthum, mein Vermächtniß für Sie sein." Julie bewahrte seinem Wunsch gemäß den Schlüssel, aber sie ließ es sich angelegen sein die Besorgnisse des alten Herrn zu zerstreuen. Sie sah den Feind schon über den Rhein gedrängt, wie aber die Weltgeschicke immer neu und immer alt sind, wie das Alte immer wieder in neuer Art erscheint, so wurde auch diesmal die Erwartung eines schnellen Erfolgs getäuscht. Der Anfang des Krieges war unglücklich, nach wiederholten zerstörenden Durchzügen besetzten die Feinde auch das Landgut des alten Herrn mit der übrigen Gegend und zehrten dieselbe während des Waffenstillstandes schonungslos aus. Ein fremder Offizier herrschte unumschränkt im Schlosse, der Oheim war froh in dem Hinterzimmer seines Hauses, wohin er Julien damals geführt, einige Ruhe zu finden, hier lernte er zuerst die Franzosen zu hassen. Constanze mit ihrem innern Zorne bewaffnet bot allen Feinden die Stirn, wenn es nöthig war, und erhielt so viel sich unter solchen Umständen erhalten ließ. Julie bewunderte sie in ihrer Ausdauer, Thätigkeit, Festigkeit, und unterwarf sich immer mehr ihrem Willen, sie wußte mit ihrer Anmuth auszugleichen, wo Constanze zu hart verletzte. Ihr ehemaliger Verlobter, schien unter den Offizieren, die sie sahe, wenig bekannt, sie fragte zwar nicht nach ihm, aber sie vermuthete doch, sie müßten einmal von ihm reden, wenn sie ihn kennten. Hans, der sich durch seine Dienstbeflissenheit und Geschicklichkeit dem Oheim empfohlen, und bisher immer ungestört in dessen Diensten erhalten hatte, brachte endlich heraus, daß sein Rittmeister Oberst geworden und in Spanien beim Generalstaabe gewesen sei. Er berichtete es den beiden Fräuleins und Constanze beobachtete Julien sehr ernst, welche Wirkung diese Nachricht auf sie mache. Julie stellte sich gleichgültig, um den innern Aufruhr zu verbergen, den diese erste Nachricht von ihm erregt hatte. Constanze fragte sie forschend, ob sie noch dieselbe Gesinnung hege wie damals, als sie seinen Brief nicht lesen wollte. Julie war schwach genug ihr das zu versichern, obgleich im Pochen ihres Herzens seine Verzeihung längst ausgesprochen war. „Wenn er nun käme," sagte Constanze, „wenn er Dir wieder so gegenüberstände wie damals neben dem General?" — „Wie würde ich den Feind meines Vaterlandes eines Blicks würdigen!" rief Julie mit einem Stolze, den sie wirklich zu haben und durchzusetzen meinte. Mit dem Waffenstillstande endete das Glück dieser Feinde, sie rafften bei ihrem Abzuge alles zusammen, was sie brauchen konnten, und nur Constanzens Muth erhielt den befreundeten Siegern eine Nachlese an Lebensmitteln. Die Freunde wurden mit Eichenkränzen und Lobliedern reichlicher bewirthet, als mit Brod, sie mußten aus dieser hungernden Gegend, in der selbst die Hoffnungen der Ernte zerstört waren, weiter forteilen. Auch der Oheim mit den beiden Fräuleins wäre gern fortgezogen in unversehrte Gegenden, aber es fehlte an Pferden, so kam es, daß sie allen Unbequemlichkeiten trotzend ausharrten, und selbst manchen Flüchtigen aus verbrannten Dörfern Zuflucht und Unterhalt gewähren konnten. So vermehrte sich ihr Kreis durch zwei Frauen von Offizieren, die durch die eingehenden Briefe alle Wohlthaten die sie empfingen im Gefühle der Fräuleins reichlich vergalten. Nichts auf der

Welt galt seitdem in dem Kreise, als Kriegswesen und Krieger, alle andre Beschäftigungen schienen nur diesen letzten Zweck zu haben, der Landmann sollte sie nähren, der Dichter sie besingen, der Geistliche sie zum Tode vorbereiten, und die alte Urzeit, vor der den Menschen in Büchern graut, trat in solchen Stunden völlig in ihr Dasein, bis ein neuer Shawl von einer russischen Offiziersfrau getragen, die Gedanken wieder ins Geleise brachte. Die Frauen mochten nun kriegerisch oder unkriegerisch gestimmt sein, ihre Sorge für die Krieger, die nachzogen, für die Verwundeten, die zurück kamen, wurde planmäßiger, dauerte thätig aus, und die Wohlthätigkeit findet immer etwas in der Vorrathskammer. Als aber auch eine große Zahl von Gefangenen Ansprüche an ihr Mitleid machten, da wurde lange untersucht, ob sie dieser Milde werth wären. Constanze wollte ihnen jede Unterstützung verweigern, sie sollten die Noth fühlen, die sie über unzählige friedliche Erdenbürger gebracht. Julie setzte es in der Versammlung durch, daß die gemeinen Soldaten einen Beistand an Lebensmitteln erhalten sollten, denn diese wüßten nicht, was sie thäten und wären gezwungen für eine Sache zu fechten, die sie selten dem Namen nach kennten. Die Offiziere hingegen, das mußte sie Constanzen nachgeben, sollten sich mit dem begnügen lassen, was die Behörden ihnen geben könnten, sie wären mit Lust und Bewußtsein die Werkzeuge der Unterdrückung geworden. So war der Beschluß der Frauen und wurde von ihnen mit unerbittlicher Strenge gegen die zahlreichen Schaaren der Gefangenen, die am nächsten Tage durchgeführt wurden, ausgeführt. Die arme Julie! Trugen sie nicht dieselbe Uniform wie ihr Stauffen, die sie unbarmherzig von den Vorräthen, die zu ihrer Qual aufgehäuft standen, zurückweisen mußte, aber die Gewohnheit und die Macht der unter ihnen geltenden Ansichten; härteten bald ihr weiches Herz. Gewiß kostet der erste Schlag auch dem rohesten Soldaten einige Überwindung, den er dem wehrlosen Gefangenen giebt, der in seiner Noth umherbettelt und die Reihen verläßt, nach diesem ersten Schlage wird es aber zum Zeichen und zur Sprache, und er fühlt nur die Bewegung seines Arms, wenn er zuschlägt.

7. Das Wiedersehen.

Der Oberst war nicht so früh, als er erwartete, zum Heere in Deutschland abgeschickt worden, die Willkühr, die über einen Soldaten schaltet, hatte ihn in mancherlei Aufträgen herumgetrieben, und es kränkte ihn tief, die neuen Lorbeeren nicht miterrungen zu haben. Endlich wurde sein Wunsch erfüllt, er wurde zum Generalstaabe des Heeres in Deutschland berufen, erreichte in vier und zwanzig Stunden den Rhein, und ließ sich sogleich, obgleich die Sonne schon im Sinken, mit Pferden und Gepäck ans deutsche Ufer übersetzen. Die Größe und Herrlichkeit der Welt in ihren vier Elementen, als Luft, Feuer, Wasser, Erde, lag vor ihm ausgebreitet, und die verschiednen Elemente in ihm, wie er hätte werden sollen, und was aus ihm geworden, sonderte sich einmal wieder von einander und füllte ihn mit Ernst und Wehmuth. Dann war ihm, als ob dies das letzte Übel sei, das er stifte; das letztemal, daß er den reinen Strom durchschneide. Er wußte sich keinen Grund davon anzugeben, auch war ihm dies Gefühl weder wehmüthig noch erfreulich, sondern gleichgültig, als ob es einen Dritten angehe, den er kaum kenne. Seine Blicke waren bei dieser Geistesabwesenheit auf einen Nachen gerichtet, der mit vollen Segeln herbeieilte seinen Lauf zu durchschneiden, aber nahe dem Ufer wendete sich der Nachen und beide Fahrzeuge liefen zugleich ans grüne Ufer. Das Schiff hatte nun einmal eine Beziehung für ihn gewonnen, er fragte, wer in dem Schiffe liege? die Schiffer antworteten in derber Sprache, es sei ein verlornes Mädchen, das den Franzosen nachgezogen und nun zurückgeschickt werde, von Ort zu Ort, zu Schiffe und mit Fuhre bis in ihr Vaterland. Der Oberst nahm einige Goldstücke, ohne sie anzusehen, aus der Tasche und drückte sie der Unglücklichen in die Hand. Diese aber wollte seine Hand nicht lassen, so widerlich ihm dieser Dank war, sie küßte ihm mit Thränen die Hand, nannte ihn bei Namen, — es war Charlotte. Das ist mein erstes Unglückszeichen, dachte der Oberst, während er ihr tröstend zusprach. Aber das Mädchen nahm keinen Trost an, sie sei verloren, sagte sie, in Zeit und Ewigkeit, und habe alles Unglück durch ihren Undank gegen Julien wohl verdient. Umsonst erkundigte er sich nach Neuigkeiten von Julien bei ihr, sie war mit ihm zugleich ausgezogen, und kam zurück als eine wandernde Leiche. Der Oberst gab ihr noch reichlich vor dem Abschiede, aber das alles konnte sie nicht trösten, sie verglich sich krampfhaft lächelnd mit der Jungfrau von Orleans, die sie einst gespielt, wies auf die Lumpen, die sie zugedeckt, und gab es für die Fahnen aus, die sie gewonnen und schloß parodirend mit den Worten: „Kurz war die Lust und ewig sind die Leiden." — Der Oberst schwang sich auf sein Pferd und ritt weiter, da begegnete ihm etwa eine Meile von dem Landungsplatze, eben der Kurier, der ihm einst Constanzens Brief einhändigte. Der Kurier tobte, fluchte, seine Depeschen wären im Schlafe aus seinem Wagen gefallen, er sei verloren, und die

Armee sei auch verloren. Dies war sein zweites Unglückszeichen, und er harrte ungeduldig auf das dritte, aber es zeigte sich ihm noch nicht.

Beim Heere fand er die gewohnte Zerstreuung in der anstrengendsten Thätigkeit, der Wunsch, den alten Waffenruhm des Heeres nicht sinken zu lassen, bewegte ihn leidenschaftlich, er wollte nicht daran glauben, daß die Gegner Einheit und Zusammenhang sich erkämpft hätten. Mit Eifer suchte er die Gefangnen auf und ärgerte sich an ihren stolzen Hoffnungen. Einsmals fragte er einen Freiwilligen, der ihm besonders trotzig geantwortet, wer ihn gekleidet und bewaffnet habe, und dieser nannte mit Ehrfurcht Julien als seine Wohlthäterin. Von ihrer eignen Handschrift zeigte er ein Lied vor, als der Oberst zweifeln wollte; es enthielt feurige Anklänge aus der Zeit und aus Schiller, den wir wohl als einen Wahrsager achten lernen sollten, statt ihm nachzulallen mit nachbildender Fertigkeit. Dieses Lied schien ihm sein letztes drittes Unglückszeichen, und er bereitete sich mit Ernst zum Untergange, der ihm unvermeidlich schien, schrieb einen zärtlichen Brief an seine Mutter, in dem ein Abschied auf ewig, wenn gleich von Duft und Blumen gedeckt den reinen Demantglanz kindlicher Liebe durchschimmerte.

Einige Tage darauf war er mit wenig Reiterei

eingeschlossen, Grimm und Zorn schäumten auf seinen Lippen; er riß seine Linie herunter und rief mit hocherhobnem Säbel: Heute kein Quartier (Pardon), morgen haben wir keins mehr nöthig! — Sein Beispiel wirkte, er hielt sich noch tapfer mit den letzten, sein linker Arm war schon zerhauen, da wurde auch sein rechter durch einen Hieb unbrauchbar, und er mit allem Muthe so wehrlos, wie ein Kind.

So war er gefangen, seine Arme von einem Kameraden, ohne seinen Willen, nothdürftig verbunden, aber noch gänzlich unbrauchbar, als er mit einer großen bunten Masse von Gefangnen in eine Kirche gesperrt wurde, wo für das nothdürftigste Essen gesorgt war. Die Hungernden fielen mit Wuth auf die Vorräthe, er hatte keinen Arm, der ihm diente, seine Würde war vergessen, die Noth hatte alle gleich gemacht. Ein Trunk Wasser fristete sein Leben, er beklagte sich nicht. Der Zug ging weiter, immer ärmer wurde das Land, das die Gefangnen durchschritten, und wo er forderte, da hieß es, die Seinen hätten den Bewohnern nichts gelassen, als Krankheit, die der Lebensmittel entbehren lehre.

Es war Mittags am dritten Tage nach seiner Gefangennehmung, als eine Staubwolke die Ankunft der Gefangenen den Frauen im Landschlosse des Oheims verkündigte. Ihre Gaben waren bereit, sie traten vor die Thüre, und Constanze sah mit innigem Behagen die Landsturmmänner mit ihren Kitteln und rohgeschnittenen Spießen neben den prächtig geschmückten, farbigen, betreßten, betroddelten Uniformröcken einhergehen. Voran zogen die wilden rüstigen Gestalten, die der Gefangenschaft wenig achteten, wenn sie nur unterhalten wurden, sie waren um nichts in Verlegenheit, als wo sie ihre Hände lassen sollten, da sie keine Waffen trugen, und griffen deswegen grimmig zu. Dann kam listig kleines Volk, das bald hier, bald dort seinen Vortheil absuchen wollte, viel Voltigeurs und Italiener, die sich mit Blick und Gebährden theils beliebt zu machen suchten, theils Mitleid erwecken wollten. Dünn gesät folgten dann die armen Leidenden mit Wunden oder mit durchgelaufenen Füßen, sie wurden zuweilen hart zum Gehen angefeuert, aber es half bei manchen nicht mehr. Den Schluß machten die Offiziere, unter denen manche beim Anblick hübscher Frauen sich noch zusammennahmen, mit einem leichten Sprunge, mit guter Haltung sich zu empfehlen. Der Oberst führte sie, so schwach er war, ein junger Lieutenant unterstützte ihn. Er glaubte hier mit Zuversicht eine Stärkung, eine Stillung seines Hungers zu finden, und wollte eben zu dem Tische treten, wo Constanze, die beiden Offizierfrauen und Julie ausgetheilt hatten, was sie in der verödeten

Gegend zum Lebensunterhalt zusammenschaffen konnten, als eine Schaar gesünderer Offiziere sich ihm vordrängte. Aber Constanze und Julie betheuerten, ihre Gaben seien nur den gemeinen Soldaten bestimmt, die Offiziere müßten für sich sorgen, es würden noch mehr Gefangene erwartet. Kaum hatte Julie dies einem Zudringlichen gesagt, als sie die bleiche Gestalt des geliebten Obersten erblickte, und ohne eigentlich zu glauben, dies sei der Rittmeister, rührte diese Ähnlichkeit dennoch ihr Herz, sie wollte ihm ein Brod reichen, da bemerkten es die beiden Offizierfrauen und stießen Constanze an, Constanze blickte Julien strafend an, was aber der Oberst wohl nicht bemerken konnte. Er erkannte Julien und sah, daß sie mit Erröthen ihn anblickte, sich wegwandte und das Brod zurücklegte. Die Härte empörte sein liebendes Herz, er wollte sprechen, da sah er die goldene Kette um Juliens Hals und verstummte. Er wandte seinen Blick jetzt von Julien, schritt mit Heftigkeit fort und sprach laut mit sich, daß seine Kameraden meinten, er schwärme fieberhaft, denn er verfluchte den Urheber seines Lebens, den Urquell alles Lebens; dann sprach er von einem weißen Haupte, das ihm erscheine und verfluchte sich, weil er mit seiner Härte die sanfteste Seele gehärtet habe. Etwa hundert Schritte von dem Schlosse klagte er heftig, daß das heilige Bild seine Augen von ihm gewendet habe und sank nieder. Seine Begleiter befühlten seinen Puls, zuckten mit den Achseln und gingen weiter. Julie stand inzwischen wie erstarrt auf der Anhöhe am Tische, es war ihr der Gedanke aufgestiegen, er selbst könne es wohl gewesen sein, dem sie das Brod versagt, da vernichtete sie sein blasses, hülfloses Ansehen. Sie wäre mit dem Brodte nachgeeilt, aber die Schaam vor Constanzen hemmte jede Bewegung, nie in ihrem Leben hatte sie sich in so erdrückendem Wiederstreite des Gefühls befunden, und sie dachte jener Stunde, als der Rittmeister vor dem Fenster neben dem General stand. Constanzen blieb nicht verborgen, was in Julien vorging, sie suchte durch erzwungenen Scherz die Unglückliche zu zerstreuen. Der Staub, welchen der Zug erregt, hatte sich allmählig gelegt und Julie wagte es jetzt die Straße herabzublicken und bemerkte einen Mensch auf der Mitte derselben liegen. Constanze rief den Hans hinzusehen, was dem Menschen fehlen könne, und wenn er krank sei ihn in das kleine Lazareth zu führen. Julie wollte mitgehen, aber Constanze gab es nicht zu, weil die Fieber so bösartig würden, daß jede Näherung gefährlich, vielmehr führte sie Julien in den Garten, um sich von dem garstigen Anblick der verhaßten Feinde, wie sie sich ausdrückte, zu erholen. Aber wo verbirgt sich der Mensch vor seinem Geschick, vor dem ewigen Strafgericht, nur einige ruhige Nachmittagsstunden waren noch zu gewinnen. Bald stand ein blutig wolkenbeschwertes Abendroth am Himmel und da der Oheim noch nicht heimgekehrt, so beschlossen die Mädchen, die seine Spaziergänge genau kannten, ihm entgegen zu gehen. Sie gingen die Landstraße nieder, doch geblendet von der Röthe konnten sie nicht unterscheiden, was es sei, daß so viele Leute auf derselben versammelt. Bald erkannte Constanze den Oheim bei einer Leiche beschäftigt. „Gewiß ist der Mensch nicht zu retten gewesen," sagte Constanze und Julien fiel es schwer aufs Herz, der Unglückliche könne wohl ihr Stauffen gewesen sein. Hans winkte ihnen fern zu bleiben, der Oheim schien heftig bewegt, er rieb und küßte abwechselnd den Todten. Julie konnte sich nicht halten, sie lief zu den Versammelten, und er war unter ihnen und war doch nicht mit ihnen. „Es ist mein Sohn," rief der Oheim, „seine Mutter lebt, ich lebe und der mußte sterben, der unsres Lebens einziges Glück war." Julie hörte nicht mehr, sie war besinnungslos in die Arme Constanzens gesunken.

Constanze erfuhr jetzt, daß Hans seinen gewesenen Herrn gleich erkannte, daß er ihn durch Öffnen des Rocks zu erleichtern suchte und einen Arzt rief, daß aber inzwischen der Oheim herbeigekommen und durch einige aus dem Rocke gefallene Briefe verwundert, aus der eignen Handschrift, aus den Erzählungen seiner Clara, selbst aus der Ähnlichkeit mit sich selbst in früheren Jahren, den Sohn ihrer heimlichen Liebe erkannte. So lößte sich zu spät das Geheimniß der Handschriften, mehrere Monate später kamen erst die Briefe an, die Stauffen zu dessen Enträthselung zutraulich der Post übergeben hatte; die von den grausamen Befehlen des Alleszerreißenden mehrere Jahre zurückgehalten, das Geschick eines Hauses, das zu einem ruhigen Dasein reifen konnte, nicht mehr zu retten vermochten.

Der alte Herr starb, Julien übergab er sein Vermögen, es der geliebten Clara als einen geringen Ersatz für alle Noth, in die er sie verwickelt, zu überbringen. Dies letzte Geschäft wollte Julie noch vollbringen und sich dann von aller Welt zurückziehen. Sie fand Clara, die ihres Sohnes Tod schon lange beweinte, so lange er von ihr Abschied genommen, ob sie gleich keine sichre Nachricht von ihm hatte, beschäftigt das Bild der heiligen Mutter, das ihr Sohn geraubt hatte, einzupacken. Sie wollte es nach Spanien zurücksenden, weil es ihr keine Ruhe ließ wie sie sagte. Als sie alles vernommen, alles beweint und alles im Gebete ihrem Vertrauen dargelegt hatte, beschloß sie mit Julien, die nichts verlangte als Einsamkeit, in das stille Kloster des Gebürges heimzukehren. Spanien beruhigte sich jetzt nach seiner Befreiung, das ererbte Vermögen des langbetrauerten Geliebten meinte sie, würde hinlänglich sein, das Kloster aus seinen Trümmern herzustellen. — Mit welcher Liebe wurde das Bild der heiligen Mutter, mit welcher Zärtlichkeit Clara, mit wie viel rührendem Mitleid Julie von dem Kloster begrüßt; nichts war von der Kirche übrig, so wunderbar war das heilige Bild erhalten, daß eine neue unentweihte Kirche, wie ein Vorhimmel sich darüber wölbe allen Glücklichen zur Erhebung, allen Unglücklichen eine beruhigende Grabesdecke, von dem Lichte einer andern Welt durchstrahlt.

Martin Martir.

(Eine Erzählung.)

Während der junge Hofkaplan Martin Martir am lautesten gegen die unanständigen neuen Trachten der Frauen in der Nachmittagspredigt eiferte, weckte der Herzog die alte Oberhofmeisterin, flüsterte zu ihr einige Worte, die sich dann im ganzen Hofkreise flüsternd fortpflanzten. Alle blieben ruhig sitzen, als der Herzog der Herzogin die Hand bot, als beide aufstanden und leise auf den Fußspitzen die Kapelle verließen. Dem erhaltenen Befehle gemäß folgten diesem Beispiele allmählig alle Hofgenossen, denen allein der Eintritt in die Kapelle gestattet war, alle entfernten sich ohne Geräusch, so daß der Strafprediger, welcher zur Überwindung seiner Scheu und Zerstreuung die Gewohnheit angenommen hatte, während der Predigt die Augen fest zu zudrücken, von dieser Auswanderung seiner Gemeine gar keine Ahnung haben konnte.

Der Herzog eilte in so raschen Schritten mit der Herzogin durch die Gänge des Schlosses, als ob sie nach dem zweistündigen Sitzen sich wieder im Gebrauche der Füße üben wollten. Erschrocken fragte Curt, der wachende Edelknabe im Vorzimmer, ob seine Durchlaucht etwas zu befehlen habe, als der Herzog selbst die Thüren öffnete, und diesen mit großen Augen anstaunte. Dieser Edelknabe hatte sich aus Liebhaberei zu den Waffen die große Rüstung des längst verstorbenen dicken Herzogs angeschnallt, die dort im Vorzimmer ihres Umfangs wegen als Merkwürdigkeit aufgestellt war. Freilich hatte er die Beinschienen weglassen müssen, denn schon der Panzer reichte bis zu seinen Knieen, doch trug er diesen, den großen Gitterhelm und das geflammte Doppelschwert mit vieler Kraft.

„Welche Frechheit," rief der Herzog mit unterdrücktem Lachen, „zu Deiner Strafe sitze hier noch eine Viertelstunde in der Rüstung, gehe dann nach der Kapelle und putze die beiden Altarlichter mit dem Schwerte aus, darfst aber, was Du sehen oder hören magst, kein Wort in der Kirche sprechen, sonst bist Du für immer vom Hofe verbannt."

Der Edelknabe stammelte Entschuldigungen und versprach alles genau auszuführen, indeß die Herzogin mit Wohlgefallen das feurige Antlitz des Knaben von der rothen Abendsonne beschienen durch das Helmgitter leuchten sahen. „Das wird ein Spas wie ich ihn liebe," sagte der Herzog als er in seinem Gemache mit der Herzogin war, und küßte sie ungestüm halb schrecklich und halb lustig, „so liebe ich es, endlich wird Martir doch an Geistererscheinungen glauben müssen." Die Herzogin behauptete aber, er sei heimlich mit Martir im Einverständnisse, denn dieser habe ihren Spitzenkragen als ein Höllennetz gelästert, das die schwebenden Engel des Himmels zu fangen bestimmt sei und der Herzog zerknicke ihr nun gar diese neue niederländische Tracht mit seinen ungeschickten Küssen. — „Ich rede dem Martir nicht mehr das Wort," sagte der Herzog, „siehst Du nicht daß ich Dich ritterlich an ihm räche. Es ist auch nicht länger auszuhalten dieses ewige Einerlei der Predigten, dieses Schimpfen gegen den Ehestand der Geistlichen, dieser Verdruß an allen Eigenheiten der Frauen, diese steten Anschuldigungen wegen des Sündenfalls, als ob sie noch täglich dazu verführten. Die reiche Fülle seiner Beredsamkeit, das lebendige Eindringen, der herzliche Rath, die Erhebung aus Unglück und Zweifeln, alles was ihn im ersten Jahre zu unserm Abgott machte, ist zusammen geschrumpft zu diesen endlosen Strafreden." — Die andern Geistlichen meinen, er sei zum Papstthum zurückgekehrt, bemerkte die Herzogin, sie wollen ihn ausstoßen, wenigstens vom Hofe wünschen sie ihn zu entfernen. „Ich werde ihn nicht lange halten können," antwortete der Herzog, „ich mag keine neuen Streitigkeiten anstiften, auch haben die Geistlichen eigentlich recht, er aber läßt sich nicht bedeuten, weil er seine Heftigkeit für eine höhere Begeisterung hält, der er selbst bei Gefahr des Lebens folgen müsse. Versichre ich ihm, hinter dieser Heftigkeit eben sei der Teufel mit seiner Höllenflamme versteckt, so versichert er ruhig, das könne nicht sein, denn was er je Gutes gewirkt, was ich anerkannt hätte, alles sei in dieser Gluth entstanden, die ihn überkomme, er wisse nicht wie, alle Blödigkeit überwinde, welche ihm die strenge Mönchserziehung gelassen habe, ihn zu den kühnsten Entschlüssen kräftige und treibe. Diese Gluth habe ihn ergriffen bei der ersten Nachricht von Luthers Eintrit in den Ehestand, sie müsse er gewähren lassen. Vergebens zeige ich ihm, daß dieser Entschluß Luthers seinen Lehrsätzen angemessen, die er selbst anerkannt habe. Er sieht darin nichts als den irdischen Preis, wohl gar die geheime Triebfeder seines geistigen Strebens, schlägt die Bibel auf und beruft sich auf jene Stellen, die den ehelosen Stand rühmen ohne die Ehe zu verbieten. Räume ich ihm ein, daß es allerdings Menschen gäbe, die ungestört von Begierden ihrem Berufe ganz leben können, so geht er weiter und behauptet, daß alle Menschen nur sich selbst versuchen, daß sonst keine Versuchung zu finden sei, daß die Welt mit allem ihrem Reize dem verschwinde, welcher ernstlich von heiliger Gluth ergriffen sei und so stehen wir am Ende des Gesprächs wie beim Anfange bei dieser seiner höchst verehrten Geistesgluth, die ich nicht theilen kann, die mich vielmehr gegen alles Heilige erkältet." — „Irre ich mich nicht," meinte die Herzogin, „so ist diese Gluth eigentlich Beschämung über seine eigene

Schwäche, ein Zorn über seine eigenen Neigungen und Neugierden, ich setzte gern alle meine Thätigkeit daran, ihn verliebt, ihn verheirathet zu sehen.“ — „Wir leben noch lange zusammen,“ rief der Herzog, „denn der gleiche Gedanke beschäftigte mich eben, aber er ist argwöhnisch. Mein Vorschlag ginge dahin, daß Du Dein zürnendes Wesen ablegst, daß Du ihm die Flucht aus der Kirche durch Umwandlung Deines Wesens erklärst, in seiner Gegenwart diesen ihm anstößigen Spitzenkragen ablegst und auch den Fräuleins ein Gleiches befiehlst, ebenso diese neuen Prunkkleider mit langen Schleppen, so daß Du ihm erscheinst wie mir in den Morgenstunden.“ — „Wenn Du nichts dagegen hast,“ antwortete die Herzogin, „dieser Versuch soll noch heut gemacht werden und er soll sich wundern, wie gefährlich ihm die Schmucklosigkeit der jungen Mädchen werden soll, die er jetzt so ohne allen Grund wegen ihrer Prachtkleider öffentlich verhöhnt und geringschätzt. Ich eile alles einzurichten, ehe er zum Abendessen erscheint. Noch eins fällt mir ein. Wir erwarten die junge Großfürstin, weil sie sich vor der Gewaltsamkeit ihres Bruders flüchten will. Giebt es kein neuangekommenes Mädchen in der Stadt, das er nie gesehen, die wir so ausschmükken, die ihm scheinbar ihr Wohlwollen zuwende. Denn irre ich nicht, so ist die Erdengröße, der er so oft Hohn spricht, eben so mächtig einwirkend auf sein

Herz wie die Schönheit, der er öffentlich die Häßlichkeit vorzieht, beiden verbunden kann er nicht widerstehen."

Die Herzogin dachte einen Augenblick nach, schlug in die Hände und rief, daß sie es gefunden. „Heute hat sich mir ein armes Mädchen vorstellen lassen, das aus Wrade gebürtig, dem armen Dorfe am Meere, dessen eingedeichte Niederung vor einigen Jahren von der Fluth verschlungen wurde. Sie ist nicht unwissend, denn die Mutter diente beim letzten Prediger, wurde von ihm wie ein eignes Kind gehalten und unterrichtet. Seit dieser gestorben, leiden sie Noth, sie will dienen, will sich jeder Arbeit unterziehen, ich habe das Mädchen lieb gewonnen und will sie allmählig aufbilden lassen zu meiner Bedienung." — „Der Ort wo sie geboren ist mir eine fatale Erinnerung," sagte der Herzog, „der vorige Pfarrer hatte eignes Vermögen, sonst hätte er nicht bestehen können, die Bauern wünschen einen Pfarrer, aber zu solcher Nothpfarre läßt sich nur ein armer Sünder bereit finden. Ans Heirathen darf da keiner denken, — nun das wäre so eine Stelle für unsern Martir! — Soll aber das Mädchen allein kommen, das geht nicht; wir müssen ihr eine unbekannte Begleiterin geben, die etwas mehr vom Hofe weiß," unterbrach ihn die Herzogin. — „Die schaff' ich, die schaff' ich," antwortete der Herzog, „dazu taugt Curt, der Edelknabe, den ich geharnischt ausgeschickt habe, ich sah ihn vor ein Paar Monaten als Frau verkleidet in einem Fastnachtspiele, es hat ihn niemand erkannt, er ahmte der Oberhofmeisterin Sprache, Bewegung, ganz so treulich nach, daß er den Fräuleins zum Muster hätte dienen können. Das ist ein himmlischer Einfall und irre ich nicht, so höre ich im Nebenzimmer seinen Harnisch klingen, er hat seinen Auftrag vollendet, er soll berichten. Curt, wie ging's?"

Curt trat mit zierlicher Verbeugung ohne Waffen ein und versicherte, daß er seinen Auftrag mit Einsicht ausgeführt, der Hofprediger habe gar nichts vom Auszuge der Gemeine vernommen, habe noch besonders gegen die kurzen Kleiderärmel der vornehmen Frauen gepredigt und dreist versichert, daß der Teufel im Oberarm seinen Sitz habe, den niemand ansehen könne ohne gleichfalls des Teufels zu werden. Den Schluß habe eine allgemeine Verfluchung des weiblichen Haares gemacht, dessen Flechten wahre Teufelsangeln wären, dessen Locken schon an und für sich die Gestalt der Höllenflammen nachbilden, was sie auch ganz eigentlich seien, sie möchten sich mit unschuldigen Blumen kränzen so viel sie wollten, die Blumen verwelkten bald in der Hitze dieser sie umspielenden Haarflammen, die Perlen würden gelb, die Edelsteine erblindeten und wenn auch diese Locken mit weißer Asche sich bedeckten und ergrauten, so brennte das Feuer um so heftiger unter der Asche. — Bei diesem Schlusse, sagte Curt, hielt ich mich nicht länger, sondern trat wie er Amen sagen wollte fest hin vor den Altar, daß der Helm am Panzer klirrte und löschte mit dem Schwerte eine Flamme. Amen hatte er nun eben gesagt, öffnete die Augen, starrte hin zu mir und schleuderte die große mit Messing beschlagene Bibel nach mir hin, daß ich eben als ich das zweite Licht löschte von der Last getroffen zusammenstürzte. Der Helm hatte mich geschützt, der Kopf summte mir, aber ich verlor ihn nicht, sondern verbarg mich in einer Vertiefung des Altars, wo sonst einmal Heiligthümer gestanden haben sollen. Er rief nach dem Küster, der aber längst mit der übrigen Gemeine davon gelaufen war, scheu blickte er nach mir noch einmal und verschloß dann die Kirche. Ich entkam durch das Fenster nachdem ich die Waffen ausgezogen und voraus geworfen hatte.

Der Herzog lobte ihn, versprach ihm ein kleines Pferd, wenn er sich diesen Abend eben so geschickt nehmen würde und machte ihn mit dem Plane bekannt. Die Herzogin berief eine Kammerfrau und ließ sogleich das Nöthige zu seiner Verkleidung besorgen, auch das arme Landmädchen rufen, das sich Mariella nannte.

Unterdessen ließ sich der Hofkaplan anmelden. Der Herzog empfing ihn im nächsten Zimmer, ließ

ihn

ihn nicht zu Worten kommen, sondern erzählte, wie er in der Kirche die Nachricht von der Ankunft seines Mündels, der Großfürstin erhalten. Es sei ein höchst liebevolles Kind, das er seiner Unterweisung empfehle, weswegen er ja den heutigen Abend nicht versäumen möge. Martir wollte von der Kirche und den Erscheinungen in derselben anfangen, aber der Herzog unterbrach ihn mit der Versicherung, das sei nur eine der gewöhnlichsten Erscheinungen in Schaltjahren, der Ahnherr treibe sein Wesen, weil ihn der Teufel am Schalttage geholt als er sich schon wegen des drohend geweissagten Februars ganz sicher geglaubt habe. „Gnädiger Herr," sagte der Hofkaplan, „ich wollte, daß es der Teufel gewesen, aber ich fürchte, es war ein lebender Mensch und ich habe ihn vielleicht schwer verletzt mit der Bibel, die ich zur Prüfung gegen ihn warf wie Dokter Luther das Dintfaß, als der Teufel ihn bei der Bibelübersetzung zu stören trachtete. Mein Gewissen läßt mir keine Ruhe, schickt einen Trabanten mit mir hin zu genauer Nachforschung, es könnte ein Kirchenräuber gewesen sein, aber ich hatte kein Recht ihn zu richten." Der Herzog versprach es ihm nachsehen zu lassen und warnte ihn, künftig mit solchen Geistern von Stande nicht so hart umzugehen, er möge bedenken, daß sie zu seinem Hause einst gehört, daß sie einst Ansprüche auf allgemeine Achtung und Verehrung gehabt, daß sie meist selbst wohlerzogen gewesen, so weit das Zeitalter es erfordert und daß sie bei so schnöder Behandlung auch tobsüchtige Polterer werden könnten, die allen das Wohnen im Schlosse verleideten, wie er selbst schon über dergleichen Quälgeister andrer Schlösser habe klagen hören. Martir hörte zwar aufmerksam zu, drückte aber dann die Augen ein und versicherte, daß alle irdische Ehre mit dem Tode ende, „daß er mit den Geistern umgehen werde, wie ihm der Geist eingebe, dem er von seinem Thun einst Rechenschaft ablegen müsse. Der kleinen Großfürstin sehe ich mit Sorgen entgegen, sprach er, was soll die Jugend unter den Hofleuten, die des Glaubens und seiner Lehrer spotten? Kaum kann ich Abends über die Schloßhöfe gehen, überall aus den dunklen Ecken schallen mir spottende Reden, rufen mir Stellen aus meinen Predigten zu, wobei ich ins besondre weibliche Stimmen zu unterscheiden vermag, die ihr Geschlecht mit losen und lokkenden Redensarten und Scherzen zu rächen meinen, ja die ärgsten Laster mir zuschreiben vor denen meine Seele erbebt. O es bleibt nicht dabei, öfter sind mir harte Bälle an den Kopf geflogen, zweimal bin ich aus Hollundersprützen mit Dinte geschwärzt worden, Bindfaden fand ich dreimal über die Schloßgänge gezogen die mich zu Falle brachten, zehnmal meine Thürklinke mit Schmutz überzogen, ja einmal war sogar mein Zimmer durch Schläuche, welche der Teufel in das Schlüsselloch gelegt, unter Wasser gesetzt worden. Nur mit diesem wohlbeschlagenen Dornenstocke bewaffnet wage ich durch den Qualm und die Greuel dieser Stadt zu Gottes freier Schöpfung zu dringen, nur durch seinen Schwung habe ich mich gegen die Zudringlichkeit der Hunde und Straßenjungen retten können, und noch jetzt gnädiger Herr seht hier in meinen Haaren zwei Kugeln aus Kletten bereitet, die so geschickt auf dem Wege von der Kirche bis zu Euch mir ins Haar geworfen sind, daß ich mit dem Bemühen, sie fortzuschaffen, ihre teuflischen Stachelkörper mir immer tiefer ins Haar getrieben habe." — Der Herzog bemühte sich selbst ihn von diesem Haarschmuck zu befreien, indem er den Verbrechern scheinbar erzürnt harte Strafe androhte. „Ja Feuer sollte diese Spötter des göttlichen Wortes verzehren," fuhr Martir fort, „gesegnet sei dagegen auch ein Bemühen, gnädigster Herr diese Dornenkrone aus meinem Haare fortzunehmen, ich schäme mich nicht dieser öffentlichen Verhöhnung, wohl aber gräme ich mich, wenn ich durch meinen Bibelwurf einen Unglücklichen sollte erschlagen haben, ehe er durch Buße die Vergebung erlangt hätte; ich habe Sünde gethan, ich hätte ihn erst bekehren und dann bestrafen sollen." Der Herzog ging selbst mit Martir nach der Kapelle, um ihm die Angst wegen des ermordeten Menschen sich selbst aber die Langeweile des Augenblicks zu vertreiben. Marten schloß auf, ein Trabant brachte die Lampe, sie fanden die Bibel, deren eine Messingecke durch den Fall abgestumpft war, sie fanden auch Blut am Boden zur größten Befremdung des Herzogs, aber der Trabant erklärte es sogleich nach dem Geruche für Wein für einen guten rothen Portwein, wie ihn der Herzog täglich in seine goldne Flasche einfüllen lasse, er entdeckte endlich auch einige Glasscherben. „Ei Herr Curt," sagte der Herzog leise vor sich, „so kommt man hinter seine Schliche!" — Inzwischen beruhigte sich der Kaplan, daß niemand von ihm tödtlich verwundet dort niedergestürzt sei, wie er zu sehen gemeint hatte. „Er wird der Rache des Himmels nicht entgehen," sagte er, „euch aber gnädigster Herr sage ich Dank für die Güte, mich selbst aus Gewissensbissen befreiet zu haben, da nichts in der Welt mich so quält, wie die Angst auch nur durch Unvorsichtigkeit oder Übereilung Menschenblut vergossen zu haben." — Bei diesen Worten hatte er die Augen geöffnet und blickte wie ein Neugeborner in die Welt, während der Herzog ihm versicherte, der heimliche Rückzug des Hofes aus der Kirche sei nicht allein durch die Ankunft der Großfürstin veranlaßt worden, vielmehr habe die Herzogin nur diesen Anlaß benutzt, um jene von ihm gescholtenen Herrlichkeit der Zeit, die langen Schleppröcke und den Spitzenkragen büßend um so früher und für immer ablegen zu können. Von diesem Entschlusse solle er sich noch am Abend selbst überzeugen, der ganze Hof werde in einer Einfachheit auftreten, die ihn überraschen, ihm die Zuversicht geben werde, daß keine Äußerung seines Eifers verloren gegangen sei, sondern wie ein heißes Pletteisen all das Gekräusel und Gefältel niedergeglättet habe, was der Niederländer, Nürnberger und Augsburger Erfindsamkeit aus dem Geldbeutel andrer Völker aufthürmten. — „Es ist ein einziger Herr," sagte Martin vor sich als er den Herzog verlassen, „wenn ich ihm nur alles glauben könnte, aber er lächelt bei den ernsthaftesten Dingen, ich glaube, er treibt sogar mit dem Glauben Scherz, denn während er mir recht giebt, daß ein echter Geistlicher ehelos leben sollte, unterschreibt er täglich die Erlaubnißscheine zu den Heirathen der unechten, abtrünnigen, sinnlichen Ungeistlichen. Die Herzogin hätte wohl eine bessere Gesinnung, aber so geht es in der Ehe, sie muß heulen mit dem Wolfe, damit er sie nicht zerreißt. Die Weiber haben die Versuchung in die Welt gebracht, den Fall, den Tod, aber nehme ich dies eine Grundübel aus, so thun sie mir leid, nichts hilft ihnen Reue, den groben, trunkenen, langweiligen Männern angeschmiedet wie die Wilddiebe auf den wilden Pferden, werden sie von allen Schrecknissen zerrissen und zerfleischt und in wenigen Jahren ahnen sie kaum noch, was sie in erster blühender Jugend gewesen, wie nahe ihnen der Himmel stand, wie hell und weit er ihnen geöffnet schien.

Inzwischen war Mariella das junge Dienstmädchen, welches die Großfürstin spielen sollte, nachdem die Kammerjungfer ihr fast gewaltsam aus Eile die Sonntagskleider abgerissen und seltsame fremdartige gestickte Putzkleider der Herzogin ihr angezogen hatte, wie sie sich für die Fürstin eines fremdartigen Volks ziemten, in das Gemach der Herzogin geführt worden. Diese überraschte sich selbst, indem sie ihr unwillkührlich eine Verbeugung machte, als ob sie wirklich jene junge Großfürstin sei, noch mehr wurde sie aber von dem sicheren Anstande ja von einer gewissen Würde in ihrem Wesen, am meisten aber durch ihre Anrede überrascht, die sie der besten Gesellschaft einverleibte, indem sie deren Sprache fehlerlos und frei von bäurischer Aussprache zu sprechen verstand. — „Wer hat Dich so wohl unterrichtet?“ fragte die Herzogin. „Mein einziger Lehrer,“ antwortete sie, „war der würdige Pfarrer Naugarten und wenn ich nicht ganz fremd erscheine in der höheren Welt, so kommt das von gewissen Übungen, denen ich mich unterwerfen mußte.“ — Sie stockte und die Herzogin ermunterte sie weiter zu sprechen. „Gnädigste Frau,“ fuhr sie fort, „ich scheute mich nur durch die Beschreibung dieser seltsamen Übung dem Angedenken des würdigen alten Herrn eine kleine Lächerlichkeit zu geben, doch mag sich diese durch Euer Lob meiner Erziehung rechtfertigen. Der alte Herr war in seiner Jugend mit einem reichen Grafen durch alle reiche Länder durch Italien, Frankreich, Spanien gereist, hatte ihre Sprachen gelernt und in den ersten Gesellschaften gute Aufnahme gefunden. Als einer der ersten Bekenner der neuen Lehre ging ihm alle Hoffnung auf Anstellung bei dem Grafen verloren, er dankte oft Gott, daß er die Nothpfarre zu Wrade in seinem Alter gefunden. In der Einsamkeit dieses öden Strandes dachte er dann täglich an seine früheren Gesellschaften, und bemühte sich mir beizubringen die verschiednen Sprachen, besonders die Französische um zu wiederholen was in Paris mit ihm gesprochen worden, dann auch das Hochdeutsche, wie es die Reformatoren sprechen und schreiben. Ich war ihm so kindlich ergeben, daß mich kein fremder Gedanke störte, daß ich nach seiner Aussage schnelle Fortschritte machte, daß ich ihm bald gleich jenen klugen Frauen antworten konnte, deren Gespräche er mir vorsprach. Da war der alte Mann glücklich, ja er spielte recht eigentlich mit mir Komödie, indem ich bald die Königin von Frankreich, bald den König vorstellen mußte, während er feierlich mit gemessenen Schritten eintrat um mir gewisse Anreden zu halten, wie er sie von Gesandten hoher Höfe vernommen hatte. War ich gnädig gegen ihn, war ich aufmunternd, so durchstrahlte ihn ein Feuer, als ob das alles wirklich sei, als ob die Bedingungen des Friedens und feindlichen Verkehrs angenommen, bis er dann wieder im Namen eines anderen Gesandten, gegen diese Bewilligungen seine Kränkungen mit ernster Stirne verglich, seine Verdienste aufzählte und zuweilen mit Thränen diese Auseinandersetzung schloß. Hätte der liebe Alte statt der fremden Sprachen und Geschichten die er mir beibrachte, der Mutter erlaubt, die ihm aufwartete mir Unterricht im Sticken und Weben zu geben, was sie wohl verstand, so lange ihre Augen nicht gelitten hatten, so wäre ich jetzt nicht zu den geringsten Diensten allein brauchbar befunden worden; doch kann ich seiner und der Zeit in seinem Hause nur mit innigem Dank gedenken, er lebte nur für mich und noch in seiner Todesstunde sprach er zu mir wie zu einer mächtigen Fürstin, deren Gunst er seine fernen Anverwandten empfehlen wolle. So starb der treue väterliche Lehrer und die Mutter mußte mir einen Dienst suchen, denn in seinem Nachlasse fand sich außer vielen Schriften nur das Wenige, um ihn mit Ehren zu Grabe zu bringen und die Gemeine dabei zu bewirthen."

So hatte die Herzogin allmählig ihre Lebensumstände ausgefragt, tröstete das Mädchen, als sie dem Andenken des Lehrers einige unterdrückte Thränen schenkte und versicherte ihr, daß sie für ihr Fortkommen durch Unterricht in allen feinen weiblichen Handarbeiten sorgen, sie allmählig für ihren eignen Gebrauch als Kammermädchen aufziehen wolle. Dann fuhr sie fort ihr bekannt zu machen, was dieser Abend von ihr fordre und wie ihre Erziehung sie zu der Verkleidung besonders eigne; da sie im Nothfall, wenn sie auf eine Anfrage des Hofkaplans nicht verständig zu antworten wisse, leicht einige französische Redensarten einstreuen könne, da jener kein Wort Französisch verstehe. Curt, der Edelknabe trat nun wohlgeputzt als Begleiterin ein und erhob durch sein Ungeschick den Anstand der Herrin, die sein junges Herz außer Fassung gebracht zu haben schien, da auf einmal sein unerschöpflicher Muthwille einer stillen ernsten Verehrung gegen das Mädchen Platz gemacht zu haben schien. Die Herzogin bemerkte diese Verwandlung nicht ohne Unwillen, aber sie selbst mußte jetzt an ihre Verwandlung denken um ohne Spitzenkragen, ohne Schleppe, ohne Sammt, ohne Edelsteine im schlichten schwarzen Hauskleide gleich ihrer Namensverwandtin der heiligen Elisabeth mit ihrem Gefolge bei der Spindel den Hofkaplan zu erwarten.

Der Herzog kam jetzt und verkündete dessen nahe Ankunft, verwunderte sich gleichfalls über die junge Dirne in ihrem Staatskleide, denn ihr bräunliches Gesicht die wohlgeformten, aber etwas starken Lippen, die etwas erhöhten Backenknochen, kleine Ohren, der Glanz ihrer dunklen Augen und die scharf abgeschnittenen dunklen Augenbraunen, die schlanken Hüften und die überaus kleinen Füße erinnerten jeden an das Eigenthümliche des Volkes, dem sie als Großfürstin in diesem Spiele der Laune angehören sollte. Aber noch ein andres Gefühl bemächtigte sich des heitern Herzogs, der Wunsch jenes dem Hofkaplan zugedachte Spiel dem schönen Kinde selbst einzustudieren. So zeigte er ihr an seiner eignen Hand wie sie die Hand des Hofkaplans ergreifen, sie an ihr Herz drücken und küssen müsse, wie sie dann entgegenkommen sich ihm nähern müsse, um einen Kuß auf ihrer Stirn zu empfangen, wie sie ihm dann eine Ehrenkette umlegen müsse, die aber aus Vorsicht zwar mit feinem Golde überzogen aber aus Kupfer geschmiedet war. Das alles ließ er an sich selbst mehrmals versuchen, während Curt als Hoffräulein seltsam genug mit betreßtem scharlachrothem Kleide angethan, sich dazwischen drängte und seiner schutzbefohlenen Großfürstin deutlich zu machen suchte, daß sie sich ihrem Gefühle nicht zu lebhaft überlassen müsse. Der Herzog wieß ihn unwillig fort während die Herzogin, die sich an ihrer Spindel einübte, große Augen über den Eifer und die Eifersucht jener beiden machte.

Der Hofkaplan wurde inzwischen angesagt und trat mit eingedrückten Augen ein. Als er sie öffnete meinte er sich verzaubert! Die Herzogin und ihre Hofdamen spinnend in schwarzen alles verhüllenden

Kleidern wie in einer Strafanstalt, wagten kaum ihn zu begrüßen, so eifrig wollten sie bei ihrer Arbeit erscheinen; während er vom Herzog aufmerksam gemacht wurde, daß dies die Folge seiner Reden gegen Spitzenkragen, Schleppen und Müßigang vornehmer Frauen sei, bat er um Entschuldigung, daß diese Rede noch nicht bis zu seinem Mündel im entfernten Großherzogthume durchgeschallt sei. Die Großfürstin Anna komme erst von der Reise und erscheine vor ihm in der unanständigen Pracht jener barbarischen Länder, wo die kostbaren Steine wie Rubinen und Jaspis in den Straßen eingepflastert wären, die Perlen in den Bächen herum rollten und die Ameisen das Gold zu ihren Haufen mit Myrrhen vermischt aus der Erde graben. Er stellte ihn der Großfürstin und ihrer Oberhofmeisterin mit würdigem Anstande feierlichst vor. Die Großfürstin küßte ihm die Hand wie ihr geheißen, reichte ihm dann die Stirne zum Kusse und legte dann um seinen Hals die goldne Schlinge der Ehrenkette. So gut war es dem Ehrenmanne noch nie geworden, aus Verfolgung und Anfeindung, zu jeder Gunst erhoben, die kaum träumend seine Seele zu ahnen gewagt hatte, erwachte in ihm ein Gefühl von Selbstvertrauen das er sonst unermüdlich von sich gewiesen hatte und das er unter dieser Gestalt gar nicht wiederzuerkennen vermochte und darum mit voller Seele in sich aufnahm, ihm bald die ganze Seele zum Aufenthalt anwies. Ferne Länder von falschen Lehren und eitlem Leben loszureißen schien ihm die Gluth seiner Lippen, wollte er diesen großen Zweck erreichen, mußte er diese junge Fürstin sich ganz zu eigen machen, keinen Augenblick versäumen. Er fragte eifrig nach ihren Landessitten, freute sich daß sie des Deutschen so mächtig sei. Wo Mariella ungeachtet des guten Unterrichts ihres Pflegevaters stockte, da fiel Curt mit seltsamen Historien ein, die er vom alten Marschall vernommen hatte. Mariella, der unser Kaplan wie ein Abbild jenes würdigen Lehrers, gleichsam wie eine verjüngte Erscheinung desselben erschienen, schämte sich eigentlich des Possenspiels, das sie vorstellen mußte, um so mehr überließ sie sich dem Eindrucke liebender Ergebenheit und meinte dadurch nur einen kleinen Theil ihrer aufgezwungenen Verschuldung auszulöschen. Sie ließ seine Hand nicht los, es war ihr als ob ein heiliges Feuer von dieser Hand über ihr Herz ströme, Curt empfand darüber einige Eifersucht und setzte sich zwischen beide, um sie zu trennen, während der Herzog der allmählig auch Annas Reitze während der ernsthaften Unterredung näher zu betrachten und zu würdigen gelernt hatte, durch Versicherungen seiner vormundschaftlichen Freundschaft einen Vorwand fand, sich ebenfalls der Anna anzudrängen, ihr gleichsam segnend eine Hand auf den Kopf zu legen. Dem Beyspiel folgte der alte Marschall, sprach von seinen weißen Haaren und wie er sein letztes Blut für die Sicherung der Ansprüche des herzoglichen Mündels vergießen wolle, kniete nieder und verlangte einen Schuh Annas, um diesen an seinem Helm zu befestigen. Der Schloßhauptmann wollte nicht weniger eifrig erscheinen, der Kanzler war von dieser neuen Erscheinung am Hofe ergriffen, zwei Kammerjunker drängten nach, weil sie dies für den eigentlichen Sinn der Maskerade hielten, so daß kaum eine Viertelstunde vergangen war seit dem Eintritte des Hofkaplans, als sich dieser mit der jungen Anna von der ganzen männlichen Bevölkerung des Hofes umdrängt, mit Anna gleichsam in einem Netz gefangen sehen konnte, hätte ihm seine eigne Bewegung zur Betrachtung Zeit gelassen.

Die Fürstin, sonst von allen verehrt und diese Verehrung streng einfordernd, sah sich hinter ihrer Spindel mit den Frauen des Hofes völlig verlassen, es war ihr zumuthe, als ob sie in einer Stunde alt und häßlich geworden, als ob sie nun wirklich bei der Spindel Trost für ihre Langeweile suchen müsse. Einzelne Worte, mit denen sie auf sich hinweisen wollte, waren überhört, Zorn und Eifersucht spornten ihre Heftigkeit. Sie rief den Herzog, er hörte nicht, sie rief dem Edelknaben, er konnte nicht aus dem Gedränge zu ihr gelangen. Mit zornigem Lachen rief sie der Oberhofmeisterin, sie müssen die Ehre der Frauen retten und rächen, die Spindel sei ihre Lanze, das Bund Schlüssel ihr Streithammer, sie solle dem Pagen mit ihrer Spindel eins überziehen, sie selbst wolle den Herzog angreifen. Auf den Wink griffen auch die andern Hoffräuleins zu den Spindeln, der Hofzwerg blies die Trompete gar künstlich in die hohle Hand, wieherte und schnob dann wie die ungeduldigen Rosse wenn sie den Klang vernommen. Die Herzogin legte ihre Lanze ein gegen den Herzog, die Fräuleins griffen ihre gewohnten Verehrer an, noch ein Trompetenstoß des Zwerges und der Angriff erfolgte schonungslos. Verrath schrie der Herzog, unerwartet sind wir überfallen, schonet wenigstens des Heiligen. Drauf, drauf rief die Herzogin und alle Spitzen richteten sich gegen das faltenreiche Kleid des Kaplans. Schnell lößte sich die Gruppe der Seligen auf, die fremde Fürstin von der Herzogin ergriffen flog zur einen Thür hinaus, aus der andern flüchteten sich der Herzog und die Männer, welche mit dem Scherze einverstanden waren, nur Curt blieb unter dem Schutze der Herzogin, deren Kniee er umfaßte und der Hofkaplan im Gefühle seiner durch die Spindelstöße verletzten Würde. „Ihr beklaget euch," sagt die Herzogin, „über einige leichte Stöße? Sollten diese nicht Eure Grundsätze aufgerüttelt haben, die Ihr eben ganz aus den Augen verloren, um Augen und Hände nach einem verbotenen Gute auszustrecken. So wenig konntet Ihr der

Lockung widerstehen, so schwach war Euer Entschluß, die Weiber zu verachten, wie solltet Ihr es wagen unsre kleinen Fehler öffentlich in der Predigt zur Schau zu stellen, oder gegen den Ehestand öffentlich zu reden, vielleicht wäret Ihr nie auf solche sündliche Gedanken verfallen, wenn ihr gleich den andern Geistlichen Euch vermählt hättet. Das wußte Luther gar wohl, darum stritt er gegen das ehelose Leben der Geistlichen. Laßt Euch nicht vor meinen Augen sehen, bis ihr vermählt seid.

Der arme Martir wußte nichts zu erwiedern, es war ihm zumuthe als ob er der ärgste Sünder sei, als sehe die Herzogin in sein Herz, denn gethan hatte er nichts, was eine solche Strafrede veranlassen konnte, obgleich er mit seinen Gefühlen und Gedanken in der Nähe der seltsam schönen Großfürstin nicht recht zufrieden war. Schweigend ergriff er Hut und Dornstock, die im Winkel standen, verbeugte sich und verließ das Zimmer nach entgegengesetzter Seite, wo der Herzog abgegangen war, um diesem nicht in seiner äußersten Verwirrung zu begegnen. Die Herzogin befahl nun Curt, daß er selbst der jungen Mariella den Schmuck und die fürstlichen Kleider abnehmen, zugleich auch der Schaffnerin bestellen solle, daß sie dieselbe zu allen strengen Arbeiten in dieser Nacht anhalten möge, doch sagte sie ihm, daß er vorher den Herzog zum Abendessen führen möge, wo sie seiner warte. Curt fand den Herzog im Vorzimmer bei Mariella.

Diese Botschaft obgleich dem Herzoge höchst störend wurde doch mit der freundlichsten Würde von ihm aufgenommen, er warf der weinenden Anna einen Kuß zu und eilte zu den Freuden des Mahles, die ihm vor allen andern zusagten. Eben so rasch gehorchte das Mädchen dem Befehle, Schmuck und Kleider abzulegen ohne der Beihülfe Curts zu bedürfen, die sie vielmehr mit einer Art Stolz von sich wies. „Alle Fürstinnen," rief er, „zeigten sich dankbar, wenn ich sie bediente, hast Du mir nichts zu geben?" Dabei streckte er spottend die Hand aus als ob er einen Lohn erwarte. Sie griff in ihre Tasche und warf ihm ein großes Stück Geld in die Hand, das ihr die Mutter mit dem Bedeuten übergeben hatte, es bis zu dringender Noth wohl zu bewahren. Curt sah das Stück verwundert an, dann das Mädchen und erst, wie sie schon vor ihm die Treppe hinunter gegangen, sagte er indem er das Geld einsteckte: „Ein seltsames großes fremdes Goldstück, wie mag sie dazu gekommen sein, ob es aus der Münzsammlung des Herrn gestohlen. Das muß untersucht werden!" — Dann eilte er und richtete den Befehl der Herzogin bei der Schaffnerin, die ihm das Haar strich, und ungeachtet nichts anbot dahin aus, das Mädchen solle gleich das Zimmer des Hofkaplans scheuern, denn er wußte, daß sich dieser dem Reinigen seiner Zimmer beharrlich widersetzte, damit seine Bücher und Schriften nicht gestört würden, hoffte sich in seinem Ärger neuen Spas und gnädiges Lächeln der Herzogin zu erwerben.

Die Schaffnerin hatte kein Arges dabei, sie meinte vielmehr, daß die Herzogin ihren eignen Ingrimm gegen die Unreinlichkeit der Zimmer des Hofkaplans theile und fragte nur: „Ob der Hofkaplan vielleicht mit dem Herrn nach dem Lustschlosse reise?" Der Curt nickte dazu als ob sie es getroffen und fuhr fort: „Nutzt die Gelegenheit, laßt alles scheuern Boden und Tische, die Bücher dürfen Euch nicht stören, die sollen auf einen Haufen gepackt werden, die Schreibereien aber in einen Sack, so gehen sie nicht verloren, Dintfaß und Federn dabei, auch Butter und Häring, wie sie da noch von ein halb Dutzend Frühstücken umherstehen, so vermißt er nichts, wenn er seine Arbeiten fortsetzen will." — „Soll alles geschehen," sagte die listige Schaffnerin, „ich verstehe die Herzogin, weiß recht gut, daß sie heut aus der Kirche gelaufen wegen seiner dummen Reden über ihren schönen Spitzenkragen, den sie aus den Niederlanden von der Schwester zum Geschenk erhalten. Die Herzogin will den Weiberfeind los sein, er hat hier den jungen Leuten schon manche Grille in den Kopf gesetzt und wenn es so fort geht giebt es Heuschreckennoth. Ich war dem Herrn erst gewogen, nöthigte ihn zu einem

Glase Wein, da that er aber als ob ich ihm zu gering sei, trank den Wein und ermahnte mich, bessere Ordnung bei den Mägden einzuführen, er begegnete ihnen immer Abends auf den Schloßgängen." — „Was hat der Narr sich um die Gänge im Schloß zu kümmern," rief Curt, „wenn er uns nur den Weg zur Seligkeit zeigt, er muß weichen vor dem Scheuren wie der böse Feind vor dem Rauchfaß, wie die Leute sonst glaubten."

Curt eilte fort, während die gellende Stimme der Schaffnerin Mariellen rief die sich in einem Winkelchen der Küche verkrochen hatte, weil ihr nichts als ein Jäckchen und der Unterrock geblieben war, nachdem sie den fürstlichen Staat abgelegt hatte. „Mein schönes neues Sonntagskleid!" rief sie klagend, indem sie hervortrat. „Das ist Dir unverloren," sagte die Schaffnerin, „das haben die Kammerfrauen mir gebracht, auch brauchst Du es jetzt nicht, die gnädige Großfürstin soll heut noch scheuern den Stall des Hofkaplans, ich meine seine beiden Studierzimmer, nimm den Sack dort, bringe heiße Lauge, Scheuerlappen und Sand, ziehe auch die Schuhe aus, damit Du sie nicht verdirbst." — So bewaffnet eilten beide nach den Zimmern des Kaplans, welches die Schaffnerin mit dem Hauptschlüssel eröffnete. Als sie sich umblickte seufzte sie und sprach: „Wenn das mein Mann wäre, nähme ich mir das Leben über die Un ordnung." Bei diesen Worten griff sie rasch in die ausgelegten Papiere, welche Sammlungen zu einer biblischen Concordanz in Buchstabenordnung darstellten, eine der mühevollsten Arbeiten, alle Bibelstellen in Beziehung auf gewisse darin vorkommende Hauptwörter auszuwählen und an einander zu reihen und zur Hälfte verloren, wie sie nun in dem großen Sacke unter einander geworfen lagen. „Dafür mußte ich selbst sorgen," rief dann die Schaffnerin, „damit nichts verloren ging, mit den Büchern wirst Du schon allein fertig werden, dann scheure recht blank und schone nicht Deine Hände und Füße, reibe als ob es der Herzogin Wohnzimmer wäre, brauchst heute Nacht nicht zu schlafen, hast mehr Ehre heute genossen mit den herrlichen Kleidern, als Du jemals werth bist. So viele Flecken ich hier morgen finde, so viele blaue Flecken sollst Du Abends auf Deinem Rücken zählen."

Der Kaplan schritt inzwischen weit umher durch die Stadt, da die Thore geschlossen waren, er also das Freie nicht erreichen konnte, das Gefühl seiner Sündigkeit verlies ihn allmählig, er hatte sich überzeugt, daß er alle seine Gedanken wie eine Geldkiste verschlossen gehalten, daß die Vorwürfe der Herzogin Argwohn gewesen, — wohl gar Eifersucht. Die Herzogin hatte ein allgemeines aufmunterndes Lächeln gar oft auch ihm zugewendet, er glaubte, daß es allein ihm aufgegangen sei und er hatte es innerlich verdammt. Die Freundlichkeit der vermeinten Großfürstin verdammte er gar nicht, er hielt es für einen höheren Wink, daß er dort seine Lehre verbreiten solle, wohin noch keiner seiner Glaubensgenossen gedrungen. In diesem Augenblick beschien der aufgehende Mond eine schwebende Wolkenschicht und sein Auge erblickte darin die Großfürstin, schön aber bleich in weißem Hermelinmantel auf silbernem Throne, eine Sternenkrone auf ihrem Scheitel, zu ihren Füßen seine Concordanz in Pergament gebunden, ein starker Foliant, von flatternden Engeln so leicht getragen als ob er aus Spinneweben gewirkt, mit Pflaumfedern gefüllt sei. Nur wenige Augenblicke dauerte diese Erscheinung, da wurde der Mond von einer dunklen Wolke gedeckt und nur in ihm blieb ihr Dasein durch die Überzeugung, daß er zu großen Dingen berufen. Konnten die Apostel, unwissende Handwerker und Fischer dem Herren große Dienste leisten, so dachte er, warum sollte ich nicht mehr Heiden bekehren, ich der aus angesehenen Geschlechte geboren alles erlernt habe, was irgend zu wissen nutzte. Wer alle alte Sprachen weiß wird sich auch in die neuen leicht einstudieren, auch wäre es nicht unmöglich, wenn es mir frommt, Pfingsten ist in acht Tagen, wenn ich bis Pfingsten warte, daß ich ohne Mühe die Gabe der Sprachen erhalte. Es kamen mir schon oft so seltsame Worte, ich weiß nicht woher, wenn ich Abends lange aufgesessen hatte beim Arabischen, vielleicht waren das Vorklänge jener fremden heidnischen Sprache, in der ich einst lehren soll, denn hier auf Erden ist alles neben seinem eigentlichen Dasein auch Symbol. Indem er sich mühte diese seltsamen Sprachtöne sich zurück zu rufen hörte er sie neben sich mit derselben Stimme, mit denselben Ausdrücken hersagen. Ein leiser Frost lief über seine Haut, der fremde Geist war unter seinem weiten Kleide, er konnte es deutlich unterscheiden. Habe ich zwei verschieden denkende Wesen in meinem Körper, die gar nichts von einander wußten bis zu dieser Stunde der Mitternacht, die vom hohen Thurme ihr Einrücken meldet. Jetzt ruft es deutlich in meinem Mantel, jetzt hackt es in meine Füße, bin ich das alles selbst, nein, es ist der seltsame Staar der Ankömmling, mein Frühstücks Gast seit ein Paar Tagen, den ich so sorgsam einsperrte dem ich so reichlich Futter streute. Armer Sprachgeselle habe ich dich zu hoch oder zu wenig geehrt, was trieb dich aus meinem Zimmer, gewiß ein schändlicher Verrath, du möchtest es mir klagen, aber du weißt nur fremde Worte die ich nicht verstehe, wer hat dich erzogen? Deinen Schrei, dein bonjour Marielle vernehme ich, obgleich ich deine Worte nicht deuten kann, du überstudierter armer Wicht, hast deine natürliche Sprache verloren und was du sprichst habe ich nie vernommen, Marielle sang er lustig, ich kenne kein solches Mädchen, wer weiß wo die wohnt. Du zerrest mich nach Hause, gewiß haben sie dir dein Nest gestört, waren es die Katzen oder meine Feinde? Komm du alter treuer Bursche, ich muß dich mit meinem Dornstocke schützen und deine Feinde strafen.

So eilte er den Staar auf seinen Kopf setzend nach dem Schlosse, nach seinen Zimmern. Auf dem Gange bemerkte er schon einen Schimmer aus seiner geöffneten Stubenthür, der ihn veranlaßte sich leise anzuschleichen um Diebe, die nach seiner Vermuthung die Thüre erbrochen hatten, zu überraschen und zu fangen. So kam er fast unhörbar mit angehaltenem Athem in das Zimmer, bei dessen Anblick er den letzten Athem auszuhauchen wünschte. Sein Tisch mit dem mühsam zusammengeordneten Blättern, die er in den nächsten Tagen zusammenkleben wollte, war leer und noch spiegelblank von dem eifrigen Scheuern, seine Bücher lagen in einer Ecke aufgehäuft, aber wo waren alle seine Handschriften geblieben. Der Boden des Zimmers glänzte auch noch von dem Scheuern, er war auch noch nicht trocken aufgewischt, als ob die Arbeit durch einen Zufall gehemmt worden. Er sah von der andern Seite einen dunklen Schatten sich über den Boden breiten wie von einem Gefäße mit einem Henkel. Scheu blickte er dahin und erstarrte fast, aus einem großen Sacke blickten seine Papiere, die Handschrift zu der Concordanz, aber auf dem Sacke erblickte er eine so seltsame Gestalt zusammengekauert, daß er im ersten Augenblicke an die Erzählungen vom Alp drücken denken mußte. Eine jugendliche weibliche Gestalt saß da fast zusammengedrückt mit abgewendetem Gesicht; die den rechten Fuß auf das linke Knie gelegt hatte und mit Sorgsamkeit aus dem Ballen des großen Zehens etwas auszuziehen strebte. Es war Marielle, die bei dem Scheuern sich einen Splitter an der Stelle, wo Martir zu sitzen und die Dielen mit den Nägeln seiner Füße zu streifen pflegte, tief und schmerzlich in den Ballen gestoßen hatte und ihn nun mit einer Stecknadel bewaffnet, durch angebornes Talent zu solcher Wundarzenei auszuziehen strebte. Die Stellung war höchst unbequem und sie seufzte mehr von dem Drucke ihrer gebückten Brust, die nirgend mehr Platz zu finden wußte, je näher das Auge den Weg der Nadel zu beobachten und zu richten trachtete, als von dem Schmerze dieser kühnen Anstrengung gegen ihr eigenes Fleisch. Sie seufzte und Martir der in allen der Erscheinung nur Absicht, Bosheit und Frechheit zu sehen glaubte, fand sich dadurch so verwirrt, daß er die Augen eindrückte, sich dem Himmel empfahl, indem er thun wolle, wie ihm der Geist gebiete. Bei diesen Worten schlug er wild mit seinem Dornstocke gegen die Erscheinung auf Mariellen los, die mit einem zweiten heftigen Seufzer hinstürzte. Der Staar auf seinem Kopfe schrie unablässig Adieu, Adieu, mon Dieu, mon Dieu, Adieu Marielle! — Adieu! lallte Marielle mit sterbender Stimme. — „Ihre Stimme bei Gott!“ rief Martir und öffnete die Augen und wie in jenem Wolkenbilde, das ihm vorher so bedeutsam erschienen, lag vor ihm die Großfürstin, die er blühend im goldnen Kleide verlassen, bleich wie eine verwelkte Rose in weißem Unterrocke und Hemde, unter ihr die Concordanz, die Lieblingsarbeit seines Lebens in weißem Sacke. Keine Erscheinung, keine Wolke, kein Traum, seufzte er, warf den Stock weit von sich, rüttelte fast besinnungslos die schlaffen Glieder der Unglücklichen. — Sie ist es die Großfürstin, sie hat mit dem Vogel gesprochen, er war ihr wenige Tage voraus geflogen, ich hatte ihr Eigenthum geraubt, eingekerkert, vielleicht hat sie ihn gehört, fand das Zimmer offen, wo offenbar die Leute gescheuert hatten. Und nun ist der Vogel fort und sie, die Einzige ihres Geschlechts, in der keine Sünde, durch mich den Kain verwundet. Hohes Fürstenkind nicht mein Zorn führte das Mordwerkzeug, nicht der gerechte Zorn über dieses unerlaubte Eindringen eines weiblichen halbentkleideten Wesens in mein Schlafzimmer, es war die böse mir selbst lang versteckte Gluth, die hier zur Raserei eines gewaltsamen Angriffs gegen die Geliebte mich brachte, die Schaam mein Herz wie einen Feldflüchtigen ehrlos übergehen zu sehen. Das war nicht jene hohe Liebe, die zwischen Glauben in Hoffnung wandelt, es war die schreckliche irdische Lust im Bunde mit Tod und Sünde, die alle Lehren, allen Willen nur nicht den Abscheu gegen die Sünde in mir unterdrückte. Dieser Abscheu, das Einzige was mir von allen frommen Gesinnungen blieb, mußte der zum Unheil enden! Unter solchen Betrachtungen hatte er den Körper des erblaßten Mädchens in einen Mantel gewickelt, und auf seine Schulter gelegt, den Schlüssel ergriffen zu einem nahen Seitenausgange des Schlosses, der ihm wegen seiner Amtsgeschäfte da die Schloßgemeine zum Theil in der Stadt zerstreut wohnte, anvertraut worden.

Scheu blickte er sich um, aber ein tiefes Dunkel hatte den Himmel überzogen, der Wind wechselte öfter, die Windfahnen klirrten, der Strom rauschte in den ruhelosen Schloßmühlen. Kein Wächter störte ihn, aber es störten ihn seltsame Stimmen in seinem Kopfe. Sie ist todt, flüsterte die eine, rette die Ehre deiner Lehre, wirf sie in den Strom, die Leute denken, daß sie beim Wasser holen gefallen und ertrunken. Wirf dich ihr nach, tönte die andre, so bist du aller Qual frei. Umfange sie mit ganzer Seele, lautete die dritte Stimme, ein seliger Tod, vereint ins Meer der Ewigkeit zu treiben. Teufel lasse mich los, antwortete er halb rasend, sie kann noch leben, sie kann noch gerettet werden!

In dem Augenblicke blies ihn ein heißer Athem an von oben, er stieß gegen eine schwarze Gestalt, daß ihm der Boden zu wanken schien wie das Flußeis beim Aufgange, über seinen Rücken liefen die Eisschollen. Weich Teufel von mir im Namen des Herrn.

Da wandte sich die Gestalt mit ungeschickter Bewegung und plumpen Hufschlage von ihm, er erkannte das schwarze Roß des Leibarztes, des jüngeren Dr. Mophaganna aus Padua von manchen auch Faust genannt, weil den Leuten seine anatomischen Sammlungen, seine Skelette, seine stete Jagd auf Seltsamkeiten menschlicher Körper wie Mittel zur Bezauberung erschienen. Geizig wie er sich in allem zeigte, so ließ er auch sein Pferd, das ihn bei Tage durch Stadt und Land trug Abends nach karger Fütterung frei, damit es sich an dem reichlichen Grase rings an den Schloßwällen ersättige. Das gute Thier scheute Gott und fürchtete niemand, es war gewöhnt vor jedem Hause, wo der Dokter Kranken besuchte ruhig stehen zu bleiben, bis er nach Beendigung seines Geschäfts wieder sich aufsetzte und es forttrieb. Die Menschen behaupteten sogar, daß das Pferd Nachts beim Umherweiden die Todten wittere und ihm Nachricht davon bringe, damit der Doktor sich irgend eine Seltsamkeit von den Leichen fortstehlen könne. Der Herzog hörte nicht auf diese Angaben, vielmehr zeigte er ihnen ein Glas, worin einer seiner Finger durch Spiritus erhalten die geschickte Hand des Italieners beurkundete, der ihn nur durch diese überraschende Operation von der Gefahr befreit hatte, sein Leben an einem kalten Brande zu verlieren. Diese Sicherheit in der Wundarzenei behauptete der Italiener nur durch Versuche an Leichenzergliederung erhalten zu haben, weswegen der Herzog seine Unternehmungen gegen die Sicherheit des Grabes und der ausgestellten Leichen dadurch begünstigte, daß er ihm eine Wohnung im Schlosse also an unantastbarem Orte einräumte.

Der Leibarzt war gerade an diesem Tage von der Stadt entfernt auf einem Kreuzzuge nach Leichen wie eine Wanderkrähe umhergeritten, sonst hätte er gewiß an dem Scherze gegen den Kaplan Theil genommen, den er beim ersten Anblicke gleich zur Zielscheibe seiner Einfälle sich erwählt hatte. Der Italiener, der sich tausend Dinge zu thun und zu wissen rühmte, von denen er kaum ein Gerücht vernommen, fand an Martir den ängstlichsten Selbstquäler, der bis zu dem Augenblicke, wo ihn sein sogenannter Geist ergriff an allem zweifelte was er selbst mühsam gelernt und erfahren. Der Italiener wußte außer seiner Kritik, seinem Gewissen, auch seine Furcht durch Erzählung der unerhörtesten Krankheitsfälle anzuregen, ja er bildete ihm die unvereinbarsten Übel ein, gab ihm dagegen die unbequemsten Heilmittel, so daß der Kaplan längst sich verschworen hatte, künftig lieber ohne Hülfe zu sterben, als durch diese schmerzlichen Quälereien des Dokters geheilt zu werden.

Sollte er noch zu ihm gehen, seinen Beistand wegen der Unglücklichen anzuflehen, da selbst das Anschnaufen des Pferdes ihm als Zeugniß galt, daß sie todt sei. Noch hatte ihn niemand gesehen, auch glaubte er nicht daran, daß das Pferd mit seinem Herrn sprechen könne. Nahe war ihm wieder der Strom, auch traf er wenige Schritte näher nach dem Ufer, als er die Mühle an einem Lichte erkannte, die aber geschützt worden, weil sie nichts mehr zu mahlen hatte. Der Mühlknappe gegen über mußte ihn wohl in gleichem Augenblick bemerkt, die eingewickelte Marielle für einen Sack gehalten haben, ihn aber für einen heimlichen Mahlgast, wie deren manche in der Nacht mit gestohlnem Getreide Nachts zu ihm kamen. „Komm nur,“ rief der Knappe, „wer zuerst kommt der mahlt zuerst, wirf ab Deinen Sack, gestohlnes oder gekauftes Gut, beides giebt gleich viel Mehl.“

Es ist dunkel, sagte Martir vor sich, soll ich ihm meine schwere Bürde aufladen, ihm die an der Thüre aufsetzen, mich könnte er nicht mehr erfassen, er wäre unschuldig an dem Unheil und könnte dreist Lärmen machen, daß ihr der verteufelte Wälsche zu Hülfe eilte, in so fern Hülfe noch möglich.

Aber das schwarze Pferd hatte inzwischen schon das Pflaster vor dem Hause des Doktors zerschlagen, als ob es Feuer anmachen wollte, bis der Dokter zum Fenster heraus gesehen, sein Wiehern abgehört hatte. Da blickte er hin zu Martir und rief: „Liebster Freund, machen sie eilig auf ihren Füßen hieher, ick schließen sogleich mein Hausthür auf mit mein große Schlüssel, Treppe sein schmal, werde helf die Leiche tragen in mein Appartement aber stoße sie nirgend an, weil sehre viel daran gelegen, daß die Leiche nickt in Stücken brickt.

Das Pferd eilte bei diesen Worten zu dem Kaplan und versperrte wie ein guter Reiter den Rückzug indem es mit dem Kopfe hinten drängte, daß der Kaplan fortschreiten oder besorgt sein mußte, daß es ihm die Füße von hinten zertrete. So wurde er ohne Nachdenken der Thüre des Doktors zugetrieben, deren Schloß sich leise öffnete, die wohlgeölt in ihren Angeln nicht krachte, sondern leise hinter ihm schloß ohne dem dienenden Rosse den Eingang zu gestatten. „Maladetto,“ sagte jetzt der Doktor leise, „ich werde Dick erwürge, daß Du mick so lange hast warten lasse über die Nacht, werde Dir abziehen die Haut, werde sie aufblase, werde sie hinstelle in meine Garte wie eine Vogelscheuch, werde Deine Auge ausstechen und demonstriren an meine Schüler und sage, es sein Ochsaugen, dumm Eselaugen. Nun nehme sick in acht, bitte allerschönst, um Gottes Wille, nicht anstoß an die Leich, lieber zehn Stoß für mich, als eine an die Leich! Aber Spizebub, ick meine Du haben mich angeführt, die lang Riesin, Dein bös Weib hast dividirt in zwei Theil, dies nur die eine Hälfte sein kann mit die Kopf, hast behalten für Dick die andre Hälfte mit die beide Bein. O das wäre groß grausam Divisionsexempel!"

So fand er sich noch unerkannt, als er schon auf den letzten Stufen der Treppe stand von dem Schatten der Unglücklichen und von einem Verschlage über der Treppe gedeckt. Nichts habe ihm sein Leben gegolten, das schwor er oft dem Herzoge, aber die Verzweiflung seinen Stand, seine Lehre beschimpft zu sehen von dem boshaften Italiener, erweckten ihm wieder Gedanken zur Flucht. Schon glaubte er, daß der Doktor den Körper der Erschlagenen gefaßt habe und sprang zurück. Aber in dem Augenblick sah er daß der Körper der Hand des Doktors entgleitend zur Treppe niederfiel, ein Schrecken, wie er ihn nie gefühlt, lähmte alle seine Kräfte, eine Bewußtlosigkeit umfing ihn wie ein höherer Segen, er sank ohnmächtig nieder.

Als er zum Bewußtsein zurückkehrte, wollte er erst nicht die Augen aufschlagen, er hoffte begraben zu sein, endlich hoffte er doch wenigstens, nur im Wahnsinn das alles erlebt zu haben, was ihm so schwer auf dem Herzen lag. Aber die Sonne war inzwischen aufgetaucht und seine Flamme ließ sich auch nicht mehr ersticken, jammervoll blickte er in den Tag, gleichgültig auf die Knochenhand, die in seiner lag und an die er fest gebunden. Doch der Gedanke, daß es die Hand Mariellens sein könne, zuckte in ihm, er suchte sich loszureißen und von dieser Bewegung erschallte eine Klingel im Hause, denn dieser Knochenarm hing an einer Schnur, die Klingel bei der leisesten Bewegung anzuziehen. Auch dauerte es nur wenig Augenblicke so trat der Doktor in prachtvollem Morgenrocke von scharlachrothem Tuche ein, sich nach dem Befinden des Kaplans zu erkundigen. Als er keine Antwort erhielt, befühlte er den Puls, schüttelte mit dem Kopfe und zugleich eine große Flasche. Für mich giebt es keine Arzenei, seufzte der Kaplan, bis ich weiß, was aus der Unglücklichen geworden, die ein unvorsichtiger Schlag von mir an dem Schlafe verletzte. War sie zu retten." — „Retten, sie meinen kurieren," sagte der Doktor, „davon habet mir gestern nichts gesagt, sondern von secieren gesprochen, von anatomieren. Habet mich da in große Sünde gebracht, denn es war noch ein ganze kleine Wenigkeit von Leben darin, als ich mit mein Messer einschnitt. Habe sich darum nick so schrecklich, is mir öfter geschehen, weiß kein Mensch, wo Leben anfängt, wo Leben aufhört, versteckt sich wie klein Kind in ein klein Winkel von die Leib und lacht uns aus, wenn wir ihn nicht finde und sagen, es is all vorüber, der Leib gehört der Erden. O Menschenseel ist boshaft Ding, wenn sie frei wird von all die Last, Sorge, viele kleine Quälerei dieses Leibes, kein Menschenseel is jemals gern auf die Erde gekommen, ist hier ein harter Dienst, es liefen alle davon wie die Spitzbub von der Galeere, wenn sie die Kette nicht fühlten im Fleische, womit sie sein angeschmiedet an dies Leben." — „Also lebte sie noch, sie war noch zu retten, ihr Tod über Dich Du Unmensch, Du Menschenschlächter!" — rief der Kaplan und hatte seine Augen eingedrückt um durch nichts am Ausdrucke seines Fluchs gehindert zu werden. — „Verstehen mich recht," antwortete der Doktor, „weiß nicht, ob sie zu retten war, weiß gar nichts von der Donzella, ob sie hätt ganz leben können, meine nun war so hin und wieder noch ein wenig Leben darin, dachte sie muß erst eine Stund todt sein." Matt seufzte der Kaplan, „Ihr macht mich rasend, lieber anatomirt mich, schneidet aus die Sehnen dieses Armes, der den unglücklichen Schlag führte, da nehmt ihn, ich will nicht schreien nicht zucken. Ihr seid Maler, ich weiß es, kreutziget mich um die Leiden des Herrn zu sehen und in meinen Augen die Leiden Satans, wie er vom Herrn abgefallen. Ihr warct von je mein ärgster Feind, es thut mir wohl Euch meine Sünden zu bekennen, daß Hohn und Spott mir entgegen schalle aus aller Welt. Hört recht zu, dieses Mädchen riß nieder alle die Gedanken von denen ich lebte, jetzt weiß ich es erst warum mich ihr Anblick so erzürnte. Dies fürstliche Kind, nur der Allwissende weiß wie es in mein Zimmer gekommen, oder war es ein armes Mädchen, das mir zum Spott als Fürstin verkleidet wurde, denn der Herzog treibt gern seinen Muthwillen mit der Welt, die er wenig kennt, dies fürstliche Kind hat alles in mir umgerissen, was ich in Jahren aufgebaut hatte, all mein Verdammen der verheiratheten Priester war die Thorheit des Unerfahrnen, sagt es meinen Feinden, ich war ein Thor, der sich vor dem Gift fürchtet, das in der Nahrung verborgen sein könnte und darüber verhungert, alle die tausendfach verglichenen Bibelstellen erscheinen mir anders, sie gelten nur für die welche unberührt von Leidenschaften so wie ich bis zum verflossenen Tage lebten, ja hätte mich der Himmel gestern zu sich genommen, ich hätte nichts geahnet hätte nie verstanden, was Paulus zum Timotheus spricht, daß in den letzten Zeiten etliche von dem Glauben abtreten werden und anhängen den verführerischen Geistern und verbieten ehelich zu werden. Ich hing an den verführerischen Geistern des Hochmuths, wollte mich nicht stören lassen in meinem hoffärtigen Thun und Treiben, darum verdammte ich die Ehe Luthers und all der geistlichen, die seinem Vorbilde folgten. Nun wißt Ihr alles, zu der Strafe komme der Hohn, daß ich sie reichlich verdiente, als ich

Schuldlose verdammte, ich, der ich beim ersten Anblicke, in der ersten Stunde alles vergaß, was ich in langen Jahren als himmlische Offenbarung verbreitete, durch alle List des Verstandes vertheidigte. Ich bin ein Abgrund von Nichtigkeit, den alle Weisheit der Welt nicht mehr füllen kann, Doktor, kreutziget mich, zerschneidet mich, stellt mich bei euch auf in Flaschen in Spiritus, wie Ihr Eurer verstorbnen Frau gethan, vielleicht seht ihr Wunderdinge, macht Entdeckungen wie kein andrer gemacht, indem ihr mich zerstückt." Der Doktor packte bei diesen Worten ruhig seine Messer aus, nahm die Knochensäge und prüfte sie sorgsam mit einem Auge, ob sie nicht verbogen, auch Binden nahm er hin zur Hand, Schwämme und ein Waschbecken daneben. Dann wählte er eine Lanzette, besah sie aufmerksam, holte dann einen kleinen Schleifstein aus dem Tischkasten, der schon frisch geölt war und strich sorgsam die Lanzette darauf ab. Als er sie scharf genug glaubte polirte er sie mit einem Leder und sprach: „Wird gut schneiden, wenn Ihr mit eigenen Augen sehen wollet?" — „Gewiß," sagte der Kaplan, „so starb sie so will auch ich sterben und leset in meinem Herzen, Ihr werdet sie darin finden, sehet hinter meine Augäpfel da wird sie stehen, Ihr werdet sehen, daß ich sie mehr liebte, als je ein Mensch sich selbst lieben kann, endet, endet, bindet mich, daß ich nicht irre werde in der Gluth, die mein Gehirn wie einen Glasofen füllt, alles umher bebt und schwebt in dieser glühenden Luft!"

Besonnen nahm der Doktor die bereit liegenden Binden und befestigte Arme und Beine des Kaplans an den Seiten des Ruhebetts. Dann sagte er: „Nun bet!" — „Ich kann nicht beten," seufzte der Kaplan, „sinnlose Worte schreien aus allen Weltgegenden mich an, wie soll ich Rechenschaft geben von allen unnützen Worten!" — Der Doktor sagte. „Siehst Du, daß es gut ist, wenn andre beten für uns, — werde anfangen beim linken Arm. Sieh das is die Tollader sieh das ist Dein Blut!"

Wirklich hatte er ihm eine Ader geschlagen und ließ sie stark bluten, bis sich die heftigen Zustände des kranken Kaplans minderten und mit dieser krankhaften Heftigkeit seine Lebenslust. Die Krankheit äußerte sich bald nur in einem halsstarrigen Schweigen, trübes Wetter nach heftigem Sturme, es war ein Abscheu in ihm gegen jede Thätigkeit, hatte sich nicht alles zum Irrthum verkehrt, war nicht jener Geist, dem er sich so zutraulich hingab, jener heftige Geist sein Verderber geworden, ja mußte er sich nicht selbst wie einen vom bösen Geist lange Besessenen scheuen. Der Doktor aber sagte ihm: „Böser Geist is Blut, in jedem Pfund ein böser Geist, hab sie Dir austrieben bis auf einen, das ist der Geist der Stummheit, sprecke wieder das sage ich Dir." — „Nur einmal zeige mir das Antlitz des geliebten Wesens," sagte schwach der Kaplan, „wie es auch entstellt sei, denn zu meinen höchsten Qualen gehört, daß es mir nicht mehr erscheint, daß ich mit aller Sehnsucht nicht einen Zug mir denken kann, es ist als ob meine Thränen den Spiegel des Geistes zerfressen haben." — „Morgen früh," sagte der Doktor, „wenn Du geruhet habest lange Nacht, damit Du Tramontane nicht verlierest."

Am andern Morgen nach ruhigem Schlaf öffnete er die Augen fast vergessen dieses Gesprächs und erblickte das Haupt Mariellens freundlich lächelnd, doch die Backen blaß und eine starke Narbe an rechter Schlafe in einem großen Glase, das oben sorgsam mit Blase zugebunden war, als sähe dieses Glas zufällig aus einem Schranke heraus, der mit einem grünen Teppich verhangen war. Er wollte aufspringen, aber er fand sich gebunden, der Doktor sprang herbei, zeigte ihm auf seinen Ruf den leeren Spiegel, der noch vor ihm stand, der jetzt die leere Hinterwand des Zimmers, diese wohl bekannten alten Schränke zeigte, wo auch bei näherer Betrachtung nichts der Erscheinung Entsprechendes zu finden, wo er nun zu seiner Überraschung jenen Sack mit seinen gelehrten Sammlungen zur Concordanz aufbewahrt sah, der ihm so wie die verschwundene Erscheinung wieder in sein altes Leben zurück versetzten, das er bisher wie eine abgefaßte Schlangenhaut nur wegen einer verhaßten Ähnlichkeit mit sich selbst gefürchtet hätte. Alle biblische Stellen, die von Zauberei handeln, traten ihm vor Augen, er fühlte sich wieder in seinen Wissen und ordnete heimlich diese Äußerungen, um heraus zu finden welche Art Zauber dem Doktor einwohne? Die fremde Sprache, die fremden Scherze hatten ihm den Glauben an seine Bosheit erweckt, den jener mit Wohlthaten vergolten hatte, er hatte ihn verheimlicht, ernährt, geheilt, um so ungemessener war seine Dankbarkeit. Er drückte die Augen ein, wollte wieder den Geist in sich walten lassen um den Dank in heftiger Ergießung der Worte auszusprudeln, als ihm der Doktor zu rief: „Nich Auge zu, um Gottes Willn, Teufel drückt Dir die Auge zu und spricht aus Dir, Aug in Aug dat mus sick sehn, so hat böse Feind keine Macht." — Folgsam öffnete der Kaplan die Augen und sagte mit angemessener Besonnenheit seinen Dank, daß er ihm die Jungfrau durch seinen Zauberspiegel gezeigt, wenn aber das seiner Kunst möglich sei, warum nicht auch das Größere dem Geist über den er gebiete, nur wenig des verlornen Körpers zurückzugeben, wenn er ihn auch als kleines Kind zur Erde zurückführen müsse, er wolle dies Kind groß ziehen. — „Aktzehnjährig Sitella kann kei klei Kind werde," rief der Doktor, „alles vorwärts in dies Welt, will aber Geist in Mitternacht Nahrung nehme, kann er wieder ein wenik Leib erhalte. Indessen sorg für Dein eigen

Leib, Du sein nun gesund, hier nit bleibe kannst. Heißt in der Citta, Du sein davon gelaufen mit jung Mädche. Herzog weiß Wahrheit, setz Dich aus Misericordia auf ein Nothpfarren ans Meer, in ein Ort heißen Wrack, is halb verschüttet von die Meer. Alles zusammenpacken, was Du hast, diese Nacht reise fort, wirst dort alles finde, alle von die gut Herzog bestellt. Da ist groß Kirch am Meer, wo die ganz Gemein jetzt drin wohnen könnt, da ist begraben schön Kind, das Du in Deine große Keuschheit Zorne hast mit spitze Stock erschlagen, habe nicht ein Loth für mein Collection behalte. Herzog ist ein strenge Herr." — Nach einem erleichternden Ausbruche von Thränen fragte Martir mit leiser Stimme: War's eine Fürstentochter, wars ihr rechter Name, den ich hörte? — „Kann sein, kann auch nicht sein," sprach dann der Doktor, „es ist ein seltsam Sach, viel wunderlicker als ein Mensch es sich erdenke kann, sie hieß Marielle, doch weiß ich nit, ob sie sick immer nennen also, — is ein groß Problema, — bin blind, — die Zeit macht Augen, setz Brille auf."

Martir war in jammervollen Träumen auf dem heftig stoßenden Korbwagen bis zur Abendzeit gefahren. „Herr Kaplan," sagte der Kutscher, „da liegt ihre große Kirche!" — „Ich bin nicht mehr Kaplan, ich bin Pfarrer," sprach Martir sanft. — „Nun

Herr Pfarrer," antwortete der Fuhrmann verwundert, „ich meine, das kommt auf eins, grämen sie sich nur nicht um den guten Tisch am Hofe um die schöne Wohnung im Schloß, es ist bei allen Dingen am Hofe ein Aber, ich habe lange genug zugesehen und denke manchmal, daß ich jetzt weiter wäre, wenn ich als Knecht bei einem Bauer gedient hätte. Mit dem Gelde heißt es, wie gewonnen so verronnen und das Gewissen verrinnt nicht mit dem Sand in der Uhr. Wie hab ich so manche geheime Fahrt machen müssen, vor der mir jetzt graut. Hier bin ich auch nicht zum erstenmal, — nun Herr Pfarrer der Himmel stehe Euch bei, ich glaube immer, sie wollen Euch zum Narren machen, denn es fehlt ihnen jetzt am Hofe an einem Hofnarren! Grämt Euch nicht darum, es ist zwar eine gar schwere Abrichtung mit den Hofnarren, fast noch schwerer als mit den Falken, denn die eigentliche Kappe tragen sie inwendig. Ist aber die Lehrzeit vorbei, dann gehts Euch gut, Ihr dürft über alles sprechen in Eurer Art so wie die Landstände, aber zuweilen geschieht es doch und Ihr könnt manchen zu Halse kommen. Da vergeßt mich nicht, wenn mich der Stallschreiber anklagt hat er immer Unrecht; ich futtre gern meine Pferde dicke, aber denkt nicht, daß ich von euch Hafer begehre, weiß Gott!"

Voll Verwunderung über diese seine neue Bestimmung nahm sich Martir vor, wie grundlos auch die Vermuthung des Kutschers sei, doch sehr auf seiner Hut zu sein, um nicht etwa aus Gram über die zerstörte glänzende Lebensaussicht, aus Liebe oder warum sonst zum Narren zu werden, ja er flehte recht ernstlich zu Gott, was er ihm auch für Prüfung auflege, daß er ihm wenigstens ein Bewußsein seines Leidens und Lebens bewahre. Dann schlug er die Augen auf, müde verdrossen, fast schlaftrunken, welch ein Blick, er glaubte daß er sie nie weit genug aufreißen könne so viel war zu sehen. Erster Blick übers bewegte Meer, ein Schauder der Ewigkeit, alles wandelbar wie die Wogen und Wolken, unsichtbare Kräfte die unter der Decke von beiden spielen, jammernde weiße Vögel, die ahnende Kunde bringen und der Schaum der Brandung ein Zeichen des letzten Widerstands der Erde; wenige kühne Menschenseelen, die sich durch diese rollenden Wogen mit ihren Gedanken auf schwachen Kahne drängen, zufrieden einige Fische aus der Fluth zu ziehen und dann ihre Netze zu trocknen. Und in dieses unstäte Chaos sinkt eben die Sonne ein und durchschimmert noch einmal roth die Schneeberge der Wolken. Was ist das, jetzt scheint die Sonne zu verbrennen, ja jetzt bricht das innere Feuer der Sonne in Flammen aus, sie verbrennt die uns so lange leuchtete, ihre Asche senkt der Sturm ins Meer, jetzt ist sie nicht mehr, die uns so lange erfreute, oder vielleicht erhebt sich am Morgen nur eine verglimmende Schlacke am Himmel. Wohl euch ihr eingestürzten hohen Uferberge, ihr seht nicht diesen letzten Tag! Doch mitten auf den Bergtrümmern nur durch einen schmalen Bergrand noch der Erde verbunden steht die mächtige alte Kirche mit ihren spitzen glänzenden Fenstern mit ihrem hohen bogig gezierten Giebel, mit ihren beiden spitzen Thürmen an beiden Seiten des Eingangs. Das ist kein Haus für unser kleines Geschlecht und doch von ihm erbaut.

„Es ist die größte Kirche im Lande," sprach der Kutscher als zufällige Begleitung der Gedanken Martins, „die Leute wollen behaupten, sie sei noch hundert Jahr vor Christi Geburt oder vor Erschaffung der Welt erbaut, ich weiß es aber besser, sie ist darum so groß, weil hier in heidnischer Zeit die größte Handelsstadt der Welt gestanden, die aber allmälig ins Meer gesunken ist mit dem Ufer worauf sie stand, wodurch denn auch der Hafen gänzlich versandete und verschüttete. So hab ichs vom vorigen Prediger gehört. Der letzte Bergsturz war vor zwanzig Jahren da rollten alle reiche Äcker des großen Dorfs und der Pfarre ins Meer, auch die meisten Höfe mit der Pfarrwohnung, nur ein Stück Ritterhof und die Kirche blieben stehen, der Herr schiffte in alle Welt, das Lehn fiel an den Herzog zurück. Das alte Haus des Pferdehirten wurde nun die Pfarrwohnung, denn die Bauern konnten keine Pferde mehr halten, beackerten das schlechte Land was übrig blieb mit ihren dürren Ochsen und legten sich auf die Fischerei, seht da liegt das Pfarrhaus, es ist doch gut, daß noch die Rasenstücke geblieben sind, die der vorige Pfarrer pflanzte und die Geisblattlaube, in der er Abends vor der Thüre saß, so ist doch etwas übrig, was ihm Ansehen giebt."

Der Anblick des niedrigen Strohdaches über denen mit Lehmfächern ausgefüllten Holzhause hätte einen jeden erschüttern können, der weniger auf seinen Herzen hatte als Martir. Dieser sah die Straf- oder Buß-Pfarre wozu diese Pfarre nun einmal bestimmt war, um Geistliche die etwas versehen durch Noth zum Beten zu bringen als eine milde Bestrafung seiner Schuld an und dankte im Herzen für die gnädige Strafe. Als er vorfuhr kam ihm niemand entgegen von der Gemeine, wohl aber die alte Haushälterin des vorigen Pfarrers, die obgleich nicht jung doch noch rüstig und wohlgemuth sich herzlich freute, daß wieder ein Geistlicher im Dorfe sei, zugleich auch fragte, ob er ihre Dienste bedürfe, da sie sonst ein andres Unterkommen im Dorfe suchen müsse. Das kann mir nicht fehlen, sagte sie, denn als Hebamme seit so vielen Jahren habe ich über die Hälfte der jetzigen Leute in die Welt geholt, sie werden mich nicht hinaus treiben.

Martir sagte ihr freundlich, daß er ohne ihre Hülfe gar nicht leben könne, daß ihm die Wirthschaft fremd sei, weil er in der Stadt geboren, daß er seine Ältern früh verloren nur unter Büchern zu leben gewohnt sei und daß er ihr wie einer Mutter alles Häusliche ganz überlassen wolle, wenn sie sich zu dem Geschäfte verstehen wolle. Die Frau schlug gleich ein, indem sie versicherte, sie könne auch nur mit Gelehrten umgehen, der vorige Pfarrer habe sie unterrichtet und da kämen ihr die Bauern gar nicht mehr vor wie Menschen. Gleich besorgte sie die großen Bücherkisten mit Martir und dem Kutscher vom Wagen, gab den Pferden, weil keine Stallung, etwas Heu, dem Pfarrer und dem Kutscher aber setzte sie einige Fische vor. Der Pfarrer wollte nun nach Gewohnheit ein langes Gebet halten, aber sie unterbrach ihn bald mit dem Bedeuten, daß die Fische kalt werden möchten, so daß er schon beim ersten Eintritt ihrer Anlage zur Alleinherrschaft nachgeben mußte. „Für unser Elend brauchen wir nicht lange zu beten!“ sagte sie, „das mögen die reichen Nachbarn thun, die Pfarrer bei denen die Kälber nie fett genug sein können, wo die Gänse im Hofe ärger schreien als die Bauerweiber in der Kirche. Bei uns ist alles Amen. Auch möchte ich euch nicht gern beim ersten Eintritt mit Sorgen belästigen, aber Ihr werdet noch heute ein Bettlaken an der Thurmfahne aushängen müssen, damit einer der Bauern Euch das Nothwendige von seinem Fange bringe. Denn so ist es hier vom Con=

sistorio eingerichtet seit das Meer alle Pfarräcker verschlungen hat mit allen Zehnten der Bauern und zwar brachten die Herren das aus dem Grunde auf weil sie sagten, die Fische gingen jetzt über den zehntpflichtigen Baueracker, also müßten die Bauern auch den Zehnten von den Fischen geben. Die Bauern lachten über den Grund, aber sie meinten, daß der Pfarrer doch nicht verhungern dürfe, also wollten sie sich nicht weigern. Sie würden Euch heute begrüßt haben, wenn sich nicht reicher Segen von Häringen hätte sehen lassen, da Ihr nun bleibt, die aber weiter ziehen, so mußten sie die Häringe bewillkommen mit ihren Netzen. Es würde uns auch an Brod gefehlt haben, doch zum Glück stand ich heute der Tagelöhner Frau am Ende, der Ankunft eines Andern bei, brachte einen schönen Knaben in die Welt und sagte ihr, er möge nun leben oder sterben, getauft oder begraben werden, ihr bekämet das Eure davon und so möchte sie mir ein Brod für Euch auf Abschlag geben." — Der Kutscher ließ bei diesem Wort das Stück Brod fallen, das er eben zum Munde führen wollte, wischte sich die Augen, als ob ihm eine kleine Fliege hineingerathen wäre, öffnete dann einen Kober, legte ein groß Stück Schinken und ein Stück kalte Pastete auf den irdnen Teller, der leer vor dem Prediger stand und sagte: „Das Zeug hat mir die alte Schaffnerin in den Kober gekramt, kann es nicht essen und ist nur eine Last für meine Pferde, wenn ich es wieder mit nehme." Dabei machte er einen kurzen Abschiedsgruß, fluchte grimmig auf die Schindmähren, daß sie nicht stehen wollten. Im nächsten Augenblicke fuhr er ohne sich umzublicken im schärfsten Trabe auf und davon. So fand sich nun Martir mit der Haushälterin ganz allein, mit dem Wagen der fern abrollte, war die letzte Verbindung zwischen ihm und der gelehrten Welt abgebrochen, er hatte noch ein Paar Schreiben an Freunde in Wittenberg mitgeben wollen, nun war alles zu spät. — „Wie heißt Ihr denn gute Frau?" fragte Martir. „Martha Greifenklau" antwortete die gute Frau, „ich könnte auch wohl einen größeren Namen führen, wenn der selige Herr Pfarrer länger leben geblieben wäre, denn von einem Jahr zum andern vertröstete er mich, daß er mich öffentlich heirathen wolle, doch schämte er sich als ein alter Mann das erste Beispiel von einer geistlichen Heirath zu geben und so oft ich ihm davon anfing, schloß er mit dem Rathe: Wollen es noch dem Herrn anheim stellen. Der Herr rief ihn aber zu sich und wer weiß wozu das gut ist! Den alten Herrn mit seinen fremden Sprachen konnte ich oft gar nicht verstehen, und immer redete er von Paris und Madrid von hohen Herren, als ob sie noch ihn besuchten. Der alte Herr war vielleicht schon lange verrückt, und ich habe es nur aus Ehrfurcht nicht gemerkt!"

Gott behüte mich vor Narrheit, seufzte Martir und packte seinen Sack mit Betten aus, während ihm Frau Greifenklau eine alte Bettstelle zeigte im Alkoven des Zimmers der mit einer grauleinen Decke zugehängt war, beides als ein Erbstück des seligen Pfarrers rühmend, das er ihr vermacht habe. Sobald das Bettlaken gefunden, fragte Martir nach dem Küster, ob der nicht das Tuch befestigen könne, um die Fischer im Meere von seiner Hungersnoth zu benachrichtigen aber zu seiner Verwunderung vernahm er, daß zur Verbesserung der Stelle, der Küster und Schullehrer Dienst damit verbunden sei, was ihm aber nicht viel Zeit koste, da die Kinder nicht länger als ein Paar Stunden täglich entbehrt werden könnten, wo sie dann ein wenig Lesen lernten, meist unter ihrer Anweisung wobei sie ihm im Winkel eine Zahl wohlgeschnittener Haselstäbe und Birkenruthen als Lehrbücher zeigte. Haltet euch nur mit mir, so schloß sie, und es soll Euch hier noch recht gut ergehen.

Sie gingen nun beide an dem hohen rissigen Ufer der großen Kirche zu, Frau Greifenklau aber trug sorgsam die Laterne voran, daß er nicht zur rechten Seite herabstürzen möche, wo das ungestüme Meer noch immer gefräßig an dem Ufer nagte. Wie er so an dem Eingange stand, der mit behauenen Steinen voll alter verwitterter Bildwerke geziert war, so glaubte er seine Concordanz, das übereinstimmende große Glaubenssystem, das er aus Stellen der Bibel zu ordnen angefangen schön vollendet vor sich zu sehen, da fehlte nichts, da war alles an seiner Stelle, alle Hauptpfeiler so fest, als ob sie erst heute begründet, nur die unvollkommene, wechselnde Zierde der Erde, die Menschenbildungen über dem Eingange die waren unkenntlich geworden. Er glaubte in sein Inneres einzugehen, als er die Kirche betrat, er glaubte seinen Körper gefunden zu haben und es kam ihm hier der Gedanke, ob er nicht eben so der geliebten Unglücklichen, dem Geist, welchen er von der Erde gewaltsam verdrängte ein Haus hier bauen, einen neuen Körper schaffen könne, ob es denn so unmöglich sei die magischen Vorschriften zur Citation der Geister in Anwendung zu bringen, mit ihm zu fühlen, mit ihm zu denken, mit ihm zu schaffen. Unter solchen Träumen war er bis zu einer frischen Holztafel gelangt, die eben erst in den unreinen Kirchenboden eingelegt schien. Sein Auge heftete sich unwillkührlich darauf und die Begleiterin sprach erst: „Ja da ruht mein einziges Kind, meine Mariella, sie hat nur wenige Tage die Hofluft ertragen, da hat sie ein Schlagfluß fortgerafft, an ihrem rechten Schlaf war sie blau, sonst war kein Zeichen des Todes an ihr. Sie schien nur zu schlummern, als der Kutscher sie vor wenig Tagen auf demselben Wagen, der Euch hieher brachte, in schönem schwarzen glänzenden Sarge hier vorfuhr und die mitgebrachten Todtengräber sie hier zur Ruhe brachten. Wohl ihr, was blieb ihr seit der alte Herr gestorben, ich konnte ihr nichts abgeben und ihr würdet sie auch nicht haben ernähren können. Der alte Herr hatte immer noch einen Sparpfennig, den er so nach und nach aufzehrte, was habt Ihr außer Euren vielen Büchern? Der Mensch stirbt immer zur rechten Zeit und wäre er noch so jung!"

Die Härte dieser Äußerung und die schreckliche Gewißheit, daß hier die Gemordete auf Befehl des Herzogs begraben sei, um ihm die Erinnerung dieser Unthat bis zu seinem Lebensende vorzustellen, übermannten ihn nicht, eine geheime Wohlthat schien es ihm, ein Einstimmen in seine heimliche Betrachtung, wie dieser Geist wieder zur Erde beschworen werden könne. Aber er ließ sich nichts merken, fest entschlossen der Mutter alles zu verheimlichen fragte er gleichgültig nach den andern Gräbern und wohin er selbst einst käme. Sie zeigte ihm die Reihe der Prediger und wie er selbst fast neben Mariella nach gewohnter Ordnung einst Ruhe finden würde.

Scheinbar gleichgültig fragte er dann nach dem Aufgange zum Thurme und eilte mit der Frau hinauf das Betttuch und die Laterne an der Fahne des Thurmes zu befestigen. Nach einem den Athem erschöpfenden Steigen auf der Wendeltreppe traten sie hinaus auf die Platte des einen noch unvollendeten

Thur-

Thurmes, auf dessen Mitte die Fahne errichtet war. Leicht folgte er der erhaltenen Anweisung, der gleichmäßige Wind schwellte das Leintuch, die Laterne beleuchtete es, bald zeigte ihm die Frau wohl vier verschiedne Feuer auf den Fischerböten im Meer, wie die Bauern diese zum Ziehen der Häringsnetze anzuzünden pflegten. „Der Himmel segne ihre Fahrt," sagte der Pfarrer und die Frau sprach: „Das heißt segnen, die uns fluchen, denn von allen, die hier unser Licht sehen ist gewiß keiner, der Euch nicht zum Abgrund des Meeres verflucht, weil sie euretwegen ihrem Fischzug eine Stunde abbrechen müssen."

Wirklich kam auch sehr bald ein Boot mit seinem Feuer an das Ufer gesegelt, denen die Frau entgegen zugehen rieth. So verließen beide den hohen Leuchthurm ohne die Signale abzunehmen, damit noch andre zur Abgabe des Meerzehnten aufgefordert würden.

„Mögt Ihr an den Häringen sticken und bersten," sagte der alte Fischer, der ihnen am Ufer den Fang überreichte, „weiter kann doch so ein frommer Herr nichts, als ehrliche Leute in ihrer sauern Arbeit stören, um nicht ein Paar Stunden zu hungern, müssen wir mit unsern Kindern den Seehunden zur Nahrung werden. Der alte Pfarrer war schon toll genug, aber dieser muß ganz verrückt sein; daß er Nachts keine Ruhe hat, sondern nur an sein Fressen für den nächsten Tag denkt und die alte ausgelaufene Thurmtreppe nicht scheut, an der schon mancher bei Tage sich Maul und Nase zerstoßen hat." — „Aber Freund," sagte der Pfarrer, „sorgt Ihr denn so ungern für den, der für eure Seelen sorgen soll, achtet Ihr so wenig die Kirche und ihre Diener." — „Macht nicht soviel Worte," antwortete der Alte, indem er seinen Kahn von der Küste abhob, „ich bin der Kirchenvorsteher und daher weiß keiner soviel wie ich von der Seelsorgerei, warum hat der Himmel unser Erbe nicht besser bewahrt, was sollen wir für das bischen Sand und das große mörderische Meer, was uns geblieben, noch sorgen und beten, unsre Tage sind ein Kampf mit dem Tode, mit dem schreckt Ihr keinen von uns, der Teufel mag uns nicht, denn wir haben keine Zeit zum Sündigen, Gott kann uns nicht schlimmer ansetzen, als wir hier stehen, wir heißen noch immer Bauern, müssen zahlen wie Bauern und haben doch kaum soviel übrig wie sonst die Kossäten besaßen, die alle davon gelaufen sind." — „Auch das köstlichste Leben," sagte Martir begütigend, „wenn wir's überschauen ist Mühe und Arbeit gewesen, jeder Tag hat seine Freuden und seine Sorgen, denkt daran, wie viel Ihr noch zu verlieren habt um euren Zorn zu bändigen über das, was Ihr verloren habt." — „Ja Herr Pfarrer," sprach der Kirchenvorsteher, „seit wir unsern rechten Herrn nicht mehr haben, geht es uns gar zu schlimm, die herzoglichen Räthe hören uns nicht, da schreiben sie zu uns wie zu den andern Gemeinen, die sich im Wohlstande befinden; heute haben sie uns geschrieben, wir sollten eine neue Kirche bauen, weil die alte Kirche täglich in Gefahr ist in den Abgrund zu stürzen. Nun Ihr werdet es gesehen haben, daß sich der Thurm senkt. Zehnmal haben wir geschrieben, daß wir in der Pfarrstube sonntäglich Platz haben, daß wir nun so viele Jahre Sonntags Platz gefunden haben und für die Last dem Pfarrer Brennholz anfahren. Sollen wir noch eine Kirche bauen, so laufen wir alle davon, daß keiner hineinzugehen braucht." — „So brummig Vater Steffen," sagte die Frau „habe ich Euch doch nie mit dem alten Herrn sprechen hören." — „Es ist auch ein Unterschied," sprach der Alte, indem er sich ins Boot setzte, „der Alte war der Alte, so einen kriegen wir nicht wieder." — Diese Rede hätte sonst den Geist in ihm völlig empört, auch drückte er unwillkührlich die Augen zu, aber schon hörte er eine andre Stimme in seiner Nähe, die ihn mehr demüthigte als sein Gewissen. Adieu, Adieu, rief der wohlbekannte Staar. Gleich öffnete er die Augen, konnte aber in der ungewissen Hellung des aufgehenden Mondes den ahnungsvollen Gast der Luft nicht entdecken. — „Er gehörte meiner verstorbenen Tochter Mariella," sagte die Greifenklau kaltblütig, „er ist mit ihr zugleich bei dem verstorbenen alten Herrn in die Schule gegangen, hat aber nicht so viel begreifen können, ist nun ein alter Bursche und kann doch nur seine Paar fremde Wörter radebrechen; mein Kind aber, das hielt schöne Reden mit dem alten Herrn, daß er sich selbst über ihre Gelehrigkeit verwunderte. Ja auch beim besten Unterricht ist immer noch ein Unterschied zwischen einem Vogel und einem Menschen, wenn auch der Vogel noch so viel Verstand hat." — Der Vogel aber sang in der Ferne: Marielle, leve toi, leve toi sonne la matine. Bom Bom Bom. — Dieser altbekannte Kanon, den Martir manchmal in Wittenberg mit jungen Genfern gesungen, drückte ihn innerlich zusammen. Er spricht, er singt, sie schweigt, ich habe den Mund ihr verschlossen, arme Tochter, arme Mutter! So dachte er in sich und sank auf den feuchten Ufersand nieder wie ein Schiff, das um sich zu retten vor dem grimmigen Sturm und den Klippen, mit vollen Segeln auf den Strand jagte, alles stürmte in ihm, hier war doch ein Halt gegen den innern Schwindel, der ihn ergriffen, er weinte heimlich und konnte nur beten, das dies sein letzter Augenblick sein möge.

Die Frau kam ihm jetzt wieder näher, sie hatte sich mit dem Staar abgeschwatzt, und sprach zu ihm: „Gewiß sucht Ihr ein Stück Bernstein beim aufgehenden Mondscheine. Ihr habt nicht unrecht, das Meer ging den ganzen Tag hoch, der Wind trieb nach dieser Ecke. Fürchtet Euch nicht vor den Bernsteinpachtern, das ist hier kein gemeiner Strand, der niemand angehört. Hier ist unser Acker, was das Meer darin herauswühlt das ist mit Recht unser, so sagte der Alte und ging fast alle Abend mit Mariellen hier spazieren und sammelte Bernstein. Seht hier ist sogar ein altes Pfarrstück, Ihr könnts an dem Steine mit dem Kreuze kennen. Aber, ich bitte Euch, zieht Schuh und Strümpfe aus, streift die Ärmel auf, sonst verderbt Ihr Euer gutes Zeug diese Pfarre ist nicht angethan ein neues Kleid zu kaufen, das Kleid muß halten bis an Euer Lebensende." — Martir antwortete, „keiner wisse wie nahe ihm das sei" und suchte seine Qual zu verbergen, indem er suchte, was ihm gleichgültig war, diesen Weihrauch der Urwelt, das Harz der Paradiesesbäume. Bald fand er kleine blinkende Stücke, aber die Frau erkannte es für Steine ohne Werth. Endlich zeigte er ihr ein großes Stück, das so leicht sich anfühlte. „Die blinde Henne findet auch manchmal ein Korn," rief die Frau erstaunt, „das ist ein Glückszeichen, denn so oft der alte Herr mit Mariellen suchte, nie fiel ihnen ein solcher Schatz in die Hände. Ich sage Euch, davon könnt Ihr ein ganzes Jahr gut leben, auch das nöthige Vieh kaufen, sammt Wirthschaftsgeräthe." — Von seiner eignen Freude überrascht, sagte Martir: „Muß doch meinen ersten Glücksfund bei der Laterne betrachten, bis zu unserm Hause ist es noch weit." — „Nein," sagte die Frau ängstlich, und hielt ihn fest, „jetzt nicht, in der Mitternacht tanzen die Kleinen über und unter dem Keller der Todten und wer ihnen heimlich zuhorcht dem verwirren sie den Verstand, daß es ihm ewig im Kopfe summt. Seht nur die Thür steht offen, die wir angelehnt hatten." — „Und der neue Grabesdeckel," fügte der Pfarrer leise hinzu, „scheint auch geöffnet im Mondenscheine." — „Kommt," rief die Frau und zog ihn fort, „vor Schrecken könnte Euch der Mund zur ersten Predigt ausschlagen und das wäre ein schlechtes Zeichen."

Erschöpft traten beide mit den Fischen und dem Bernstein ins Haus. Das Bette fand er gemacht, obgleich er hätte schwören wollen, daß es nur so hinein geworfen war vor dem Ausgange zur Kirche. Inzwischen behauptete die Frau das Gegentheil und daß sie es selbst gemacht habe, wünschte ihm eine gute Nacht, um, wie sie sagte, die Ziegen zu melken. Gleich warf er sich nach kurzem Gebet ins Bette und würde bald alles im tiefsten Schlaf vergessen haben, wenn nicht ein Lermen ihn erweckt hätte. Er sah mit Verwunderung wieder die Lampe der Frau im Zimmer, sah sie selbst beschäftigt eine breite Thüre in der Wand herunter zu klappen, einige Betten darauf zu legen, als ob sie noch für einen Fremden, der angekommen, ein Bett bereitete. Dann schnitt sie Brod ab, goß Milch in eine Schale, legte einen Löffel daneben. „Wer ist gekommen?" fragte sie Martir, aber in demselben Augenblicke stieg die Frau selbst mit aller Sittsamkeit in das Bette und schnarchte bald, daß der Staar einmal über das andre: Taisez vous! rief.

Ißt der Staar die Milch mit dem Löffel! fragte sich Martir: Was würde der Herzog, was würden meine Kollegen sagen, wenn sie mich hier mit der Frau in einem Zimmer überraschten, gewiß ist es ein böser Plan gegen mich und meine Lehren. Nein, wenn sie mir übel wollten, brauchten sie mich nur hinrichten zu lassen, es sind Unschuldigere vor unserm Schlosse enthauptet worden und ich habe sie zum Tode vorbereiten müssen. Meine Vorstellungen hat keiner der Richter, hat der Herzog nicht gehört, doch blieb mir seitdem die Angst selbst ein Mörder zu werden wie jener der im Traume sein Schwert ergriffen hatte und einen betrunkenen Freund umbrachte, der ihn im Bette angegriffen. Alles geschieht mir wovor ich mich je gefürchtet habe, Gott erziehet mich strenge, wozu will er mich brauchen. Gewiß werde ich auch noch heirathen müssen wie ich morden mußte, denn vor beiden hatte ich einen Schauder!

In solchen ernsten Betrachtungen sank ihm fast das Haupt, als Tritte im Zimmer ihn wieder ermunterten. Weiß umhüllt erschien eine Gestalt, aber sie wendete sich von ihm und nahete sich leise dem Tische, wo die Milch von der Alten aufgestellt war. In große Eile nahm sie viele Löffel davon, auch von dem Brodte schien sie zu genießen. Er wagte sich nicht zu bewegen, er glühte von Angst und Reue, die Gestalt war zu ähnlich der Unglücklichen, die seine Raserei geopfert hatte, aber mit der Angst erwachte auch seine Liebe zu der Schönheit, die er damals zuerst in ihrer gewaltsam ergreifenden Anziehung kennen gelernt hatte. Sein Herz webte so rasch von Secunden wie eine Uhr, an deren Gewicht sich ein muthwillig Knäbchen hängt, das Gott Amor von den scherzhaften Heiden genannt wird, ja er suchte diese schmeichelnden Gefühle absichtlich auf um die gräulichen folternden Vorwürfe zu bändigen, er dachte sich, sie könne ihn als Geist lieben, ihn aufsuchen und nächtlich sich ihm gesellen. Die Gestalt wandte sich und er sah deutlich den blauen Fleck an den Schläfen, deutlicher die Umrisse der Zergliederten, jede Neigung verwandelte sich in den Wunsch, von diesem Schreckensbilde befreit zu werden. Aber wie das Bild eines Hohlspiegels scheint sie sich zu nahen in wenig Momenten, ohne daß ihre Füße sich bewegen, sie sieht durch seine Gardinen und dann wie jene japanischen Puppen umkreißt sie das Zimmer, läßt die leinene Hülle fallen und versinkt bei dem Bette der Mutter.

Und kaum ist sie verschwunden, so naht ein Zug kleiner Wesen von der Thüre her, er hört deutlich die

Tritte, hört wie sie sich pfeifen, es ist als ob sie scharf beschlagene Stiefelchen trügen, so laut ist ihr Auftreten mit den kleinen Füßchen. Auch sie gehen hin, wo Milch und Brod gestanden, sie wirthschaften mit einer Brodrinde, als ob sie diese wie einen schweren Steinblock forttransportieren wollen. Das sind die kleinen Wichte, die des Menschen Sinn und Verstand verwirren, seufzte Martir in sich und hüllt sich fester ein, — in den nächsten Augenblicken weiß er nichts mehr von sich. War alles ein Traum?

Der Morgen leuchtete hell ins Zimmer auf seine Bücher, die er in der Ecke aufgerichtet hatte, er rieb sich die Augen, alles war verschwunden, Bett und Milchnapf, Geist und Unterirdische. Als er sich erkundigen wollte kamen schon die Knaben des Dorfes, ihm vor der Schule ein wenig Beistand zu leisten, wenn es nöthig, auch brachten sie ihm selbst Haselstöcke und Birkenruthen nach dem Auftrage der Ältern.

So begann seine Amtsführung mit dem Unterrichte der Kinder und füllte den Morgen, wobei er in sich eine Ruhe, ein Wohlwollen spürte, das ihm sonst fremd gewesen. Die Kinder schienen gute Nachrichten nach Hause gebracht zu haben, so daß die Ältern veranlaßt wurden ihm gleich nachher den Antrittsbesuch zu machen, ihn um Entschuldigung zu bitten, daß sie gestern nicht gekommen, er sei aber durch böse fremde Leute verläumdet worden. Martir wagte nicht nach der Verläumdung zu forschen, doch kam es durch die Geschwätzigkeit der Leute heraus, daß er bei den benachbarten Geistlichen als ein Feind des Ehestands verrufen, ja daß keiner Umgang mit ihm zu halten gesonnen sei. Hier überwand er zum erstenmal die Narrheit der laut geäußerten Meinung, erklärte, daß er wohl zu weit gegangen sei in seinen Ansichten von den Geistlichen, daß nur zu wenig geleistet würde, wenn der Mensch allzuviel von sich forderte, Luther habe doch wohl endlich Recht gehabt, als er sich vermählte, statt in Zweifeln und Verlangen seine nützliche Zeit zu verderben. Auch gestehe er daß er den Frauen zu viel Böses nachgeredet habe, eben weil er seit frühester Jugend auf Schulen und von ihnen entfernt nur das Lautwerden derselben im Gezänk mit Mann und Knecht gehört habe, wie so viele durch ihr Geschrei in gründlichen Studien gestört worden, die Frauen seien aber wie das Feuer am Heerd, so lange die Suppe nicht überkoche oder anbrenne, denke keiner daran, dann aber gehe es an ein Fluchen über das nützliche Element, die Holzstücke würden aus einandergeschmissen und nun komme gar noch Rauch zu dem übrigen Unheil.

Eine Frau wünschte dem Herrn Pfarrer für die gute Meinung eine hübsche junge Frau, meinte auch, sie werde sich schon finden. Martir drückte die Augen ein, um seine Beschämung zu verbergen, indem er versicherte, daß in diesem Häuschen kein Platz für Frau und Kinder sei. „Glauben sie das nicht Herr Pfarrer," antwortete die Frau, „viele geduldige Schaafe gehen in einen Stall, mein Zimmer ist noch kleiner und da wohnt auch der Sohn mit seiner Frau; die Frau Pfarrern kann ihnen beim Unterricht viel Last abnehmen, da brauchen sie nicht aufzustehen, sie hält Ordnung mit dem Stock und kann dabei doch ihre Hausarbeit verrichten. Der Staar schrie bei diesen Worten von dem Schranke: O che cocagna o che felicita andar a la campagna col su in amora. Bonjour Marielle. Bon jour mon ami. Schert Euch zum Teufel. Martir erschrack, weil er denselben Befehl heimlich in sich ausgehen lassen, die Leute aber grüßten den Vogel und dann den Pfarrer indem sie sich entschuldigten, daß sie so lange geblieben. Als sie hinausgegangen waren, hörte Martir draußen noch einigen Streit. Er horchte und entdeckte, daß die Greifenklau den Männern die abgelegten großen Stöcke zu Brennholz verhauen und damit seine Suppe gekocht hatte, zur Strafe, wie sie sagte, weil sie ihre Schuldigkeit nicht erfüllt und kein Holz angefahren hätten. Die Frauen lachten die Männer aus, daß sie immer mit einem Stock in der Hand gingen, werden sie doch fertig ohne Stock und müßten noch viel weiter laufen, die Männer wagten gegen diese weise Mutter nicht laut zu werden, sondern versprachen noch an demselben Tage ein Paar Holzfuhren zu leisten.

So kam nun der Mittag, von welchem der Pfarrer die Erlösung seiner Neugierde hoffte. Aber da hatte er seine Noth mit seinen Fragen laut zu werden, theils blieben sie ihm im Halse stecken, daß er sie verschluckte, theils überhörte die Frau seine gedämpfte Stimme und sprach nur immer von ein Paar jungen Schweinen, die sie aufgezogen habe, die er am nächsten Tage zum Markt treiben solle. „Aber sie laufen mir davon liebe Frau, ich verstehe mich nicht darauf," sagte er verzweifelnd. „Ei da binden wir jedem einen Strick ans Hinterbein da könnt Ihr sie regieren wie der herzogliche Kutscher mit seinen Pferden hier lenkte," antwortete sie. — Armer verlorner Sohn, seufzte er, auch noch Schweine sollst du treiben, ehe der Vater dir seine Hände ausbreitet und dich aufnimmt in seiner Ruhe. — „Ich helfe Euch," fuhr Frau Martha fort, „wir müssen den Bernstein verkaufen und nöthiges Hausgeräth einhandeln."

Nachdem er dies alles eingeräumt, sich zu allem bereit erklärt hatte, kam er endlich zu der Frage: Ob nicht ein Hausgeist zuweilen sich zeige. — „Freilich," sagte die Frau, „das ist noch mein Glück, wie sollte ich sonst mit der Arbeit fertig werden. Wer sollte Essen kochen, abwaschen, die Stube scheuern, die Ziegen milchen, das Schwein füttern und die Hüner, wenn ich zu Frauen in Kindesnöthen geholt werde. Es soll ein Mädchen sein, sagen die Leute, ich hab's nie gesehn, die Leute sagen, es sei das erste Kind, dem ich als weise Mutter auf die Welt helfen wollte, es starb aber und nun weiß ich wohl, daß ich daran schuld gewesen. Nur der Teufel machts besser, als er kann, eine fromme Seele wirft ihre Last auf Gott."

Bei diesen Worten fiel eine Centnerlast von dem Herzen Martirs, die Frau aber fuhr ruhig fort: „Für ein Näpfchen Milch, das ich dem guten Kinde Abends hinsetze thut es mehr als die beste Magd." — „Aber wo schläft die Kleine?" — „Ich weiß nicht recht," antwortete die Frau, „aber ich meine zuweilen bei mir im Bette zu meinen Füßen, denn da finde ich ein Grübchen zuweilen und die Stelle fühlt sich warm an, gerade als ob eine Katze da geschlafen hätte." — „Und Ihr habt keine Furcht vor dem Wesen?" — „Nein Herr, vielmehr lieb ich das Kind, es ist meine einzige Nachkommenschaft seit dem Tode der Tochter, ich wollte sagen meine einzige Gesellschaft." — „Aber wenn dies Wesen Nahrung zu sich nimmt, so muß es doch einen Körper haben, muß wachsen?" — „Ja Herr, wenn ich ihm viel gebe, vielleicht wüchse das Kind mir über den Kopf und dann müßte ich die Magd spielen, aber so geb ich nur soviel, das es eben nicht verhungert, soviel als es bei seinen steten Laufen und Arbeiten verdünstet, da bleibt es mir nun immer unterthan, wagt nichts anzurühren, was ich ihm nicht zum Speisen angewiesen habe und widerspricht nur selten. Denkt Euch nur, das große Stück Bernstein hätte sie gern gehabt, das hörte ich heute morgen, aber ich führte sie schön ab." — „Laßt es ihr," antwortete der Pfarrer, „ich verkauf es nicht." — „Nein Herr," fuhr die Frau fort, „was sie meint ist eigentlich ein Halsband daraus, was soll sie mit dem Stücke machen. Für das könnt Ihr ein Halsband eintauschen und außerdem noch viel Geld zur Einrichtung. Es soll und muß morgen verkauft werden, sonst ziehe ich fort und Ihr bleibt allein." — „Aber wenn wir mehr Milch hinsetzten und zögen das Kind groß," fuhr Martir fort. — „Wenn Ihrs daran wenden wollt," antwortete Martha, „wenn Ihr nachher stark genug seid, daß Ihr sie bändigen könnt, so könnte sie uns dann freilich auch durch schwere Arbeit nützlich werden. Ich will euch darin nichts vorschreiben, handelt nach Eurem Willen, setzt nur hin, was Ihr dem Kinde gönnt zu der Milch, wer weiß ob es nicht die frischen Häringe recht gern essen mag. Aber alles mit Maaß, zwei Stunden von hier ist einmal ein Kobold so fett gefüttert worden, daß er die Wände aus einander trieb, ohne daß einer die Ursach errathen konnte. Ich habe die Ritzen selbst gesehen in der dicken Mauer, die Maurer strichen Kalk hinein, aber nach einem Jahre stand sie wieder auseinander daß ich einen Finger hineinlegen konnte, endlich mußten die Leute das Haus abreißen und von Grund auf neu bauen."

Nachmittags beschaute Martir seinen Garten und fand ihn wohl angebaut, was nach Frau Marthas Versichern alles der Hauskobold gethan hatte. Die Rosen wollten eben aufbrechen, alles Grün glänzte in Fülle, denn dieser Garten gehörte zu der fruchtbaren Gegend die rings von den Wellen fortgerissen war. Das Meer blickte heute friedlich, als ob es zur Lustfahrt in die Ferne einlade und in dieser Ferne erschienen jetzt bei der klaren Luft einzelne Felsen, von Wolken sehr wohl zu unterscheiden, die Grenzsteine andrer Völker, andre Sprache redend, in andrer Tracht erscheinend und im Grunde, dachte er, nicht verschieden von jenen Kobolden, die hier heimlich das Land zu bewohnen schienen. Auch jene dort müssen für uns arbeiten, bringen Eisen aus der Erde, schmelzen und schmieden es, wir geben ihnen dafür die Kost, das Getreide. Allem will ich mich gern unterwerfen, Schule halten und Schweine zu Markte treiben, wenn ich nur dem geliebten Kobold nahe bleibe, wenn ich ihn verkörpern, ihn mir aneignen kann und so die schwere Schuld tilge, die jeden Muth, jedes Streben in mir erstickte. Kann sie nicht wieder aufleben, will ich mir selbst absterbe, ganz zu ihr mich bilde in Sanftmuth und Geduld? Wo ist noch jener Zorn, den ich wie eine höhere Stimme ehrte, er hat weichen müssen dieser Liebe, dies bleiche stille Wesen ist mein Vorbild, dem ich allmälig ähnlich werden muß und wenn wir vereint sind, wenn ich sie erreiche, so bin ich ganz vernichtet.

Nur Wehmuth, Wehmuth überall
Wohin die Sonne scheint,
In Wehmuth seufzt die Nachtigall
Die Liebende vereint,
Es ist nur ein Vorübergehn
Es ist nur ein Hinüberwehn.

Dem Herzen ist die Brust zu eng,
Der Liebe diese Welt,
Und daß sich nicht der Kopf zersprеng
Nicht Herz und Welt zerschellt,
Bleibt uns nur die Gewalt des Scheins,
Als blieben wir einst ewig eins.

Doch ich verzichte auf den Schein,
Die Ewigkeit ist nicht
Das ich bewahre dieses Mein,
Das hier so schmerzlich bricht,
Nein daß ich es verschenken kann,
Da fängt ein ewiges Leben an.

Es bedarf keiner Erinnerung, daß diese Gedanken im Maaß des Horazischen: O wie elend ist ein Mägdlein, daß dem Amor sich entziehn muß, durch lateinische Worte angedeutet sich ganz anders als in dieser Übertragung ausnahmen. Martir sprach immer mit sich Latein im Vertrauen, nur im Weltverkehr brauchte er die deutsche Sprache, ihr Gebrauch kostete

ihm

ihm Mühe, außerdem gewährte es ihm den Vortheil, daß der ungelehrte Theil der Menschen seine Selbstgespräche nicht verstehen, er sich also dieser Art Herzensergießung dreist überlassen konnte in Gegenwart seiner Aufwärterinnen und Wirthe auf der Universität, ja daß er bei dem leichten Stoff den sie zuweilen behandelten, ihm doch das Ansehen eines ernsten Kanzelredners schon damals gewannen. Auch Frau Martha fühlte diesen Respeckt als sie leise zu ihm getreten, so daß er bei ihrer Berührung erschrack, als ob der Hausgeist ihn erfasse. „Wie kalt sind Deine Finger!" rief er und sie antwortete mit Thränen. „Ach die Kuh, die alte Kuh, seit dem Tode der Tochter war sie krank ich habe alles gethan, aber da half nichts, ich habe sie warm zugedeckt, ich habe ihr das Beste gegeben, ich kann vor Jammer kein Wort sprechen." — „Wer wird so um eine Kuh weinen." — „Um meine Tochter habe ich nicht weinen können," sagte die Frau, „denn die wird selig, aber mit dem Leben einer Kuh ist es ganz aus, hat sie kein Kalb groß gezogen wie diese so hat die schöne Art und Natur ein Ende. Dieses Jahr wollte ich eins absetzen. Ich weine auch nicht allein um die Kuh, sondern auch um das Geld, was sie kostete, der alte Herr hatte sie mit seinem letzten Sparpfennig gekauft, hatte sie der Tochter vermacht und wenn die Tochter heirathete sollte sie mir bleiben, daß ich doch etwas

Lebendes um mich hätte. Nun ist alles todt." — „Wir wollen eine neue kaufen!" — „Ja Herr das meine ich auch und darum Herr, die Häute gelten jetzt, müßt ihr mir den kleinen Gefallen thun, die Haut abziehen und morgen zu Markte tragen." — Der arme Martir war von entgegengesetzten Gefühlen ganz erstarrt, nicht die Unehre bei dem Geschäfte erschreckte ihn so sehr als die Erinnerung an den italienischen Leibarzt, dem er mehrmals in solchen Geschäften zugeschaut hatte. — „Was stellt Ihr Euch an Herr," fuhr die Frau fort, „warum ist es denn anders, wenn ein Stück Vieh von selbst stirbt, als wenn es durch das Beil eines Schlächters stürzt. Ist das nicht ein Festtag, kommen nicht alle Hausgenossen zusammen, wollen helfen, wollen schauen wie viel reichliche fette Nahrung das Innere verspricht, ja eine rechte Neugierde ist beim Aufhauen wie im Puppenspiele wenn der Vorhang aufgeht. Laßt Euch unsre Freude nicht zu gering dünken, wir haben keine andre hier auf dem Lande, wenn wir Äpfel schütteln, Trauben lesen, schlachten und Wurst machen, das sind unsre Festtage, dabei predigt und singt, das wird bei allen Eingang finden, vom seligen Mann habe ich noch Winde und Messer bewahrt, er war Schlächter, nur die Kraft fehlt mir, auch kann es einer nicht gut machen, einem andern als Euch mag ich aber nicht dabei wissen, weil die Leute es dem Scharfrichter nicht verschweigen, denn der Herzog seit dem letzten Jahre auf alle Felle vom verstorbenen Vieh ein Recht gegeben hat. Säumt Euch nicht lange Herr, denn wenn Ihr mich in solcher Hauptsache verlaßt, so ziehe ich fort von Euch mit meinem Kobold."

Das war genug den von aller Welt verlassenen Gelehrten zu bestimmen. Was blieb ihm, wenn die Hoffnung des Kobolds ihm entzogen wurde. So ließ er sich nach dem Stalle hinziehen, dachte der alten Opferpriester wie viel diese schlachten mußten, besonders dachte er des Homers, noch mehr des Herkules, als er den Stall erst reinigen mußte, damit die Haut nicht zu sehr beschmutzt werde. Der verstorbene Mann der Frau Martha war wirklich Dorf-Schlächter gewesen, sie selbst übernahm dies Geschäft bei den armen Leuten des Dorfs noch jetzt, indem sie ihnen das Geräth und ihren Rath dazu lieh, auch half, so weit ihre Kräfte ausreichten. So wurden beide gar bald damit fertig die Kuh nach dem Balken mit den Hinterbeinen aufzuziehen und die Lösung der Haut erfolgte dann viel leichter als der Pfarrer jemals geträumt hätte. Längst vergessener Unterricht wurde ihm erinnerlich, die optischen Versuche des Wittenberger Lehrers mit den Augen wurden wiederholt, während die Frau alle Schlächterspäße des seligen Mannes erneute, von seinen Pantoffeln sprach, die aus den Klauen zu machen, von dem Buche mit den vielen Blättern, im

Innern, woraus ein guter Schlächter etwas vorlesen könne. Das machte den Martir wißbegierig, er beschloß auch das Innere zu durchforschen. Die Frau verstand dies schwere Geschäft vollkommen, sie wollte den Sitz der Krankheit entdecken, rasch ging es ans Werk. Das Innere war ausgelöst und o Wunder dem staunenden Martir blickten aus dem Wanst Bibelstellen in seiner Handschrift entgegen, Stellen die gerade auf seinen großen Streit wegen der Ehe die nächsten Beziehungen hatten; so las er: „Es ist besser freien denn"... hier war das Blatt durchschnitten und er fügte seufzend hinzu... „besser freien denn schlachten." — „Seht nur Herr" sagte Frau Martha zufrieden, „sie hat doch wirklich noch etwas von dem Gras gefressen, als ich es mit Papierheckfel gemischt hatte, allein wollte sie es nicht, Stroh ist hier knapp nach dem kalten Winter, da schnitt ich ihr etwas von Euren alten Papieren dazu. Hab mir beim alten Herrn so manchmal schon geholfen mit den alten Papiern, da suchte er dann und wußte nicht, daß er es schon in der Milch getrunken. Ja solch Thier kann man zu allem gewöhnen und da seht nur, das war ihr Unglück, daß sie so gierig alles hineinschlang, da seht, sie hat meiner Marielle Bild, was der Alte ganz klein auf ein Kupferplättchen gemalt mit einem Glase zugedeckt an einem Kettchen um den Hals trug, heruntergeschluckt. Er dachte daß er es verloren hätte, aber sie hat es ihm abgerissen, ohne daß er es merkte. O das ist wohl schon ein Jahr her und so lange ist sie noch nicht krank, das Kupfer hat sie vergiftet. Die Platte ist ganz angefressen, aber das Bild ist von dem Glase so gut gedeckt geblieben, seht es ist noch recht gut zu erkennen." — „Sie ist's, sie ist's," rief er hingerissen, „das Bild laßt mir, ich gebe Euch alle meine Bücher, meine Schriften zum Heckſel machen, wenn es Noth thut und was ich aus dem Bernstein löse, soll alles Euer sein und dem Kobold." — „Wenn Ihr immer thut, was ich haben will," sagte Martha, „so muß ich Euch schon den Willen thun, da habt Ihr ein schönes Schlachtlohn verdient, woran keiner dachte, ich sage Euch Ihr habt einen seltsamen Glücksstern." — In dem Augenblicke wurden sie durch einen wohlklingenden Gesang von vielen männlichen Stimmen gestört. „Es ist ein lateinisches Studentenlied: Ecce quam bonum," sagte der Geistliche, „gewiß fahrende Schüler." — „Ach da sind wir verloren" rief Martha, „die fressen uns die Haare vom Haupte, aber sie lassen sich nicht abweisen, ich habs mit dem wilden Volke schon ein paarmal zur Zeit des alten Herrn erlebt, sie schlagen die Fenster ein, wenn wir nicht aufmachen und die Leute im Dorfe sind wieder alle zum Häringsfange ausgefahren. Geht Herr beschwichtigt sie mit Eurem Latein, das wirkt noch am besten."

Martir schlüpfte in seinen Rock, schlich durch eine Stachelbeerhecke gedeckt nach dem Hause und begrüßte zwölf fahrende Schüler und Studenten die schon in dem Wohnzimmer ihren Sitz genommen mit einer trefflichen lateinischen Rede über ihre Befugniß in das Haus eines Geistlichen so ohne Anmeldung einzudringen. Sie beschworen es, daß sie sich übermäßig laut angemeldet, daß sie auch angeklopft hätten, sie hätten endlich gemeint der Herr Pfarrer sei taub. Wenn er nun nicht blind sei, so möge er ihre Zeugnisse und Matrikeln durchlaufen, dann aber riethen sie ihm, eine gute Bewirthung nicht lange anstehen zu lassen, da sie vom nächsten Orte durch den großen Wald bis zur Küste einen langen, sehr erschöpfenden Marsch gehabt hätten. — „Aber warum marschirt Ihr so weit?“ fragte Martir, „mir ist solch ein Umtreiben nie eingefallen, obgleich ich so lange auf Schulen und Universitäten war, um keinen Preis hätte ich so viel Zeit versäumen mögen.“ Der Älteste versicherte ihm, jetzt würde die Antwort zu weit führen, denn jeder von ihnen hätte einen andern Grund zum Wandern, den einen hätten die Mücken, den andern das Fieber, den dritten die Hartherzigkeit des Wirths vertrieben, der seine Miethe haben wolle, sie suchten Anstellung oder eine andre Universität! Jetzt solle er rasch aufdecken.

Martir hatte Mitleid mit den jungen Leuten

und brachte den ganzen Rest der Fische, welche die Bauern ihm gezehntet hatten, Frau Martha brachte Milch und den Rest des Brodes. Aber die unverschämten Jünglinge lachten über diese Mahlzeit als sie endlich aufgetragen war, es sei kein Fasttag, sie brauchten Fleisch. Vergebens schwor ihnen Martir, daß er es ihnen gern geben würde wenn er es hätte, er wolle ihnen seine Speisekammer aufschließen, damit sie ihn nicht für hart und geizig hielten, was sie im Hause an Fleischspeise fänden solle ihnen preis gegeben werden." — „Gut, es gilt," sagte der Älteste, „sucht und ihr werdet finden."

Ruhig waren jetzt alle und erzählten abwechselnd dem Pfarrer und seiner Haushälterin von ihren Schulspäßen, als plötzlich eine ungeheure Schüssel mit dünn zerschnittenen, auf dem Rost gebratenen Fleische von einem der Schüler hereingetragen und mit Siegesruf begrüßt wurde. — „Seht ihr Herr, wir können zaubern," rief der Älteste, und warf sich gleich den übrigen über das Gericht, „es ist unser, Ihr habt uns feierlich alles Fleisch zugesagt, was wir bei Euch vorfinden würden." — „Um Gottes Willen esst es nicht," rief Martir, „ich sehe wohl wo es gewesen, meine krepirte Kuh." — „Eine krepirte Kuh wird nicht aufgezogen und ausgenommen," lachten ein Paar, „Ihr sollt uns nicht schrecken." — „Haltet ein," fuhr Martir fort, „sie ist an Gift gestorben, an einer kupfernen Kapsel, die sie verschluckte." — „Das geht nicht ins Blut, das bleibt im Magen," rief der Älteste lachend, „dagegen sind Zwiebeln gut und die haben wir reichlich daraufgestreut." — „Wenn Ihr nicht im Guten hören wollt," fuhr Martir fort, „was ich zu Eurem Besten sage und thue, so muß ich mein Hausrecht brauchen, Euch befehlen von dieser schädlichen Speise abzulassen, Euch diese Schüssel wegnehmen." — „Nehmt sie fort, ein Jeder hat das Seine, die Schüssel wollen wir nicht essen." — „Ihr dürft nicht essen, ich rufe die Bauern zusammen, ihr seid Kinder des Todes." — „Ich habe nie besseres Fleisch gegessen," sagte der Älteste, „sagt was ihr wollt, aus Achtung gegen euer gutes Latein und große Gelehrsamkeit, auch weil ihr weder Stroh noch Betten habt ziehen wir fort, nicht wegen der Bauern, denn die sind alle auf dem Meere und fischen, das Fleisch hat uns wieder Kraft gegeben, wollen bis zur Nacht den nächsten Ort erreichen." — Was auch der gute Martir zu ihrer Belehrung sagen mochte, sie zogen lachend fort, so daß er wohl noch ein heimliches Schelmstück vermuthen konnte. Das fand sich auch bald, denn als er den Stall bertrat fand er die Kuh nicht wieder, nur die Haut lag noch daneben, alles eßbare war unter den großen Mänteln der Schüler fortgewandert. Er wollte ihnen noch wohlmeinend nacheilen, aber ihres Raubes bewußt hatten sie sich in den Wald zurückgeworfen, wo ihre Spur sogleich in der Dickung von kleinen Sträuchern und alten Blättern sich verlor.

Des Menschen Wille ist sein Himmelreich und seine Hölle, seufzte der Pfarrer ermüdet und kehrte heim, die guten Fische sind mir geblieben, meine Wohlthaten haben sie verschmäht was mich belästigte diese todte Kuh haben sie mir entwendet und mir dadurch die Last des Vergrabens erspart. Ich hoffe, daß ihnen das Gift nicht schadet, ich habe keine Mittel sie zu retten. Und wenn mir alles fehlt, wenn der Kobold nicht wiederkommt in jener seligen Gestalt, so ist mir doch das liebe Bild geblieben, welche gelehrte Arbeit ist mir so theuer bezahlt worden wie diese Kuhschinderei? So war die Unruhe dieses Tages endlich überwunden, die Fische wurden gewärmt, nebst Milch und Erdbeeren, die beim Nachrufen der Studenten vom Pfarrer im Walde entdeckt worden, dem Kobold hingestellt, alles in der Hoffnung daß er sich endlich einen Körper anessen werde. Der Pfarrer ging mit der Absicht zu Bette, diesmal alle Gesichtszüge recht genau zu beobachten, aber die Natur wollte es anders, sie senkte sein inneres Auge in die Tiefe und sein äußeres Auge schloß sich, während jenem die wunderlichsten Züge fremder Völker vorüberzogen, die alle zu Mariellens Füßen lagen. Er sah eine hohe Pforte von Glockenmetall besetzt mit Edelsteinen unter einem Spitzbogen, der aus weißem Marmor kunstreich mit unzähligen Bildern geschmückt war. Ein Engel mit grünen Flügeln rauschte herbei, Marielle betrat mit gesenktem Blicke die Stufen, er fragte nach ihren Gaben, sie blickt ihn verwundert und doch gütig an, der Engel entriegelt die Pforte, aus welcher ein strahlender Thron die ganze Erde anschimmert. Marielle tritt hinein, doch ehe sie den Thron besteigt wendet sie sich zurück, reicht den Zurückbleibenden die Hand. Martir fühlt den Druck dieser Hand, er kann sie nicht lassen, da schlägt die schwere Thür zu und klemmt ihm die Hand ein, so schwebt er nun mit einer Hand im Himmel ausgeschlossen von ihr auf der Erde. Sein Schmerz war grenzenlos und da es Mühe macht im Schlafe zu weinen, weil die Augen geschlossen sind, so wachte er um sich und gab das Weinen bei dem hellen Morgenlichte auf, das durch die Fenster in unzähligen Stäubchen leuchtete, die in der Luft schweben und deren Schicksal uns so völlig fremd bleibt, obgleich wir sie einathmen. Schnell war er in seinen Kleidern, blickte sich scheu nicht einmal um nach dem Bette der Frau Martha, sondern sah nach den Speisen, die er alle von dem Kobold verzehrt fand. Er muß wachsen, er muß ganz zu einem irdischen Wesen werden, sprach er in sich, aber dann das fremde Volk, der Engel, die Pforte, das Zuschlagen der Thüre, das Einklemmen der Hand. Er setzte sich zum Schultische, um diesen merkwürdigen Traum in lateinischen elegischen Versen aufzuzeichnen. Wir wollen diese zwar in andrem Maaße aber doch möglichst treu zu übersetzen suchen.

O senke nicht den Blick zur Erde nieder
Soll sich die Himmelspforte Dir erschließen,
Der Engel will als Hüter Dich begrüßen
Und weht Dir Kühlung an mit dem Gefieder

Die Gaben, die er fordert, bringt kein Büßen,
Er locket Dich zur Menschenqual nicht wieder
Er fordert Deinen Blick. Die Augenlieder
Versagen ihn, weil noch die Thränen fließen.

Nur sel'ges Schauen bringe zu dem Heerde
Des ewgen Lichts, auf uns laß fallen
Die letzten Thränen, Thau der dürren Erde

Wirf ab den dunklen Thränenschleier, werde
Ganz leicht, blick aufwärts, laß Dein Haar frei wallen,
Die Pforte öffnet sich, die Chöre schallen.

Die Feder aus des Engels grauen Flügeln
Gefüllt mit Purpur aus den lichten Höhen
Sie wagt zu schreiben, was ich dort gesehen
Sie wagt mir der Gedanke Lauf zu zügeln.

Die Himmelspforte sah ich ihr entriegeln
Ich sah sie vor dem Thron hell leuchtend stehn
Den Quell aus dem das irdische Vergehn
Entflossen, ihre Tritte fest versiegeln.

Der Engel reine Kinderseelen sie umkränzen
Wie Edelsteine in den krausen Haaren
Und ihre Hände sah ich segnend glänzen

Das irdisch Falsche wird das geistig Wahre
Fortan des Himmels und der Erde Grenzen
Des Herzens Dunkel wird das Ewig klare.

Nun reich ich Dir die Hand mit neuem Muthe
Ich weiß daß wir uns hier im Geist erkannten,
Und die mich noch von Deinem Glanz verbannten
Die kennen Deinen Willen nicht Du Gute

Sie drängen all zu Dir der Gottgesandten,
Sie wollen hören von dem ird'schen Blute,
Wie es Dich quälte, wie es nimmer ruhte,
Da winkst Du mir als einem Nahverwandten,

Schon fühl ich Deiner Fingerspitzen Wärme
Und auch der leichten Hände festen Band,
Den sanften Zug der schlanke volle Arm

Da hat der Engel schnell sich umgewandt
Die Pforte schlägt er zu, wie ich so schwärme
Und eingeklemmt bleibt meine treue Hand.

Kaum hatte er diese Zeilen beendigt und dachte selbst über den seltsamen geheimen Sinn derselben nach, als er durch eine Luftsphäre erweckt wurde, das ihn höchlich überraschte. Er hörte nämlich außer dem gelinden Schnarchen der Frau Martha ein andres lieblicheres Athmen, als ob die Frau zwei Nasen eine große und eine kleine bekommen habe. Ist das der Kobold? Hat er sich verspätet? Soll ich nicht hinblicken wie er aussieht? Dachte er und konnte sich nicht erwehren durch allmälige Wendung seines Kopfes nach dem Bette hinzublicken. Welch ein Wunder in dem Morgenlichte! Zwei Köpfe, zwei Lebensalter, zwei Jahreszeiten, zwei Tagszeiten auf einem Pfühle, unter einer Decke. Frau Martha, ein ernster wohlgebildeter alter Kopf in reinlicher weißer Mütze, daneben Mariellens Kopf in lebenvollster Frische vom Schlafe geröthet, von einem frischen Rosenkranze umglüht, durch den nur wenig Grün blickte, geschützt von zwei weißen Flügeln, die ihr Luft anzufächeln schienen. Wer träumte nicht gern solch einen Kobold, nur der arme Martin erwachte zu bald aus diesem Anstaunen, als er in dem Schlafe eine Narbe und eine Röthung der Haut bemerkte. Er wollte sich abwenden und zum Himmel flehen, daß er ihn nicht in Verzweifelung führen möchte, als sich die weißen Flügel bewegten, und er deutlich die weiße zahme Taube unterschied, die ihre Flügel ausreckte, sich musterte und wenig auf ihren Gesellen den Staar zu achten schien, der sich hinsetzte und sein Frére Jaques, leve toi den Schlafenden vorsang.

Was war nun wirklich, was sollte ihm bleiben? Der Kobold war augenscheinlich mehr als ein kleines Kind, erschien auch nicht flüchtig und unbestimmt, wie ihn Martha beschrieben? Durfte er ihn fassen, konnte er es? Welcher Argwohn durchfuhr ihn gegen seine eigne Sehnsucht und Neubegierde. Er wußte sich nicht anders zu helfen, als daß er sich mit den Kleidern leise nach dem Alkoven schlich, sich wieder hinter den Vorhang stellte, um zu überlegen, um zu warten, bis sich das Weltwunder aus dem Bette erheben würde.

Staar und Taube trieben nun zuerst ihr Wesen, tranken aus einem Wasserbecken indem sie sich auf dessen Rand setzten. Jetzt klopfte eine Hand an das Fenster, eine Stimme rief, daß es bald Zeit wäre nach dem Markt, wenn Frau Martha die Schweine noch verkaufen wolle. Indem er nun nach dieser Seite hinblickte hörte er Fußtritte, aber so schnelle, daß er nur noch ein Paar Rosen des Kranzes und einige Falten eines gestreiften Mantels erblicken konnte, wie ihn die Landleute der Gegend sich selbst zu weben pflegten. Hätte er nicht so große Scheu vor der Frau Martha gehegt, er wäre nachgesprungen um diesen Kobold zu erkennen, jetzt aber bezwang er seine Neugierde, wartete ab, bis Frau Martha dem Nachbar Antwort gegeben hatte und aus dem Bette aufgestiegen war.

Nun erst zeigte er sich und eilte hinaus die Fußtapfen der Entflohenen zu suchen. Hier war kein Zweifel, der frische Tritt war im bethauten Grase des Gartens zu erkennen. Er eilte ihm nach zu einer Rosenlaube. Da hatte sie gesessen, deutlich war es zu erkennen, aber schon sah er ihre Tritte, wie sie über den Gartenzaun gestiegen und achtete nicht des himmlischen Bildes übers Meer auf welchem sich unzählige Vögel spiegelten und kreuzten, nicht der ausgespannte Segel großer Schiffe, die den mäßigen Wind zu benutzen suchten. Er selbst war wie ein Schiff auf Entdeckungsreisen, sein einziges Sternzeichen diese Tritte verfolgend, mit allen Segeln, so viel seine

Brust athmen konnte, so weit seine Füße zu schreiten vermochten. So kam er ohne alles Nachdenken seiner Spur sicher nach der großen Kirche fand die Thür offen sprang hinein, sah noch ein flüchtiges Bild im Dunkel bei dem Grabmale Mariellens, sah noch den hölzernen Deckel offen, aber im Augenblicke wo er ihn berührte schlug er zu, doch ohne seine Hand einzuklemmen. Um so mehr war sein Herz beklemmt, als der Staar neben ihm schrie; Adieu Marielle!

Gewalt zu brauchen gegen Gräber schien ihm ein Frevel und doch konnte er nicht glauben, daß er Fußtritte eines Geistes gesehen, auch ist ein Geist wohl an sich geheim und braucht sich nicht zu verheimlichen, vielmehr mag er Mühe haben sich zu offenbaren in einem fremden Elemente. Mit den eindringlichsten Worten beschwor er das unbekannte Wesen, welches ihm alle Ruhe raubte, sich ihm zu zeigen, ihm zu antworten, die Räthsel seiner Noth zu lösen. Aber das Grab war stumm, der Staar schimpfte und sang abwechselnd, die Schwalben zwitscherten, aus der Ferne rief die helle Stimme der Frau Martha nach ihm, weil inzwischen die beiden Schweine gefüttert waren und alles zum Markte sich anschickte.

Also von allem, was zuerst und allein sein Herz gerührt hatte, von der geheimnißvollen Geisterwelt, die er belauert, von der Himmelspforte, die er geschaut sollte er lassen und fühlte nun erst ganz, wie fest seine Hand, seine Gedanken hier eingeklemmt blieben. Aber gewohnt der Selbstüberwindung durch ein bedrängtes Jugendleben riß er sich los, eilte zurück, ließ sich in eine Hand ein Frühstück geben von Frau Martha, in die andre Hand den Strick, woran das eine Schwein am linken Hinterfuße befestigt war, während Frau Martha das andre durch gute nahe Bekanntschaft und beliebte Töne hinter sich herlockte um den Zug zum Dorfe hinaus zu bringen. Doch plötzlich fiel ihr ein daß noch etwas im Stalle vergessen, gab ihm auch den Beinstrick des andern Schweines, ging zurück und überließ ihn der unbekannten Gefahr allein die Bewegungen zweier schüchternen Thiere lenken zu müssen. Auch dauerte es nicht lange mit dem ersten ruhigen Anscheine, beim ersten Hundebellen auf der Straße verwilderten beide Bestien und wollten durchgehen. Martir redete ihnen vernünftig zu, aber was halfs die fremde Sprache schien ihre Scheu noch mehr zu erregen und er fürchtete sich ihnen die Beine auszureißen, weswegen er wie ein nachsichtiger schwacher Vater von den Verirrungen seiner Kinder, durch den tiefen Koth des Weges fortgerissen erst seine Ruhe fand, als die beiden muthwilligen Schweine in einer Pfütze auszuruhen, sich zu wälzen beschlossen, und das Wasser sich kühlend durch das Maul laufen ließen. Hier fand ihn Frau Martha, verwunderte sich über sein Ungeschick, versicherte daß dem vorigen Pfarrer, so alt er gewesen, nie geschehen, daß die Schweine mit ihm durchgegangen. Ein Locken von ihren Lippen genügte die beiden Thiere auf den richtigen Pfad zu bringen, dann übernahm sie sich die Führung des einen Stricks, steckte dem Pfarrer den Bernstein in die Tasche, hing ihm die zusammengelegte Kuhhaut, durch einen Sack gedeckt und einen Riemen wohlbefestigt über die Schulter. So begann nun der Zug, als Martir den Edelknaben Curt in der Entfernung zu Pferde erblickte. Die Scham in diesem Aufzuge gesehen zu werden hätte ihn vor kurzer Zeit noch erstickt; jetzt war er schon bedachter und ergebner geworden. Mit leisem Eintauchen der Hand in das Binnengewässer des Weges, hatte er eine Schminke gewonnen, die seine Haut unkenntlich machte, während sein Rock, den er am Hofe nie anzuziehen wagte in Rücksicht seines Alterthums, ihn ohnehin dem Edelknaben verstecken mußte. Curt schien im Vorüberjagen die bräunliche Schminke, die ihn zu einem Mulatten herabwürdigte, noch vermehren zu wollen, denn sein Pferd bespritzte ihn vollständig mit dem Ertrage der Straßenpfütze, indem er selbst die naseweise Frage vorlegte: Ob er das Schwein, oder das Schwein ihn führe. Doch ohne die Antwort abzuwarten jagte er weiter und gab durch sein Besprützen dem Geängsteten die Veranlassung Frau Marthen zu versichern, daß er sich beim nächsten Bächlein abwaschen müsse. Aber so schnell war dieser Bach nicht erreicht als ihm schon die Tochter eines Predigers aus der Nähe, die ein großes Mastschwein zu Markte führte, von Frau Martha vorgestellt wurde. Diese gute Jungfer Rose hatte aus Ökonomie Schuhe und Strümpfe ausgezogen und trug sie unter dem Arme rühmte Frau Marthen wie gut diese Vorsicht gewesen, indem sie die Spuren des Weges bis zu ihrem Knie deutlich zeigte, dabei schimpfte sie auf Vater und Mutter, die ganz bequem auf ihrem Wagen nachfuhren und ihre Mühe verlachten. — Mitleidig sagte Martir, wie gern er diese Mühe theilen, ja ganz auf sich nehmen möchte. . . . Hier fiel ihm Rose ins Wort und versicherte, daß er mit Vater und Mutter zuerst sprechen müsse, aber sie wolle gern für ihn sprechen, denn er gefalle ihr überaus wohl, er scheine ein tüchtiger Wirth, der von der Sonne gebräunt nicht vom Schreibtisch gebleicht sei. Es sei nun einmal Gottes Wille, daß sie ihm begegnet sei, denn sie habe den Andreas noch gestern Abend angerufen, daß er ihr endlich einen Mann bescheren möge. — In diesem Augenblicke hatte sich der Korbwagen der beiden Ältern genähert, denen er von der Tochter vorgestellt wurde als ein junger Pfarrer, der etwas auf dem Herzen habe. — „Steige der Herr Bruder auf unsern Wagen,“ rief der Vater, „meine Tochter ist so geschickt, daß sie zwei Schweine gar leicht führt so ehrlichen offenen Absichten muß ich entgegen kommen, da mich der Himmel schon in alter katholischer Zeit mit zwölf Kindern gesegnet hatte, die jetzt durch die Verheirathung mit der Mutter öffentlich als solche in gutem Ansehn erscheinen sollen. Aber werthester College" fuhr er fort, „wie wollt Ihr eine Frau in der Nothpfarre zu Wrack ernähren, da müßt Ihr von den Euren eine Erbschaft oder sonst vom Hofe etwa ein Gnadengehalt erwarten." — Martir scherzte über seine Armuth, indem er sie noch weit übertrieb, er hoffte dadurch allen Ansprüchen zu entgehen. — Aber der Pfarrer fuhr fort: „Ich will euch zeigen, daß ich in guter christlicher Gesinnung mich der Demuth befleißige, mich den unerforschlichen Rathschlägen und Fügungen des Himmels überlasse, er der die Lilien kleidet wird auch Euch und Eure Kinder kleiden. Nehmt meinen Segen zu dem raschen Entschlusse."

Die Mutter weinte bei diesen Worten, die Tochter reichte den Arm in den Wagen, die Hand legte sich in die Hand Martirs, die Verlobung war geschlossen ehe die erste Stunde der Bekanntschaft verflossen, und wenn er dagegen reden wollte, versicherte der Vater ohne ihn zu hören, er möge über die Sache gar nicht sprechen, sich nur ernstlich vorbereiten zu dem ernsten Schritte, der ihm nun zu thun bevorstehe, seine Tochter sei zuweilen eine wilde Hummel so daß er mit gutem Grunde die stärksten Schulstöcke für sie aufheben müsse.

Da riß Martir die Geduld, fest entschlossen das Schwein der Heirathslustigen als Abstand preis zu geben, sprang er vom Wagen, als gleichgültig ein Mann von einem zweirädrigen Einspänner, der sich ohne Geräusch genähert hatte, gleichfalls vom Wagen sprang und ihn fest packte bei dem zusammengewickelten Kuhfelle auf seinem Rücken. „Was," rief dieser Schreckliche, „was ist das? Ha dir bin ich nicht umsonst nachgefahren! Ein geistlicher Herr sollte sich schämen, daß er dem Schinder ins Handwerk fällt, um ihm eine geringe Kuhhaut zu stehlen. Wozu muß ich dem Herzog die theure Pacht und außerdem zum Weihnachten ein Dutzend gegerbte Hundefelle abtragen, wenn jeder in meine Nahrung pfuscht, ja das sehe ich pfuscht, denn da ist eingeschnitten, die Haut gilt ein Drittel weniger, als wenn ich sie abgezogen hätte. —

Martir verstummte in Schaam, er konnte nicht lügen, seine Sündenschuld war ihm auf die Stirn geschrieben, Frau Martha noch allzufern um ihn vertheidigen zu können. Aber der Schwiegervater war mit gewaltiger Stimme um so näher. „Herr College," schrie er, „wir sind geschiedne Leute, ein Schinderknecht soll meine ehrliche Rose nicht heirathen auch zeige ich es dem hochlöblichen Consistorio an, ein solcher Mann darf nicht die Kanzel besteigen." Bei diesen Worten fuhr er fort, Rose gab unserm Martir den Schweinstrick zurück und flüsterte tief beschämt: Wie mußtet Ihr auch das laut sagen, was Ihr gethan, habe ich selbst oft genug thun müssen ich will dem Vater schon Bescheid sagen, verzweifelt nicht, es wird sich alles noch künftig machen, ich kann von Euch nicht lassen, auf dem Tanzboden beim Bäcker findet Ihr mich, da will ich Euch guten Rath geben, wenn ich mein Schwein verkauft habe. Und sprecht nur nicht mit den andern Collegen, die wollen gern auch ihre Töchter an den Mann bringen und rühmen sie, weil sie jung. Glaubt mir, ich war auch jung und da taugte ich nicht viel zur Wirthschaft jetzt erst weiß ich worauf es ankommt, wir sind verlobt und ich bin entschlossen alles Leiden mit Euch geduldig zu tragen." — „Nein, nein," rief Martir, „ich kanns nicht zugeben, dieser Edelmuth ist zu groß, wir sind nicht verlobt, es ist ein Misverständniß, ich bin ein Schinder, ich will es bleiben." — „So stehe Euch Gott bei," rief das Mädchen, „ich werde Euch auch nicht aufgeben und wenn Ihr wirklich der Schinder werdet, ich heiße Lucretia, daran erkennt mich daß ich Ehre und Leben gern aufgebe, um mich nach meinem Willen zu verheirathen, so ruft mich beim Bäcker, denn da raucht es so stark, daß man keinen auf drei Schritte erkennen kann."

Geduldig ließ sich eben Martir das unselige goldne Fließ vom Rücken nehmen durch den grimmigen Führer des Einspänners als Frau Martha dies durch strenges Verbot und ein Paar jener wandernden Studenten, die gestern Abend von Martir bewirthet worden, mit drohenden Stöcken dieses Selbstrecht des Scharfrichters hinderten. „Wir haben das geschlachtete Thier gesehen," rief der Eine, „wir haben selbst davon gegessen, es war ein gutes Fleisch, wir müssen dem Geber unsern Dank sagen." — „Warum hat mir aber die eine Frau im Dorfe gesagt," fuhr der Knecht fort, „daß die Kuh krepirt sei in ihrer Gegenwart?" — „Weil sie Euch mit Eurem neuen Rechte zum Narren haben wollte," sprach der Student weiter, „ich kenne alle römischen Rechte, nichts steht da von der Haut der gefallenen Thiere, daß diese dem Landesherrn zufalle. Ei mit gleichem Rechte könnte ich Euch des Herzogs Kleid schenken auf seinen Todesfall oder sein großes sammtnes Staatsbette. Ja auf Ehre ich schreibe eine Dissertation darüber und will sie ohne Vorsitzer vertheidigen."

In diesem Augenblicke stampften, brausten und sprühten sechs Prachtrappen herbei mit vielem blanken Messing und Federbüschen geziert, sie zogen einen mit rothem Tuch beschlagenen Wurstwagen. „Die Herzogin schon wieder," rief der eine Student, „die durchkreuzt heute das Land, die beiden Trabanten können kaum noch mitkommen. „Was giebts da?“ fragte die Herzogin und ließ still halten. Der unglückliche Martir sank nieder auf einen Stein am Wege, indem er die unglückliche Kuhhaut dem Abdecker überließ, der seine Hand noch immer nicht von diesem seinem ersehnten Eigenthume abgelassen hatte. Die beiden Trabanten stiegen ab und hatten die Streitfrage bald deutlich herausgebracht, während der Senior der Studenten eine mächtige lateinische Anrede der Herzogin improvisirte. Martir hatte mit einem Blicke den offenen Wagen durchschaut und nun seine Augen nicht aus Stolz, sondern aus Beschämung geschlossen, nach der ihm zugekehrten Seite saß die Herzogin und jenes Fürstenkind jenes Ebenbild von Mariellen, das er am verhängnißschweren Tage bei der Herzogin kennen lernte, das er bisher für eine ausgeputzte Marielle diese aber wieder für einen während kurzer Zeit eingefangenen Kobold gehalten hatte.

Die Herzogin schien ihn nicht zu bemerken die Fürstentochter wagte nicht aufzublicken. Nachdem jene den Studenten ein gratias gesagt, ließ sie sich alles von den Trabanten berichten, sagte zu Martha, daß sie ihretwegen gekommen, daß sie nothwendig mit ihr sprechen müsse. Als jene auf die Schweine zeigte, gab sie ihr ein Paar große Geldstücke und schenkte die Schweine den fahrenden Schülern und Studenten zum Frühstück, während der Abdecker nachdem er die Haut errungen, unbekümmert um die übrige Welt, die nicht zu ihm gehörte und die er für unehrlich hielt, sich eilig auf den Weg gemacht von dem Geschrei der hungrigen Raben und der übermüthigen Studenten verfolgt, die durch ein Wort der Herzogin aufgemuntert mit den Schweinen und Hunden ihm nacheilten und jubelten wenn ein Erdenklos nachfliegend auf seinem Rücken zerschellte.

Frau Martha aber sehr beschämt von der gnadenreichen Einladung bestieg erröthend den Wagen ohne den Muth zu gewinnen unserm Martir ein Wort des Abschieds zu sagen. Dieser war unterdessen von dem Steine herab in einen Graben neben dem Wege gesunken, der eben nicht feuchter als der Weg war, obgleich tief genug, ihn dem Auge der abfahrenden Gesellschaft zu verbergen.

Kaum waren sie fort, so erhob er sein Haupt und blickte ihnen nach. Noch war er schwach, er wußte eigentlich nicht, wie alles geschehen. Er besann sich auf alle Einzelnheiten, um sich zu überzeugen, daß er noch derselbe aufstrebende Geist sei, der auf der Schule alle übertroffen, in Wittenberg ein Licht des neuen Tages geworden war, wie er sich da als Mittelpunkt der geistigen Welt, als Richter über alle eingesetzt hatte. Nun blickte er um sich wie der verlorne Sohn, dem sogar seine Schweineheerde entlaufen, der sich auch dazu nicht einmal für tauglich achtete und wie sah er selbst aus, als ob er Hirt und Heerde zugleich gewesen, denn die Schweine hatten ihn durch den tiefen Weg kreuz und quer fortgezogen, wie es ihnen der böse Geist eingegeben, der einmal in sie gefahren war.

Wie er aber an Marielle dachte, an den Kobold, so wurde es ihm heiß und licht im Kopfe, laut rief er: Und doch kann ich alles das Elend nicht missen, alles früher Erlebte verschwindet wie eine Winterlandschaft in der Erinnerung, nachdem Laub und Gras hervorgedrungen ist. Fürstentochter, Marielle, Kobold die sind nun mein Leben. Wie der gute Hofkutscher mich warnte! Freilich es ist ihnen gelungen, ich bin verrückt, wenn irgend ein Mensch so genannt werden kann, nichts liegt mehr in meinem Kopfe auf derselben Stelle und doch ist alles noch vorhanden. Denke ich an meine Concordanz, so bedaure ich die verlornen Stunden, denke ich meiner Predigten, so möchte ich lieber selbst dabei einschlafen und von ihr träumen, denke ich aber meines Kampfes gegen das weibliche Geschlecht, gegen die Ehe so meine ich, daß ich vom Teufel besessen gewesen, daß dieser mein Verstand war, daß ich des Teufels mit meinem Verstande bin los und ledig geworden. Verrückt, närrisch, wahnsinnig bin ich, aber ich will es auch sein, ich will mich nicht klüger anstellen, als ich mich wiederfinde, die Leute sollen noch lange reden vom verrückten Pfarrer in der Nothpfarre.

Muthig richtete er sich auf, Hunger, Durst und Mattigkeit waren von ihm gewichen, er schritt der Stadt zu indem er sein großes Stück Bernstein an der Sonne betrachtete. Er sah darin eine kleine Mücke mit ausgebreiteten Flügeln und lachte: So war ich auch erstarrt, nun sind die Flügel mir frei geworden. Er hatte jetzt die Höhe erreicht, wo die Stadt mit ihren beiden Kirchthürmen und gezackten Zinnen und Mauern, mit ihren Dächern und rauchenden Schornsteinen vor Augen lag. Hier, sagte er, will ich nun meine ersten närrischen Streiche machen, ich will von meiner Narrheit leben, da mich die Gelehrsamkeit verhungern läßt. Seltsam, da wenden die Leute noch so viele tausende an einen Kirchthurm, selbst am Markttage versäumen sich nicht die fleißigen Maurer und der Geist, welcher das Haus beleben könnte, daß jeder sich danach umsähe, auch wenn es ohne Thurm, der muß aus Hunger und Kummer hier draußen in Narrheit versinken.

Hier bricht das von Arnims Feder geordnete Bruchstück des Martin Martir ab, aus den Entwürfen in welchem noch manch Treibreiß des Übermuthes im Keim verborgen ergiebt sich die Schicksalslösung einer Verschwörung gegen das Kaiserhaus. Die Kaiserin hat vor ihrer Verheirathung dem Kaiser in heimlicher Liebe als Braut eine Tochter geboren, in der Ehe hat sie kein Kind sie wird bewogen seinen Sohn aus früherer Ehe an Kindesstatt anzunehmen. Der Kaiser wird umgebracht, sie grämt sich nun daß das Reich einem falschen Abkömmling zufalle, der Sohn wird mit der Drohung beherrscht, es sei noch ein echter Abkömmling vorhanden, der Vertraute sucht dies zu lösen indem er beide vermählen will, der Erbprinz ist in der Gewalt der andern Verschwornen die nur den Aufenthalt der rechtmäßigen Erbin wissen wollen, durch die Vermählung wird er ihr Erbe, wenn sie stirbt. Der Großfürst weiß nicht was jene vorhaben er verliebt sich in das Mädchen das er für die Tochter des Pfarrers hält, er hat ein Gelübde gethan sie zu heirathen, plötzlich erfährt er durch den Freund sie sei die rechtmäßige Erbin des Thrones der ihm errungen; er glaubt sich durch listige Ränke gefangen, sie werde nun seine Kaiserin er ihr Sclave, seine Mitverschwornen die ihn auf den Thron erhoben zwingen ihn zu dem Befehl sie umzubringen, er muß nachgeben wegen dieser früheren Schuld, verlangt aber daß er selbst es ausführe, sein Gelübde will er erst lösen geht in ein fremdes Land umgiebt sich mit Schiffern die jenen nicht ergeben sind, läßt es zweifelhaft ob er sich umbringen will und die Krone ihr aufs Haupt setzen werde, dem Anschein nach giebt er den Tod der Braut zu, und läßt dann auch die Verschwornen ermorden die der Pfarrer zum Tode vorbereitet. Nun erst bin ich frei! nun erst bin ich Kaiser!

Der Pfarrer der die Braut aufgezogen hatte und deswegen auf die Nothpfarre gezogen war, ist nun bang um ihr Schicksal, er verbirgt sie in den Grabgewölben der Kirche und bildet ihr eine Klause von übereinander gestellten Särgen ihrer Ahnen. In einem Garten am Meer in der Mondnacht giebt er ihr Aufklärung über ihr Geschick, daß sie nemlich nicht seine Tochter sei, und seine Sorge bei seinem Alter, was nach seinem Tode aus ihr werden solle, da er durch den Einbruch der See sein Ackerland verloren und nun darbe und nichts für sie habe sparen können, er frägt ob sie nicht einen aus dem Dorfe heirathen möge, rühmt ihr junge Leute; sie erklärt daß sie nur ihn heirathen will, daß sie denn allen Werbungen entgehe, daß sie gewiß sei, auch dann, wenn der Herr ihn abrufe nicht verlassen zu sein, er meint das Wittwenhaus werde ihre Brautkammer sein. Er geht mit der Hebamme um in der Nacht noch den Altar zur Trauung vorzubereiten, ein Schiff kommt vom Winde rasch getrieben zum Ufer, der Steuermann meldet den Schiffherrn als einen der die Tiefe des durch den Sturz veränderten Hafen untersucht, der Schiffherr drückt sein Entzücken aus als er die zurückgebliebne Jungfrau entdeckt, er spricht sie wie die Proserpina an und sagt ihr daß er sie rauben wolle, sie antwortet ihm als Proserpina.

Der Prediger und die Weisemutter kommen zurück, diese bringt ihr einen Kuchen mit achtzehn Lichtern zu ihrem Geburtstag und führt sie ins Haus. — Der Pfarrer bleibt allein es erheben sich Zweifel ob die Geistlichen Heirathen dürfen, es ist Reformationszeit, in diesen erwägenden Gedanken geht er längs dem Ufer hin, sucht Blumen zum Brautkranz, er klagt daß die bösen Bauern in der Nacht den Garten beraubt auf einmal erschrickt er wie vor einem Schlage, der Klinge, der Jugendfreund steht vor ihm. Ists ein Traum? Heft! — Klinge! Die alten Stubenburschen? — von Natur wegen unserer Namen zusammengeordnet! „Und Du Klinge, besternt, umgürtet mit dem Degen? — und Du im schwarzen Priesterkleide? Wie ging es Dir der mir so oft als Meister vorgerückt wenn ich die Arbeit nicht gemacht, der nach Unsterblichkeit mit den Musen rang? — und bald die Eingebung der Engel wunderbar verkündete — Prophet! Apostel! Johannes in der Wüste! Vor Dir bestehet kein Geheimniß, Du wußtest allem Schicksal seine Wendung zu entlocken, Dir kann ichs sagen, vielleicht hilfst Du auch jetzt den untergrabnen Schicksalsboden wieder aufdämmen und erhalten, wie Du den geweihten Boden der Kirche, wieder aufgebaut während ein Sturz ins Meer alles andre vernichtete, Du weißt vielleicht auch Rath den lockeren Boden zweier Schicksalbedrohten wieder zu festen. Ich war vom Himmel berufen der Lenker des einen zu werden, der junge Fürstensohn ward mir anvertraut, der Zwillingssohn um Streit über das Recht der Erstgeburt zu verhindern. Ich sollte ihn in der Einsamkeit des Klosters zum geistlichen Stand erziehen lassen, als ich von meiner Sendung zurück kam an den Hof, war der Vater der Kaiserin vermählt, da sie keine Kinder in der Ehe erzielt hatten, ward eben jener Zwillingsbruder meines anvertrauten Zöglings zum Thronerben erwählt. In jener Zeit mahnte mich mein Gewissen, den Zögling im Kloster wieder aufzusuchen, von dessen Geburtsgeheimniß, ich allein nur noch Zeuge war. Ich fand ihn so ähnlich mit dem nun zum Thron gelangten Zwillingsbruder, daß ich selbst nie gewagt haben würde beide zu unterscheiden, er hatte sich indeß in der kirchlichen Lehre auf einer Synode so berühmt gemacht daß er einstimmig zum Hofkaplan und Oberprediger des Herzogs erwählt wurde; ich wagte nicht zu widersprechen obschon mein Auftrag gewesen war, daß er sein Geschick als Klostergeistlicher beschließe."

So weit der Staatskanzler Klinge, hier vertraut sein alter Stubenkammerad der Prediger Heft ihm, daß während er mit seinem Zögling nach einem heimlichen Port der Sicherheit herumgesteuert, ihm ebenfalls ein Sprößling und zwar ein rechtmäßiger vom Kaiserstamm sei anvertraut gewesen; jenes Mädchen was vor der Ehe erzeugt im Brautstand geboren und verheimlicht, er habe sich deswegen auf die Nothpfarre gesetzt um sie als sein eignes Kind vor bösem Geschick zu bewahren; man habe eine Ausgleichung dieses Geschicks versucht durch die Liebe, indem man hoffte so der rechtmäßigen Erbin zum wenigsten in den Nachkommen zum angestammten Recht zu verhelfen, allein der junge Kaiser wild geworden durch die verschiednen Parteien, und gereizt durch das Fieber der Herrschsucht, habe nach schmerzlichem Kampf mit seiner Liebe mit seinen Gelübden endlich, um nicht als Gemahl nur Sclave der rechtmäßigen Thronerbin zu sein, dem Dringen der Verschwornen nachgegeben sie umzubringen, daß sie aber im Grabgewölbe gesichert lebe. Klinge erzählt nun dem Heft, er sei von dem jungen Kaiser, halb in Verzweiflung und Reue ausgesandt nach ihr zu forschen. — Sie beschließen mit einander das Mädchen nach der Residenz des Herzogs zu schicken wo der Zwillingsbruder des Kaisers im Dienst der Kirche ein strenges Leben führt und bauen ahnungsweise hierbei auf eine bessere Zukunft.

Hier wächst die Verzweigung der Schicksalswege beider ausgesetzten Kinder zusammen, Marielle vom Schlage des Priesters getroffen und hergestellt, wird wieder in das frühere Asyl in die Gruft ihrer Ahnen zurückgebracht, wo indeß des treuen Pflegers Sorge um den Liebling vereint mit dem hohen Alter ihn im frischen Grabe zu ihrem Mitbewohner machte.

Hier finden wir uns wieder wo die Erzählung abbricht bei dem Entschlusse des Pfarrers, dumme Streiche zu machen indem er der Stadt zuwandert, er kommt durch ein enges Gässchen zur Hinterpforte des Gasthauses, findet durch einen dunklen Gang in die Gemächer die zur Einkehr des Herzogs bereitet sind, er findet ein eben angelassnes laues Bad, wirft die Kleider ab, steigt hinein, um sich von allem Unrath der Reise mit den Schweinen die er vor den Thoren der Stadt hatte den Studenten überlassen zu säubern, bedient sich der hierzu auf dem Tisch befindlichen Essenzen, der eintretende Bader muß ihm seinen geistlichen Bart zu einem adlichen Stutzbarte umwandeln, dann muß er ihm Hemd und Spitzenkragen anlegen, und ihn in den tausend Ellen weiten Pluderhosen mit eben so viel Bandschleifen in denen er sich verirret auf die er so oft in seinen Strafreden von der Kanzel geschimpft, zurecht weisen. Er entläßt den Bader, legt das fürstliche Staatsgewand vollends an tritt vor den Spiegel, erkennt sich und sein früheres Leben nicht mehr. Ein neues Licht, ein neuer Lebensweg gehen ihm auf, er denkt der Kümmernisse die er erfahren, wie er das von der Eigenmacht verspottete Leben gekostet, welche falsche Wege die Politik im Christenthum eingeschlagen, welche Verkehrtheit und Widerharrigkeit der Fürsten mit dem Volk, was sie mit Machtvollkommenheit beherrschen zu müssen glauben, während Vorurtheil und diplomatische Schleichwege ihnen den Athem versagen und die Schlinge um den Hals werfen; er entsinnt sich dessen was er auf Reisen in geistlichen Angelegenheiten wahrgenommen. Kurz, ein großer Geist die Kinderschuhe auswerfend steigt in blühender Kraft aus seiner Unmündigkeit hervor. Indem er das letzte des fürstlichen Ornates, Barett und Gnadenkette anlegt ist er ein vollkommner Herrscher im innersten Bewußtsein, wie es keinem Volke besser geträumt hat. Er tadelt des Herzogs schwankendes Vermittlen, er fühlt sich eine andre Kraft einen höheren Beruf, er wird ganz revolutionair gesinnt.

Herein tritt der Herzog mit seinem Gefolge, der Nothpfarrer verbirgt sich, der Fürst wird entkleidet um ins Bad zu steigen, am Fuße der Badewanne liegt die abgelegte zerrissene Schlangenhaut des Pfarrers der als neugeborner Götterjüngling hinter dem Bettpfosten steht. Oben auf dem schmutzigen Seifenwasser schwimmt der abgestutzte Bart. Der Herzog zieht entrüstet das Bein zurück, auf der Trockenwäsche ist des Pfarrers mit Binnenwasser gefärbtes Antlitz abgedrückt, die bestürzten Diener wissen sich nicht zu rathen, über dieser Verwirrung rückt ein Brausen aus der Ferne heran, der Volkslärm durchzieht die Straßen man vernimmt: das Schiff was den Kaiser bringe sei schon im Hafen, und er bereits auf dem Weg nach dem Rathhause. Nun ist guter Rath theuer, das Bad kann nicht genommen werden, mit Hast geben ihm Kammerdiener und Barbier noch den nöthigsten Beistand, der Barbier zwickt ihm den Bart schief ab, er schaut in den Spiegel, und sagt: ich sehe aus wie ein neugeschorner Pudelhund, die ganze Welt ist mir vergällt; es hilft nichts, er muß eilig fort, dem Lehnsherrn die goldnen Sporn abnehmen, den Zügel halten beim Absteigen, damit ist nicht zu spaßen. Es finden sich keine Pluderhosen, kein Spitzenkragen, kein Barett, keine Gnadenkette und kein Schwert, es hilft kein Schreien kein Zürnen er muß mit Gott das Alltagsgewand wieder anlegen, unten stampfen die Rosse Feuer aus dem Pflaster, die Frau Herzogin mit ihren Zofen und Pagen harret, daß er den Vortrapp nehme, so steigt er endlich als mäßiges Scheinbild eines Alltagsmenschen in den Prachtwagen. Nun tritt der Kaplan hervor ins leere Zimmer, belächelt den albernen Austritt, entsinnt sich wie ihn der Herzog bei seiner letzten Predigt durch den Pagen im Harnisch auf der Kanzel erschreckte, findet dies eine sehr artige Rache des Geschickes, er hört das Volk mit verstärktem Stürmen vorwärts drängen, der Donner des Geschützes das Läuten der Glocken nimmt zu, er schleicht sich der alten Hintertreppe hinab, am Hofthor findet er den Schinderkarren auf welcher die Haut seiner

Kuh ausgespannt in der Sonne bratet. Das Volk läuft zusammen, er fürchtet erkannt zu werden, und schlüpft unter die Haut in den Karren, alles läuft vorwärts, der Schinder mitten im Gedränge muß mit wo dieses sich hinwendet, und so ist er mit dem Karren bis zum Rathhaus gekommen, wo er im Tumult stecken bleibt, hier schlüpft der Pfarrer unbemerkt aus dem Karren, kaum zeigt er sich im fürstlichen Kostüm, als ihn das Volk im gewaltsamsten Freudentumult der Rathstreppe hinaufträgt, und so mit dem vermeintlichen allgemeinen Landesvater auf den Schultern dem Rathsaal zustürmt. Hier ergiebt sich aber eine andre Scene: alle Großen des Reichs, in schmerzlicher Betroffenheit umstehen den Herzog, welcher einen Mann in schlichtem Reisemantel hart angeht, daß er sich für den Kaiser auszugeben erdreiste, da er doch eben ihn noch am Weg zur Stadt begegnet wo ihn seine beiden Schweine die er zu Markte treiben wollen, in einen Graben gerissen. Unter den Volksstimmen hat sich eine leidenschaftliche Weiberstimme Gehör verschaft, welche versichert, daß er ihr noch am Morgen die Ehe versprochen, und blos weil er eine krepirte Kuh selbst abgeledert, so haben ihre Eltern welche die geistliche Würde hierdurch verunplimpft fänden ihr Jawort zurückgenommen, und zum Wahrzeichen stehe auch unten der Schinderkarren mit der abgezognen noch ganz frischen Haut des Thieres. O Weh! hat sich wohl je ein mächtiger Kaiser in einem schlimmeren Dilemma befunden als heute? —

Jetzt aber drängt der Zug durch die langen Reihen von Gemächern immer näher den Herrscher auf den Schultern tragend, der tolle Streit, wird durch Vivat und Mützenschwenken unterbrochen, der Herzog erblickt sein Barett, seine Gnadenkette, seinen Purpurmantel, seine Pluderhosen mit tausend Schleifen flatternd hoch in Lüften, er kann nicht zweiflen, es ist der Rothpfarrer abermals, aber zum Glück steht ihm und allen Streitenden und allen Zuschauern der Verstand still, denn sonst würde bis ihnen der Athem ausging der Streit sich nicht gelichtet haben. Der Mann im Reisemantel stürzt auf den im Purpurmantel los, indem er sein Ebenbild erkannt: „Geliebter Zwillingsbruder, den ich so lange schon suchte, Ich! der des Herrschens müde, weil Ungerechtigkeit die aus dem bösen Willen der Partreien, und der Herrschsucht dem Eigendünkel der Staatsmänner hervorging, mich mitschuldig gemacht, wie sehr hab ich mich gesehnt Dich endlich zu finden, Du der ein beschaulich Leben geführt, durch frühe Kenntnisse seinen großen Ruf begründet, durch Entbehrung eisern geworden; Dir gehört das Scepter!" — Der Rothpfarrer noch genau bekannt mit dem Bild das er so eben in des Herzogs Kleiderkammer im Spiegel erblickt, und dem er große Reden gehalten wie er besser regieren wolle, da er die

Noth des Volkes jetzt kenne, glaubte in den so wohl bekannten Zügen des Bruders, sein eignes Selbst ihn aus dem Spiegel anreden zu hören, er faßt sich kaum, es widerhallt in seinem Innersten bekräftigend, all was der durch Alleinherrschaft gewitzigte Bruder, ihm mit der Feuerkraft eines neu aufkeimenden Gewissens ausspricht, er betheuert daß er es satt habe in ewigem Widerspruch mit seiner höheren Natur zu kalkuliren statt zu handlen, im Feuer seiner Rede karakterisirt er seine Staatskrücken und Perücken, seine mottenfräßige Ehrenzobel von Diplomaten, seine ausgestopfte Fasanen von Kammerherrn seine Flederwische von Adjutanten, seine Pickelheringe von Gesandten, seinen gaackſenden Windeier legenden weiblichen Hofstaat. „Mit solchem Bettel mein geliebter Bruder, sollte ich Landesherr sein, den Alleinherrscher representiren, und die Hosenkackerlinge von Reichsverfassungsrepresentanten mit denen ich Wohl und Weh meiner Unterthanen abzuwägen hatte? — konnte ich da meinem Volke genügen? — konnte ich auch nur einen Augenblick das was mit so leidenschaftlich behaupteter Tyranei alle andre fürstlichen Zwecke verschlingt — die Alleinherrschaft, genießen oder üben? — Ward ich nicht durch jene selbst, die dieser Gewalt fröhnen, ihr geopfert? und mir wie einem elenden Sclaven Hände und Füße geschnürt um zu thun was ich aus eignem Willen gelassen haben würde und zu lassen was ich von Herzen gethan haben möchte? — Du aber der Du ganz derselbe wie ich, und doch in Deinem Geist der ihrer Obmacht Überlegene bist, Du wirst ihre Schlingen hinter Dich schleudern und sie werden durch ihre Ränke nur sich selbst verwicklen. Die Stimme die sie Dir verhalten wollen, die Stimme des Volkes wird in Deiner eignen Brust erklingen, da Du einst mitten unter ihnen ihre Noth getheilt, ihre Menschenwürde in Dir selber gekränkt fühltest, Deinen Purpur wirst Du nicht neu auffärben in ihrem Schweiß, sondern lieber in verschoßnem Gewand ihnen ein guter und großer Kaiser sein der für sein Volk sorgt wie für den eignen Leib an dem jedes Glied was schmezt ihm der Heilung und Pflege würdig deucht, weil auch das geringste unbeachtet, endlich den ganzen Leib könne erkranken machen." — — In diesem Augenblick unterbrach ein Zug von Hofprachtdamen die in aufgespreitzten Reifsrücken wie kalkutische Vögel einherzogen die wohlgemeinte Rede des abdankenden Kaisers in ihrer Feuerkraft, das Volk umher welches nie einen Herrscher aller Fischreußen so hatte sprechen hören war ganz perplex in der ihnen fremden landesväterlichen Rede die wohlbekannten Töne der Muttersprache erklingen zu hören. Es war alles so still im Volke man hätte können Gras wachsen hören, wäre es nicht gerade unter dem Rathhause gewesen wo die Gänse die man zu Markte trieb Platz nahmen, da bekanntlich an einem

Ort wo Gänse sich aufhalten kein Gras mehr wächst. Das Volk empfand sehr verdrießlich daß die Wunderrede, die so gewaltige Aufklärung auf es niederströmte unterbrochen wurde, indem ein Kreis von Pfauenwedel die windstille Luft in Bewegung setzte, in deren Mitte die Frau Herzogin im Paradeschritt dem großmächtigsten Kaiser entgegen rauschend, statt demselben zwei Nothpfarrer, von denen dem einen noch obendrein das federnwallende diamantfunkelnde Barett ihres hohen Gemahls auf dem Haupte tanzte. Bald wär sie versteinert im Kreis ihrer Damen, nur die liebliche Marielle im einfach weißen Gewande, geschmückt mit kleinen zierlichen Muschlen die sie in einsamen Nächten im Sand am Meer gesammelt, das Haupt zauberhaft leuchtend im Glanze eines mildstrahlenden Bernsteinreifes trat hervor, es war in etwas, Licht in ihrer Seele über diese Doppelerscheinung, doch nicht so, daß sie den einen und den andern unterschieden haben konnte, mit welchem sie als Geist verkehrt und welcher sie als Braut verschmäht hatte. Der Kaiser sein Unrecht doppelt empfindend in Gegenwart einer so reinen und gesunden Erscheinung aber auch gestärkt in seinem Vorsatze ihr den Thron zu überlassen und die Wahl des Bruders, beugte das Knie vor ihr, so that der königlich geschmückte Zwillingsbruder, einen Augenblick war sie unschlüssig, welcher ihrem Herzen der nächste sein möge, einen Augenblick nur, das Bildniß was der todten Kuh aus den Eingeweiden genommen war, blinkte unter dem Purpurmantel hervor, ein Blick ernster milder Fassung leuchtet unter diesen stolzen Brauen, ein hoffend Lächeln erblüht um den stolzen Mund, sie ist sein, er darf sie ans Herz drücken das so lang so schwer entbehrt hat, in geadeltem naturgemäßem Besitz entwickeln sich alle Gefühle, alles ist wahr, alles ist echt, sogar der Jubel des Volkes, das, so wie es vorahnend dem Geschick in die Zügel griff um es vorwärts zu reißen, wenn es den sich sträubenden wahntrunknen Nothpfarrer auf seinen Schultern der Krone entgegen trug, jetzt in organischem Wechselleben mit seinem Herrscher wie Stahl und Eisen zusammen geschweißt der beßt damaszirten Klinge gleich, stark ist jede Fessel zu durchschneiden die seine höhere Freiheit hemmt, jedes Verhängniß zu überwinden was es vom geliebten eingebornen Herrscherstamm loszureißen droht.

Frau von Saverne.

(Eine Erzählung.)

Der amerikanische Krieg hatte England gedemüthigt und den Ruhm der französischen Waffen hergestellt, ganz Frankreich jubelte und besang die Weisheit seines Königs Ludwig des Sechzehnten. Weil das weibliche Geschlecht dort etwas mehr als in andern Ländern an den öffentlichen Angelegenheiten Theil nahm, so wurde auch manche Frau von der Begeisterung für den König ergriffen, nur hielt sich diese mehr an die Gestalt und Person als an die Weisheit, die nur eine allegorische Figur sein kann. Es war nichts Seltenes in Frankreich, des Königs Brustbild, mit Blumen geschmückt, wie einen Hausgott in den Schlafzimmern reicher Frauen zu finden, wo sonst nur Haubenstöcke und Modepuppen gesehen wurden. Allmählig war dieser Enthusiasmus, wie alles in der unruhigen tadelsüchtigen Hauptstadt verschwunden, der König wurde um schlechtes Wetter, verdorbenes Mittagessen und langweilige Liebhaber verlästert, erst schwanden die Blumen, dann wurden die Brustbilder als Haubenstöcke gebraucht, bald erschienen Karrikaturen, während entferntere Provinzen noch in Ehrfurcht und Bewunderung zu dem fernen Könige verharrten. Niemand war so eifrig in ihrer Verehrung wie Frau von Saverne, die reiche Wittwe eines päbstlichen

Beamten zu Avignon. Als eine geborne Französin, sie war Tochter des reichen Seidenfabrikanten Lonny in Lyon, — hatte sie das Recht, in dem Könige den Landesvater zu ehren; sein Brustbild war ihr höchster Schatz, zum Ärger des Beichtvaters, der lieber das Bild ihres Schutzpatrons an die Stelle gesetzt hätte. Sie vergaß alle Freunde und Verehrer bei dem Wunsche: in Paris die Strahlen der königlichen Huld in der Nähe mit zu genießen. Vergebens suchte ihr Beichtvater diesen Entschluß zu hindern, er sprach zu ihr von der Neigung seines damals abwesenden Bruders, des päbstlichen Hauptmanns, aber Frau von Saverne wollte wenigstens einmal den König sehen, sie glaubte sonst nicht ruhig leben zu können, und meinte: der Wunsch sei so unschuldig, so natürlich, und wenn sich andre Frauen der Gegend nach Paris begäben: um dort ungezwungen mit Liebhabern zu schwärmen, so sei es wohl ihr vergönnt, der reinsten Schwärmerei etwas zu erlauben, welche die Anhänglichkeit an den Vater ihres Vaterlandes erzeugt habe. Der Beichtvater aber blieb dabei: kein Mensch müsse in guter Absicht nach Paris gehen, sonst werde er betrogen; habe Einer etwas Böses vor, nun so fände er da seinen Spielraum.

Unterweges erinnerte sie sich oft des Gesprächs und mußte des Erbfeindes von Paris lachen, der ohne sie zu kennen, eine halbe Million Menschen verdammte;

aber unangenehm blieb ihr immer sein letztes Wort, als sie des Königs Büste sauber einpackte: „Jetzt beschweren sie ihren Wagen mit dem Bilde, und werden die Kiste sorgsam wie ein Kind auf ihrem Schooß wiegen, aber wenn sie zurück kommen, nehmen sie kein Geldstück mit dem Bilde ohne Schauder in die Hand; so werden sie ihre Lust büßen." Aber sie schob das Alles auf den Ärger, den der Mann empfunden: daß sie ihr dortiges Vermögen einkassirt habe, statt es dem Kloster zu vermachen, noch mehr auf den Verlust des guten Tisches in ihrem Hause. Am verdrießlichsten war es ihr, daß er ihrem Mädchen abgeredet hatte, sie nach der Frevelstadt zu begleiten, sie mußte nun eine Pariserin mitnehmen, welche gleichfalls den Wunsch gehegt hatte, dahin zurück zu kehren. Dies Mädchen hieß Manon, war längst über die Jugend hinaus und hatte im Auslande die Kinderlehrerin gespielt; sie wußte viel von ihren Schicksalen zu erzählen, aber es war immer, als ob der Faden fehle, der all das Seltsame verbinden sollte; Frau von Saverne konnte ihr nicht recht vertrauen. Übrigens wußte das Mädchen in Paris Bescheid, nannte die Straße, durch welche sie einfuhren, ließ den Wagen bei einem Hotel stille halten, wo die Wirthin sie freundlich bewillkommte, auch sogleich die gewünschte Wohnung einräumte. Ehe noch die schwere Chatoulle und die Büste, auch alle andre mitgebrachten Sachen aufgestellt worden, wollte Frau von Saverne nach den Tuillerien eilen, unter Führung ihrer Wirthin, um keinen Augenblick zu verlieren, wo sie vielleicht den geliebten König erblicken könne. Als die Wirthin diesen Grund ihrer Reise heraus gebracht hatte, schüttelte sie mit dem Kopfe und versicherte: bei ihnen stände kein Mensch mehr auf, wenn er warm säße, um den König zu sehen; er hätte dies und jenes gethan, könne auch wohl noch dies und jenes thun. Frau von Saverne verstand keinen Scherz über so etwas, sie gebot ihr zu schweigen, aber die Frau lachte höhnisch und versicherte: sie werde den König doch nicht sehen, denn er sei in Versailles. Kaum hatte die gute Saverne das gehört, so eilte sie mit Ungeduld, Pferde zu bestellen, und trotz dem Verdruß ihrer Kammerjungfer reißte sie nach Versailles noch an demselben Tage, nachdem sie eine Monatsmiethe der Wirthin geschenkt hatte. Sonderbar war es ihr, daß ein Reiter den Wagen bis nach Versailles begleitete, den Niemand kannte und der auch mit ihr an demselben Hotel abstieg; inzwischen war ihr Manches wichtiger, doch behielt sie sein Gesicht in Gedanken. Die Leute in dem Hotel kamen ihr in seltsam neugieriger Art entgegen, sie schienen zu wissen: daß sie den König sehen wolle und sagten ihr: daß er wegen Unwohlsein jetzt selten den Garten besuche. Sie beklagte mit Lebhaftigkeit seine Krankheit; die Leute lächelten und sagten: es habe keine Gefahr. Frau von Saverne fand den Ort reizend und ganz nach ihrem Geschmacke, sie sprach davon, sich da anzukaufen, besah Häuser in der Nähe des Schlosses, war aber verwundert, daß keiner der Besitzer mit ihr einen Handel eingehen wollte, obgleich sie ansehnlich über den wahren Werth bot. Ihre Lebensweise richtete sie sehr einfach ein; die Buchhandlungen lieferten ihr einen Reichthum an Büchern über die Geschichte Frankreichs und des letzten Krieges, die Wirthin sorgte für ihren Tisch, die Kammerjungfer blieb ihre einzige Gesellschaft, da sie bei ihrem verstorbenen Manne, der sehr einsam lebte, sich des Umgangs entwöhnt und am wenigsten Verlangen danach in der Fremde hegte, die ihr Beichtvater als höchst verderbt und betrügerisch schilderte; Morgens waren es die Bücher, Nachmittags der Schloßgarten, der sie anzog und beschäftigte.

Da im Garten eben eine neue Terrasse angelegt wurde, so waren stets viele Arbeiter versammelt, die einmal in den Ruhestunden mit einander über ihre Geschicke sprachen, als Frau von Saverne in der Nähe auf einer Bank saß. Sie hörte, wie der Eine die Gefahren beschrieb, welche er als Gefangener im letzten Kriege unter den Wilden überstanden und wie er nun für das Alles keinen Lohn empfange. Das ergriff sie; sie trat zu dem Manne, drückte ihm ein Goldstück in die Hand und sagte: „Euer gerechter

König wird für Euch sorgen, nehmt indessen die Kleinigkeit an!" — Der Mann dankte und sah ihr verwundert nach und die nächsten Tage fand sie sich von manchen Arbeitern um Geld angesprochen, die Alle ihre Thaten im Kriege und ihr Unglück berichteten. Sie gab Jedem etwas gegen die Erinnerungen ihrer Kammerjungfer, welche alle die Leute Lügner schalt. „Hätten sie auch gelogen," sagte Frau von Saverne, „wozu gab mir der Himmel Vermögen und einen genügsamen Sinn, wenn ich meinen Überfluß nicht verschenken dürfte?" Die Kammerjungfer klagte: daß sie auf diese Art ihr Vermögen verschwenden werde, doch Frau von Saverne verwieß sie auf den Spruch der Bibel: daß Jeder sich Freunde machen müsse mit dem ungerechten Mammon, damit er aufgenommen werde in den ewigen Hütten. — „Ich sehe sie schon in einer Hütte, in einer recht armseligen Hütte noch hier auf Erden!" antwortete das vorwitzige Kammermädchen. Allmälig wurde der guten Frau das Einreden dieser Person unleidlich sie sollte fort, behauptete aber: sie könne nicht fortgeschickt werden; auch brachte sie einen Polizei-Offizianten zu ihr, der versicherte: das dürfe nicht vor dem Ablauf einer gewissen Zeit geschehen, da sie keine gegründete Ursache zur Klage habe. Frau von Saverne kannte die Gesetze nicht, der Polizei-Officiant war ein Musterbild aller grobdreisten Gemeinheit, die damals noch den Meisten anklebte, die sich zu dieser widerlichen Beschäftigung hergaben; sie beschloß aus Furcht vor den Ungezogenheiten des Mannes die Zeit geduldig abzuwarten, obgleich sie ihr sehr lang wurde.

Das Mädchen war noch in ihrem Dienste, als es hieß: der König werde an einem Abend zum Erstenmal den Garten besuchen, um seine Herstellung zu feiern. Das war ein Tag der Freude; Frau von Saverne schmückte die Büste des Königs am Morgen und war Nachmittags die Erste in der Nähe der Thüre, aus welcher der König heraustreten sollte. Bald sammelten sich Leute und sie bemerkte in ihrer Nähe eben den Menschen, der sie von Paris nach Versailles begleitete, dessen häbernes Gesicht mit ungeheurem Munde ihn einem Nußknacker ähnlich machte; sie mußte ihn späterhin immer so nennen. Die Schweizer gaben das Zeichen: daß der König komme, Frau von Saverne beugt sich vor und wird von Einigen weiter gestoßen, in dem Augenblicke aber von dem Nußknacker zurück gerissen, mit dem Bedeuten: es sei einer Frau nicht anständig, sich dem Könige so in den Weg zu drängen. Sie antwortet, aber der Mann zieht sie unerbittlich fort, während die Menge ihr: Vive le Roi! schreit und der lang ersehnte Anblick ihr auf diese Weise entzogen wird. Die Menge folgt jetzt unbändig dem König, der Augenblick ist versäumt, kaum kann sie ihre Thränen mäßigen, sie fühlt sich gekränkt und wird von mehreren Leuten, die sich zu Jenem gesellten, noch verspottet. Als sie trostlos nach Hause kam, fand sie einen Unglücklichen, der ihr Mitleid ansprach, weil sie wegen ihrer Milde bekannt sei, er im Kriege ein Bein verloren habe und sich jetzt in seinem Handwerk niederlassen und heirathen wolle, sie möchte ihm ein Kapital leihen, er bringe ihr die besten Zeugnisse über seinen Fleiß und sein Geschick. Sie vergaß ihren Gram, meinte: daß sie zu dieser Wohlthat von dem Feste in höherer Fügung entfernt worden sei und gab dem Menschen tausend Livres mit der Erinnerung: es ihr ohne Interessen wieder zu zahlen, wenn er einmal sich reich gearbeitet habe, heute aber dem Könige zu Ehren ein Glas zu trinken, da er dessen Herstellung die Wohlthat danke. Der Mann wollte ihr zu Füßen fallen, aber sie sprang in ihr Schlafzimmer. Gleich darauf hörte sie ein heftiges Zanken im Vorsaale, die Kammerjungfer rang mit dem Stelzfuß und schrie immer: ihre Herrschaft habe nichts zu verschenken, sie sei unter Aufsicht; bald kam auch der Polizei-Officiant und suchte das Geld zu nehmen. Frau von Saverne trat hinaus und sprach für den Stelzfuß; die Leute gaben auch nach, aber sie wurde so fremdartig angeblickt, daß sie bald betroffen auf ihr Zimmer ging und des Beichtvaters, sie wußte nicht warum, denken mußte. Sie betete an dem Tage sehr viel und mußte sich wieder über das

Kammermädchen ärgern, die ihr auseinander setzte: sie möchte lieber eine Komödie des Moliere zu ihrer Zerstreuung lesen, lieber zwei tausend Livres für ein gesticktes Kleid als ein tausend an Arme ausgeben.

Am nächsten Tage trat der Nußknacker in einem gerichtlichen Kleide mit einem anderen Manne herein, der sie halb lächelnd, halb scheu ansah. Er sagte ihr: daß er vom Gerichte abgeschickt sei, Erkundigungen über ihr Vermögen einzuziehen, weil mehrere Anzeigen gegen sie eingelaufen wären; der Andre that, als ob er ihre Hand küssen wolle, befühlte ihr aber den Puls. Befangen und überrascht setzte sie keinen Zweifel in die Richtigkeit des Geschäfts und da ihre Angelegenheiten sehr einfach waren, so konnte sie dem Antrage mit einer leichten Übersicht ihrer Papiere genügen. Nachher wurde von gleichgültigen Dingen gesprochen, doch brachte der Andre die Rede auf den König, und sie verhelte nicht in ihrer südlichen Lebhaftigkeit: welche große Erwartungen sie noch für das Wohl ihres Vaterlandes von der Güte und Einsicht des Königs hege. Die beiden Leute sahen sich bedenklich an und nahmen dann Abschied mit der Versicherung: noch an dem Tage wieder kommen zu wollen. Nach Tische wollte Frau von Saverne den gewohnten Spaziergang nach dem Schloßgarten unternehmen, aber vor der Thür kam ihr der Nußknacker allein entgegen und versicherte: sie müsse sogleich in den Wagen steigen, den er eben habe kommen lassen, um dem Gerichte noch selbst Rede und Antwort zu geben.

Vergebens wandte sie ein: daß er keinen schriftlichen Befehl bringe, daß sie ihm ohne einen solchen und ohne Berathung mit einem Advokaten nicht folgen werde, er drohte, sie mit Gewalt fort zu schaffen, wenn sie die Güte nicht benutze. Bei dieser Drohung ergriff er ihre Hand, sie schrie um Hülfe, es eilten Mehrere herbei, aber auch der Polizei-Officiant trat hinzu. Einige der Umstehenden sprachen für sie, aber sobald der Nußknacker ihnen etwas zugeflüstert hatte, traten sie mit Achselzucken zurück; sie bat flehentlich Alle: ihr nur zu sagen, was man mit ihr beginne. Als sie die Umstehenden so jammernd anredete, daß Vielen die Thränen in die Augen traten, packte der Polizeimann sie um den Leib, um sie in den Wagen zu tragen, wobei ihm der Nußknacker sogleich beistand. Die Indignation aber gab der kleinen Frau eine seltene Kraft, sie rang, alles wurde ihr zur Waffe; unter dem Zujauchzen des Volks waren die beiden Feinde blutig gezeichnet zurück geschlagen, und sie trat erschöpft, athemlos taumelnd in ihr Zimmer zurück. Aber fremde Männer sprangen bald in ihr Zimmer und blieben da, ohne ein Wort auf ihre Fragen zu antworten, verließen sie auch nicht, als es Nacht wurde. Jetzt bedauerte sie: keine Bekanntschaft gemacht zu haben, sie rief nach dem Wirthe, Niemand kam; sie wollte hinaus gehen, wurde aber von den Männern mit Achselzucken zurück gewiesen. Sie zog sich nicht aus, sie schrieb einige Briefe an den Beichtvater und an väterliche Verwandte nach Lyon, die Briefe waren unverständlich, denn sie wollte ihre Lage nicht deutlich machen, nur ihre Freunde reizen: ihr zu Hülfe zu kommen; ja sie wußte eigentlich selbst nicht, in welcher Lage sie sei und wessen man sie beschuldige. Ehe sie die Briefe beendete, fuhr ein Wagen vor, es stiegen Männer aus, kamen zu ihr und banden sie mit seltsamen Binden, während sie bemerkte, daß Einer ihre Chatulle nahm, ein Anderer ihre Schränke verschloß und ihre Briefe durchlas. Sie wollte schreien, aber im Augenblicke war ihr der Mund zugebunden. Nun gab sie allen Widerstand auf, ein Schleier deckte ihre Augen, sie wurde in einem Männer-Mantel die Treppe hinunter getragen und in einen Wagen gesetzt, der dann in gewaltiger Eile mit ihr fortrollte. Die Ermattung versenkte sie oft in Schlaf, aber das heftige Stoßen des Wagens erweckte sie wieder, doch konnte sie nicht berechnen, wie lange sie gefahren, als der Wagen stille hielt und sie mehrere Treppen hinauf in ein Zimmer getragen wurde, wo alle Binden ihr abgenommen und ihr ein Bett in der Nähe von zwei andern Bett-Lagern angewiesen wurde, aus denen seltsame überkluge weibliche Gesichter hervor stierten. Sie fragte: wo sie wäre? Niemand antwortete; mit bedeutender Geberde verwieß man sie zur Ruhe. Darauf wurde sie mit den beiden Andern allein gelassen, die nun anfingen zu reden und dreist behaupteten: sie sei am Hofe, wobei sie sich ihrer Anstellung freuten. Am Morgen faßte sie sich im Gebet, bezwang ihre Heftigkeit, suchte ihre Klugheit obenauf zu bringen und war sehr gefaßt, als derselbe fremde Herr eintrat, der damals mit dem Nußknacker sie besucht hatte. Von seinen Begleitern wurde er Doktor genannt, diese sahen aus wie Schüler, welche sich vor Kranken ein Ansehn von Erfahrenheit geben wollten. Der Eine trat zu ihr und fragte: „ob nicht der König der schönste Mann in ganz Frankreich sei?" — Sie antwortete: „Nicht nur der schönste, sondern auch der beste, aber er hat viele schlechte Diener." Als sie das gesagt hatte, winkte der Doktor; sie wurde von starken Männern in ein Rad gesetzt und schrecklich gedreht, daß sie zu sterben meinte. Kaum heraus gebracht fragte man sie wieder nach dem König, da antwortete die Erschöpfte: „Er kann seine vielen Kinder nicht schützen, Gott sei uns gnädig!" „Es hat schon geholfen," sagte der Doktor, „fahren sie alle Tage so fort, „der Wahnsinn ist durch die sitzende Lebensart, politische Schwärmerei und unbefriedigte Liebe entstanden." Nun stürzte die unglückliche Frau jammervoll zusammen, sie sah, daß sie des Wahnsinns beschuldigt worden, daß ihr darum Vermögen und Freiheit genommen. Wer hatte diese Gerüchte verbreitet? Sie dachte umsonst nach, doch fiel ihr die boshafte Kammerjungfer ein; oder strebte Jemand nach ihrem Vermögen? Sie bemerkte bald aus dem Reden der läppischen Schüler des Doktors: daß ihre Verehrung für den König den Schein gegeben, daß ihre Freigebigkeit ihn vermehrt und ihre Einsamkeit Jedermann darin bestärkt hatte. Aber war es denn nicht möglich, Alles dem Doktor deutlich vorzustellen? Sie versuchte es oft, aber kaum hatte sie einige Worte gesprochen, so lächelte der Doktor selbstgefällig und schickte sie in das schreckliche Drehrad. Ihr Muth wuchs mit der Verzweiflung, kein Drehen vermochte mehr ihre laute Anklage zu ersticken; sie wurde in Wasser getaucht, nichts überwand ihre Klage über Grausamkeit; der Doktor erklärte den Schülern: die Frau sei unheilbar und sprach dabei recht herzliche Worte voll Mitleid über ihren Zustand aus. Sie konnte ihm nicht zürnen; er wäre vielleicht ein tüchtiger Vieharzt gewesen, das böse Geschick hatte ihn über Menschen gesetzt. Mit Schauder sah sie den Folgen dieser Erklärung entgegen; eine ewige Gefangenschaft schien ihr bevor zu stehen und schon jetzt entbehrte sie aller Bequemlichkeiten und wurde nur spärlich und schlecht genährt. Der Entschluß, ihrem Leben ein Ende zu machen, reifte in unsäglicher Seelenangst; sie stützte eben tiefsinnend ihren Kopf mit beiden Händen, als eine fremde und doch bekannte

Stimme sie erschreckte. Sie fuhr auf; es war der Nußknacker, der, wie er sagte, dem Interesse nicht länger widerstehen konnte, sie zu sehen. Er bedauerte ihr Schicksal, sie faßte Vertrauen und bat ihn um ein Mittel zum Retten, er warf hin: daß es nur eines gebe: wenn sie ihn heirathen wolle, der Polizei-Chef und der Doktor wären seine Freunde und Beide gute dumme Teufel, er könne sie zu Allem bereden, ihre Schönheit habe ihn bei dem ersten Anblicke gerührt. — „Und mein Vermögen?" fragte, ihm Hoffnung gebend, die Schlaue, nur um zu wissen: wo es bliebe. — „Ihr Vermögen," fuhr er fort, „setzt mich in den Stand, mein unangenehmes Geschäft aufzugeben." — „Ich kann nicht leben in Paris, mir ist hier zu Schreckliches begegnet," sagte Frau von Saverne, „kommen sie mit mir nach Avignon, haben sie wohl von Petrark's Höhle gehört?" — Der Nußknacker schrie in Wonne auf: der Süden sei seine Sehnsucht, und Petrark sein Liebling. — Frau von Saverne war erfreut, sie schlug ihm vor: dort ihre Vermählung zu feiern, aber er müsse auch den Doktor bereden, sie dahin zu begleiten, da er eigentlich unwissend ihre Vereinigung bewirkt habe. Der Nußknacker erklärte sich zu Allem bereit, er rechnete ihr vor: welch ein Haus sie machen könnten, denn er hatte ihr Vermögen genau untersucht; er war so eitel, daß er nicht glauben konnte, eine solche Frau wolle ihn täuschen. — Bald holte er Frau von Saverne als gänzlich unheilbar fort, — aber nicht in das Haus für die Blödsinnigen führte er sie, wie er vor den Leuten sagte, sondern nach Versailles, daß sie ihre Sachen durchsehen und alles schnell zusammen packen solle.

Sie fand Alles wieder, nur nicht ihre Chatulle; sie packte Alles ein, nur nicht die Büste des Königs, die sie ohne ein inneres Schrecken nicht anblicken konnte. Ihr Vermögen, meistens sichere Papiere, hatte der Nußknacker zu sich genommen, dies verhinderte sie an der Ausführung ihres ersten Planes: gleich ohne ihn zu entfliehen, aber es machte auch ihre Rache vollständiger. Schon nach einer Woche kam der Nußknacker mit dem Äsculap und zeigte sich bereit zur Fahrt; der Letztere eignete sich ihre Herstellung als eine Nachwirkung seiner Heilmethode und des herrlichen Drehrades zu, das er als seine Erfindung ihr anpries. Sie dankte und versprach ihm zum Lohne in Avignon das schönste Loos aus dem Glücksrade: eine junge reiche Schwägerin. Übrigens sah sie bei der Abreise genau zu: wohin ihre Chatulle gestellt wurde und ließ sie selten aus den Augen. Unterweges unterhielt sie sich in größter Ruhe über die Polizei; der Nußknacker setzte ihr gleichgültig aus einander: daß diese Gewalt, seit dem Sinken aller Verfassung, als die einzige Macht im Staate anzusehen sei, daß selbst der Herrscher nur so lange bestehe, als sie es wolle, alle Wirthe, alle Bediente und Kammermädchen wären in deren Solde. Die Eröffnungen beängstigten die arme Frau von Neuem, wie ward ihr so wohl, als sie das päbstliche Wappen wieder erblickte, als sie in ihrem Hause wieder abgestiegen war. Ihre Begleiter mußten in ihrem Hause wohnen, sie versicherte verschämt: daß sie noch heute mit ihrem Beichtvater reden wolle, um ihre Hochzeit sogleich feiern zu können. Der Nußknacker sang die lieblichsten Arien in seliger Erwartung, er kam sich selbst wie ein Petrarka vor und sprach nur von seiner Laura; er kümmerte sich nicht mehr um die Chatulle, welche sogleich in Sicherheit gebracht wurde. Als der Beichtvater kam, weinte Frau von Saverne heftig, und nannte ihn einen Propheten. Er zeigte ihr ein Geldstück mit König Ludwigs Bilde, sie mochte es nicht ansehen. „Unter der dreifachen Krone ist besser wohnen, als unter der einfachen," sagte der Mönch, „ich weiß Alles; ein Bruder, der Sie in Paris aufsuchte, aber zu spät kam, hat mir Alles berichtet; führen Sie die Herren heute Abend nach dem Kloster, sagen Sie ihnen: daß ich in meiner Kirche die Ehe nach hier gewöhnlichem Gebrauche noch heute einsegnen wolle; sagen Sie mir kein Wort dagegen, Sie können denken, daß ich Sie lieber dem Teufel als einem dieser Bösewichter vermählen würde;

aber ich will nicht nur die guten Herren, ich will auch Sie überraschen."

Wie war der Bräutigam so froh, als er die Nachricht von der nahen Vermählung erhielt, zugleich erzählte er: daß er Hoffnung habe, die Polizei in Avignon auf französischen Fuß einzurichten, er versprach dem Doktor schon die Medizinal-Aufsicht über das ganze Ländchen. Wie ging er so stattlich neben der schönen Frau in das Kloster und sprang zum Beichtstuhl, als ob es ein Unter-Büreau der Polizei sei. Wie wußte er so gar keine Sünde von sich dem Beichtvater zu beichten, die Geschichte mit der Frau von Saverne nannte er eine wohlgelungene Zärtlichkeit; ihm wurden dafür sechs Vaterunser an einem dunklen Orte zu beten aufgegeben. Er meint ich bin ein Kind, sagte er vor sich hin, daß mich ein dunkler Ort schrecken könnte! Er lachte fast, als er den Doktor noch zur Gesellschaft in der dunklen Kammer bekam. Sie traten in einen Verschlag, der nach Eseln roch, eine Thür wurde hinter ihnen zugeschlossen. Hier mag schon mancher Esel gebetet haben, scherzte der Doktor, ich singe den Marlborough sechsmal statt dessen. „Aber was ist das," sagte der Doktor, „der Boden bewegt sich, Hülfe, Hülfe!" — „Ein Erdbeben," rief der Nußknacker. Aber unaufhaltsam schneller mit jedem ihrer Schritte bewegte sich der Boden fort, sie selbst trieben ihn zur Bewegung, denn sie standen im

Tretrade der Ölmühle des Klosters, in der sonst mehrere Eselpaare sich in dem Geschäfte ablösten. Sie mußten laufen, um nicht über zu fallen; die Mühle regte sich und wie alle in schönster Bewegung war, die Beiden atheinlos keuchten, erhellte sich Alles durch das Gitter der Mühlenseite. Der Beichtvater stand da mit Frau von Saverne und fragte: ob sie mit ihrem Gebete noch nicht fertig wären? Frau von Saverne sagte: wenn sie länger auf ihren Bräutigam warten sollte, da nähme sie lieber einen andern Mann, der sie gegen List, Gewalt und Langeweile schützte. Der Nußknacker wollte antworten, aber in dem schrecklichen Laufen brachte er nur wilde, lächerliche Töne zusammen; die Mönche in der Mühle tanzten lachend umher, sie sahen in der Sache nur den Scherz, nicht das Leiden der armen Saverne, das von dem Beichtvater so passend gerächt wurde. Wenn das nicht hilft, so sind sie unheilbar dumm, rief er zum Doktor; wenn sie das nicht bessert, sagte er zum Nußknacker, so sind sie unheilbar böse. — Jetzt erschien ein junger Offizier, der Bruder des Beichtvaters, von welchen er der Frau von Saverne vorgestellt wurde. Sie verwunderte sich, erröthete und sprach: „Wir kannten uns wohl, aber warum ließen Sie nichts von sich hören nach dem Tode meines Mannes? — so lange er lebte konnte ich freilich Ihre Zudringlichkeit nicht dulden." — „Ich glaubte, daß Sie

mich

mich haßten," sagte der Offizier, „und wagte nicht, mich Ihnen wieder zu nahen." — „Die Bescheidenheit war dumm," sagte der Beichtvater, „Ihr wolltet Beide mich nicht hören und habt Beide viel darum gelitten, folgt mir jetzt und vermählt Euch heute zur Buße, wenn der Herr da keine Einwendung macht." — Der Mann im Tretrade schrie: „Nein! Nein!" — „Er will es noch nicht zugeben," sagte der Beichtvater, „er muß noch länger treten." — „Ja, ja, geb's zu!" brachte der Nußknacker heraus. — „Wohlan," rief der Beichtvater, „die gnädige Frau ergiebt sich in ihr gutes Schicksal, Ihr beiden Sünder sollt Zeugen ihres Glückes sein und noch heute Abend von unsern Landreitern über die Grenze gebracht werden, wenn Frau von Saverne sich von allen ihren Leiden ausruht. Als Dank für Eure Bemühung erhaltet Ihr die zu Versailles zurückgelassene Büste, wir wollen statt derselben das Bild des heiligen Petrus in das Zimmer der gnädigen Frau stellen."

Wie kamen die beiden Zeugen aus dem Rade zum Vorschein! wie war dem Nußknacker sein seidner Hochzeitstaat zerplatzt! der Doktor gestand: daß er nun erst wisse, warum den Wahnsinnigen die Drehmaschine so unbequem sei, er wolle sie nie wieder brauchen.

Die Hochzeit der Frau von Saverne, die Fortschaffung der beiden Zwangzeugen über die päbstliche Grenze erfolgte, wie es der Beichtvater eingerichtet und angezeigt hatte. „Nun," sagte er am andern Morgen zur Schwägerin, „die Polizei eines Beichtvaters ist doch wohl noch erträglicher als die Polizei gewissenloser Staatsbeamten? Unsre Fasten sind doch noch erträglicher als die Mittelchen, die so ein Doktor für Andre erfindet, ohne sie je an sich zu versuchen. — Möchten doch alle Charlatans, alle Gesetzgeber die Wirkung ihrer dummen Einfälle so an sich erst einmal versuchen, wie diese Herren, ehe sie damit alle Welt in Versuchung und Verzweiflung führen."

Juvenis.

(Eine Erzählung.)

Zur Osterzeit nach dem Abendessen, das aus bunt gemalten Eiern bestanden, setzte sich die uralte Wittwe des jüngst verstorbenen Rektors in dessen verlassenen wohlgepolsterten Großvaterstuhl und sprach zu ihren unruhig lustigen Kostgängern: „Liebe Kinder, heute habt Ihr bei mir zum letztenmal das Abendessen eingenommen; Gott segne es, der Euch so weit geholfen hat. Ihr aber denkt nicht daran, wie Ihr waret, als Ihr zu mir gekommen, klein und unwissend, sondern nur, was Ihr geworden und was Ihr bald seid; ja morgen sind viele von Euch Herren Studenten; aber warum gebt Ihr Euch heute schon ein Studenten-Ansehen in barschen Redensarten, selbst in der Kleidung? Ich habe wohl die Pfeifen mit den großen Quasten in den Rocktaschen gesehen und Ihr könnt doch noch nicht rauchen. Aber was viel schlimmer als das, Ihr singt mit einem rauhen Tone, der Euch schwer wird zu halten, mir alten Frau lateinische Lieder vor, deren Ihr Euch schämen würdet, wollte ich sie Euch übersetzen, und ich sage Euch: daß ich meinem seligen Manne durch die Schule gelaufen bin und hier an seiner Stelle sitze und sein Amt verwalte, Euch beim Abschiede zu warnen, denn das hat er mir vorige Nacht im Traume aufgegeben. Schämt

Euch solcher leichtfertigen Lieder und Späße bei dem Übergange aus einer Schule in die andere; denn seht, überall sind die Grenzen nicht recht sicher, sterbende Menschen haben seltsame Anfechtungen zu überstehen, auch die Mitternacht ist als Grenze zweier Tage verrufen und die Leute sagen, daß sich dann die Geister sehen lassen, die sonst in ihrem Reiche wohl bewacht und eingefangen sind." — „Liebe Frau Rektorin," sagte Einer, „Sie werden doch nicht an Geister glauben?" — „Ich habe wichtigere Sachen zu glauben," antwortete die Frau, „ich habe es noch nie der Mühe werth gehalten, mich ernstlich zu befragen ob ich an Geister glaube; genug die Furcht ist da in der Mitternachtstunde, so wird auch Gottes Liebe nicht fern sein, die sicher Jeden vor Geistesschrecken bewahrt, dem solche Anmahnung nicht dienlich ist. Es giebt aber Erscheinungen im Geiste der Menschen, die mir viel merkwürdiger sind als solche Geistererscheinungen und doch vielleicht von ähnlicher Art. So habe ich schon manchmal des Juvenis erwähnt, der mir unter allen Kostgängern und Hausgenossen, die ich seit funfzig Jahren hier bewirthe, der liebste war; aber Ihr kennt wohl noch nicht seine Geschichte?" — „Nein," riefen Alle und Viele baten: daß sie erzählen möchte; sie fuhr fort: „Juvenis war von unbekannten Eltern frühzeitig meinem Manne zugeschickt worden; in seinem ganzen Wesen war ein unverkennbarer Stempel eines höheren Friedens und einer Anmuth ausgeprägt, die ihn Jedermann empfahl. Oft meine ich: ihn noch dort in der Ecke am Tischchen bei seiner Arbeit zu sehen; er bedurfte zum Guten keines Antriebes, nie haben wir Ursach gefunden, ihm ein böses Wort zu sagen. So stieg er früh zur Universitätsreife an und das war sein einziger Stolz; er wollte sich ganz den Wissenschaften und Künsten ergeben und sich durch gar nichts auf diesem Wege stören lassen, es gehe ihm wie es wolle; und wenn ich ihn aufmerksam machte, daß er doch einst für Frau und Kinder sorgen müsse, so schwor er, daß er nie heirathen wolle. Kommt Zeit, kommt Leid! sagte ich, deine Stunde wird auch schlagen, mein Sohn. Nun war es vor dreißig Jahren zur Osterzeit, nachdem er seine Abschiedsrede zum Lobe der Wissenschaft und Künste mit großem Beifall gehalten hatte, daß er hier mit glühenden Wangen im Zimmer auf und nieder ging, bald in der abgegriffenen Handschrift seiner Rede blätterte, sich freute, nirgends stecken geblieben zu sein und mich dann fragte: welche Stellen wohl jetzt in den Ohren der Zuhörer noch klingen möchten? Dann klopfte er wieder den Staub vom Ärmel des neuen schwarzen Rockes und besah vielleicht zum erstenmal mit Wohlgefallen im schwarzen Rahmen des Rockkragens sein frisches Angesicht das noch vom Redefeuer durchglüht war; dann las er mir die

Censur vor, die ihm zu den höchsten Ehrenstellen Hoffnung gab und zeigte mir das schöne Prämium, das ihm zugetheilt worden. Ich sah wohl, daß er durch die Bewegung dieser vielfach schmeichelnden Gefühle etwas aus dem Geleise gerückt war, aber ich mochte diese Selbstzufriedenheit mit keiner Warnung stören. Inzwischen klopfte es; ein Diener der Handlung trat ein, von der wir gewöhnlich das ihm bestimmte Geld abzuholen pflegten, sprach allerlei von Saldo, was ich nicht verstand, zählte aber dabei sieben Thaler auf den Tisch und legte einen Brief hin von der unbekannten Mutter und empfahl sich. Juvenis las den Brief laut vor; die Mutter schickte ihm das Geld, daß er sich damit eine Freude machen solle nach der Anstrengung; zugleich ermahnte sie ihn, nachzudenken, auf welche Art des Erwerbs er seine Studien richten wolle; denn sie wisse nicht, wie lange sie noch werde im Stande sein, ihn zu erhalten. Die Güte der Mutter und die unbequeme Anmahnung derselben vermehrten die Bewegung, in der er sich befand; sein jugendlicher Muth forderte kühn die Geschicke heraus, ihn in seinem Lauf zu hindern: das Denken könne doch Niemand und nichts hemmen; auf diese Gesinnung wolle er sich mit seinen Schulkameraden noch recht lustig machen an diesem Tage, der ihn in seine eigene Gewalt übergebe. Ich warnte ihn, wie ich Euch warne aber es half nicht, er war mir zum erstenmal widerspenstig, ja ein wenig beleidigend gegen mich. Gegen Abend kam er spät und sehr verwirrt nach Hause und am nächsten Morgen erzählte er mir: Keiner seiner Schulkameraden war am Nachmittag der großen Schulfeierlichkeit zu finden, sie waren Alle bei ihren Eltern, er aber kannte seine Eltern nicht; so wanderte er in Einsamkeit auf der Straße fort und blätterte in seinem Prämiumbuche, dessen neuen rothen Schnitt er bis dahin geschont hatte, bis er durch das Anlaufen an einen Eckstein erinnert wurde: daß er im Leben wohl noch manchen Anstoß finden werde, wo er ihn nicht erwartet habe. Er steckte das Buch ein und dachte dem Briefe der Mutter nach, blickte auf die Schiffe im Strome: ob es ihm nach fremden Welttheilen dränge; in die Kramladen: ob ihn der Erwerb gar nicht reize; nach den Kutschen, an welche schon äußerlich die Zeichen vieler Orden angemalt waren: ob ihn Ehrenämter und Staatbedienungen befriedigen könnten; selbst die wohlgepuderte Perücke eines Geistlichen mußte ihn an die Frage erinnern: ob er einen heiligen Beruf für die Kirche in sich fühle. Aber zu Allem schüttelte er den Kopf, den Wissenschaften und Künsten wollte er leben und warf sich die Frage auf: was er sich in dem Augenblicke noch wünschen möchte, um das Geld der Mutter nach ihrer Absicht zu brauchen. Ihm war so wohl zu Muthe, daß er sich nichts wünschen konnte, als daß es ewig so bliebe in seinem Gemüthe und nur rings umher grüne Bäume und bunte Blumen statt der Häuser und statt des Straßenpflasters ihn umgäben. Es war aber eine frühe und kalte Osterzeit in dem Jahre; die Gärten zeigten nur schwellende Knospen, aber kein Blatt, keine Blüte, und er gedachte einer Stelle seiner Rede, in der er die Schule mit einem Treibhause verglichen, wo im künstlich abgeschiedenen Raume dieselbe Natur zu Blüten und Früchten fördere, die draußen von der Kälte gehemmt in Winterluft schlafe. Da war er nicht fern von dem Kunstgärtner und klopfte an seine Tasche: ob er auch das Geld habe, um etwas Ordentliches aufgehen zu lassen. So kam er an die Thüre und hätte fast zurücktreten mögen, es wurde ihm beklommen in der heißen ausströmenden Luft; aber als er nun mit klopfendem Herzen die Blumenhalle des Treibhauses betreten, in der viele Vögel sangen, da meinte er seine neuen drückenden Schuhe verzaubert, daß sie ihn hundert Meilen weit in den Blütenmonat Italiens getragen, oder er hielt sich für einen glücklichen Schiffer, der eine selige Insel entdeckt hat. Ein Offizier, der gleich darauf eintrat, sagte zu einem grünen Manne, an dem Alles faltig, sogar Gesicht und Hände: Draußen ist noch Alles auf Urlaub, bei Ihnen ist schon große Parade, Alles steht in Reih und Glied und feuert seine Wohlgerüche in die Luft. Wie kann so wenig Erde solche himmelströmende Federbüsche tragen; von diesen Hyazinthen schneiden Sie mir ab. Kragen, Patten und Aufschläge sind alle in rechtem Maaß fest angenäht, Alles ist reinlich zur himmlischen Heerschau ausgerüstet, — auch ein Paar Sterne und Becken von der Janitscharenmusik schneiden Sie ab, ich meine die Tazetten. Sehen Sie, der Kater geht wie der Oberst an der Linie herunter und weiß noch nicht: ob er sich Lob oder Tadel verdienen wird. — Der grüne Mann jagte eifrig den Kater fort und übergab dem Offizier die Blumen, worauf sich dieser Kaffe bestellte. Juvenis hatte sich gesetzt, um den Offizier unbemerkt ansehen zu können; seine Art gefiel ihm und er dachte sich: ob er wohl so Einer werden möchte? aber Wissenschaften und Künste behielten eine schwache Übermacht, doch konnte er es nicht lassen, so wie Jener sich einen Blumenstraus zu bestellen. Dann aber regierte ihn wieder die gewohnte Sparsamkeit und er forderte eine halbe Portion Kaffee. Das ist hier keine Mode, sagte der grüne Gärtner und Juvenis verdoppelte beschämt seine Forderung. Kaum war der Gärtner hinaus gegangen, so trat eine sehr große Frau vom gefälligsten Wuchse, in einem schwarzen Sammtkleide, ein; ihr Kopf war mit einem Winterhute und einem Schleier verdeckt, sie schien da wie zu Hause, sah nach einigen Blumen, die den Öfen näher standen und betrachtete sie sorgfältig mit einer

Loupe; das gab unserem Juvenis Gelegenheit, sie anzusehen. Er beschrieb sie mir ganz ähnlich dem großen Minervenkopf im Schulsaale, die ruhige Einsicht ihres Wesens zeigte sich in ihrer Bewegung, sie war ganz bei dem, was sie beobachtete; nichts störte sie, es schien, als ob die Welt nur eine Umgebung zu ihr sei. — Der Gärtner kam mit dem Kaffee und freute sich: daß sie gleich seine Seltenheiten gefunden habe; die fremde Frau nannte die lateinischen Namen und verlangte viele für ihr Herbarium. Der Gärtner versprach ihr die besten abzuschneiden und sie sagte: daß sie ihr Mädchen mit einem Korbe und Geld schicken werde. Jetzt wandte sie sich zu Juvenis, der in einiger Beschämung die Überlegenheit der Frau über seine botanische Kenntniß vernommen hatte, nahm gleichsam in Gedanken das Prämium in die Hand, das neben ihm lag, entschuldigte sich, fragte: ob er diese Belohnung erhalten und knüpfte daran ein wissenschaftliches Gespräch, das ihn mit mancher Schmeichelei umstrickte. Es ward von einem seltenen Buche geredet; sie sagte: daß sie es besitze und nannte ihre Wohnung, aber nicht ihren Namen, er könne es bei ihr abholen. Dann ging sie mit leichter Verbeugung fort; Juvenis sah ihr mit Bedauern nach, weil die interessante Unterhaltung schon geendet war und wiederholte sich ihre Worte. Der Offizier kam aus dem Nebenzimmer und fragte nach dem Namen der Frau bei dem Gärtner, sagend: er habe sie gekannt, es sei nichts Ordentliches; dieser wußte aber den Namen auch nicht. Der Offizier versicherte: daß sie von einem seiner Freunde einmal unterhalten worden sei und das ärgerte den unschuldigen Juvenis, denn es störte ihr Bild in seiner Seele.

Verdrüßlich las Juvenis in seinem Buche und roch an seinen Blumen, da trat der Grüne zu ihm, um auch seine botanische Kenntniß darzulegen; er nannte alle Blumen mit lateinischen Namen und kam auch zu einem Kirschbaum, dessen Früchte wie kostbare Granaten im grünen Laube glänzten. Es ist prunus cerasus, sagte er, jede Kirsche kostet einen halben Thaler. — Dies ist der verbotene Baum im Paradiese, meinte Juvenis, denn wenn ich den Regenten ausnehme, so ist wohl Keiner im Lande, der so theure Kirschen zu essen wagte, selbst wenn er das Geld dazu im Überfluß hätte. — Der Gärtner wollte eben antworten und einige reiche Lieferanten nennen, die dergleichen Kirschen gar nicht zu theuer fänden, als ein Mädchen in fremder ländlicher Tracht, fast wie eine Tyrolerin gekleidet, eintrat, einen grünen Filzhut auf dem Kopfe. Eine grüne Tuchjacke über ein rothes Mieder, ein dunkelblauer faltiger Rock, über welchem eine Geldtasche hing, ließen ihren schlanken und doch tüchtigen Wuchs hinlänglich erscheinen, dabei trug sie mit Anstand ein zierliches Körbchen. Dies eröffnete sie, schüttete die Geldtasche in die Hand des Gärtners um und forderte die bestellten Blumen. Der Gärtner sagte· daß sie etwas mehr kosteten, aber damit habe es keine Eile. Während er fortgegangen, kam allmälig die Bewegung in meinen überraschten Juvenis zurück, der seit dem Eintritt des Mädchens wie eine Wachsfigur in seinem Winkelchen gesessen haben mochte. Lieben Kinder, Ihr seid in dem Alter, daß Ihr eines der zerstörendsten Gefühle in dem, ganz auf Klugheit begründeten Verkehr unserer Zeit kennen lernen müßt, das in einem Augenblicke umstürzt, was Jahre gebaut haben; Ihr sollt es kennen lernen, um nicht leichtsinnig auf Bällen und in Gesellschaft es Euch einzubilden und dessen Schein anzunehmen, wo Ihr es immer noch nicht gefühlt habt, denn das bringt noch zu schlimmeren Thorheiten. Also mein Juvenis, der so etwas Unerwartetes in seinen Augen bemerkte und dem der Anblick des Mädchens durch die Krone eines Lorbeerbaums behindert wurde, rückte jetzt leise von seinem Stuhle auf den Kübel dieses Lorbeerbaumes und umschlang ihn wie ein junger Held. Ihr Angesicht beschrieb er mir mit den Worten: es sei ihm in lieblicher Blässe erschienen, die von dem Frühling erst die Rosenfarbe erwarte und deswegen sehnlich auf ihn hoffe; ihre dunklen Augen hätten nach Allem umgeblickt und ein lebhafter Athem habe ihre Brust bewegt, ihre braunen Locken habe sie ein paarmal zurückgeschüttelt und ihr Mäulchen habe sich vor Entzücken über Alles halb geöffnet. Als sie die reifen Kirschen gesehen, sei sie gleichsam magnetisch angezogen worden, habe erst ein Liedchen geträllert und dann spielend eine nach der andern abgerissen, ohne des Gärtners zu achten, der im Hintergrunde des Treibhauses mit dem Abschneiden der Blumen beschäftigt war, und ehe noch eine verschluckt, habe sie schon die andere im Mäulchen verschwinden lassen. Bei jeder Kirche sei ihm ein Stich durch den Magen gegangen, als ob er ihn sich damit verdorben. Der Jungfer sei aber Alles gar wohl bekommen, sie habe sich auch durch nichts stören lassen, obgleich über ihr der Kanarienvogel im Bauer und unten am Baume der angekletterte Kakadu heftig geschrien, weil der raublustige Kater mehrmals seine Pfoten nach ihm ausgestreckt. Erst als keine Kirsche mehr am Baum, sie hatte ein Dutzend gegessen, wie er genau nachgezählt, schien sie sich zu beruhigen, nahm ihren Hut ab, der ihr zu warm wurde und Juvenis konnte mir nicht genug die sonnigen Hügel ihrer Stirn rühmen; aber er war auch ganz davon bethört und wollte in den Augenbraunen die seltenste mathematische Linie entdeckt haben; er ward in diesen wenigen Minuten ein anderer Mensch. Nun kam der Gärtner mit einem grünen Bündel abenteuerlicher, schlangenartiger, gehörnter, geschuppter

Pflanzen gelaufen, die, Gott weiß: aus welchem Jammerwinkel der Erde, dahin botanisirt waren, und brachte sie der Jungfrau, die sie nicht anfassen mochte, sondern sie von ihm in den Korb legen ließ. Mit boshaftem Lächeln sagte nun der Grüne: Hier sind die aufgeschriebenen Blumen für das eingelegte Geld, aber nun erhalte ich noch sechs Thaler für die zwölf Kirschen die sie hier gegessen hat. Das Mädchen wurde sehr roth und fragte: wer ihm gesagt, daß sie Kirschen gegessen? Er zeigte ihr die Stiele, die sie am Baume hatte sitzen lassen. Sie antwortete: daß, wenn er sie um die wenigen Kirschen so hart strafen wolle, so hätte sie doch Lust, zu behaupten: daß sie keine gegessen habe. Der Grüne wurde jetzt heftig, sprach von der Wache, die er sogleich holen lasse, um sie gefangen zu setzen und rief Juvenis zum Zeugen auf, denn Er habe von seinem Sitze Alles sehen können, auch habe der Kakadu nicht umsonst geschrieen, der sage ihm so etwas immer getreulich wieder. Da hat Juvenis (wie es ihm durch den Kopf gegangen, habe er gleich nachher nicht begreifen können) den Gärtner einen Lügner gescholten, und sich selbst als den Kirschendieb angegeben, hat ihm sechs Thaler, zum Glück hatte er noch so viel von der Mutter, auf den Tisch geworfen, und erklärt. daß er sich mit ihm einen Spaß habe machen wollen, und er solle sich das zur Warnung nehmen, Niemand

mand aus bösem Glauben zu beschuldigen, am wenigsten Jungfrauen, gegen die jeder Mann die Achtung, auch wenn sie unrecht hätten, bewahren müsse. — Der Gärtner hörte mit aufgerissenen Augen diese Äußerungen und sah den Thalern zu; die halbe Portion Kaffee und das verschwenderische Kirschenessen paßten nicht zusammen; er hatte auch Juvenis im Auge behalten, so daß er nicht begreifen konnte: wann er die Kirschen könne gepflückt haben; kurz er stand demüthig verlegen vor ihm, wie die verruchten Beamten im Schauspiele, wenn der unbekannte Fürst im fünften Akt den Überrock aufknöpft und den Stern zeigt; er entschuldigte sein Unrecht und daß er so vertraulich gesprochen. Das Mädchen war aber inzwischen in tiefe Beschämung gesunken, Thränen stürzten aus ihren Augen, aber sie suchte sich, wie der Strauß unter den Flügeln, so unter ihrem grünen Hute zu verbergen, den sie schnell in die Stirn drückte, worauf sie sich umwendete und mit dem Korb voll Blumen ohne Gruß nach der Thür schritt. Hier mußte' sie aber an Juvenis vorbei, der ihr, ohne daß es der Gärtner sehen konnte, seinen Blumenstraus auf die übrigen Blumen legte. Sie sah ihn an mit einer Andacht der Dankbarkeit, daß er überreichlich sich belohnt glaubte und es für ungroßmüthig hielt, auch noch seine Neugierde zu befriedigen, wer sie sei und wo sie wohne. Als sie verschwunden, reute ihn diese

Großmuth; er wäre ihr vielleicht nachgeeilt, aber der Offizier trat auf ihn zu, umarmte ihn und sagte: Ich habe Alles gesehen, ich weiß Alles, Sie sind ein edler junger Mann, Sie müssen Soldat werden, Sie haben ein ritterliches Herz; wer solcher Selbstverleugnung fähig ist, macht in meinem Stande sein Glück. — Dieser Anruf klang ihm, wie die Stimme des Schicksals, die auf den Brief der Mutter antwortete; dennoch sagte er dem Offizier Alles, was ihn zu Wissenschaft und Kunst ausschließlich treibe.

Der Offizier drückte Juvenis die Hand und sagte: Mir ist, als ob ich mich selbst in früheren Jahren reden höre, nur daß sich mein Leben mehr in unruhiger Thätigkeit gleich nach allen Seiten ausgebreitet hat. Lieber Freund, ich habe unzählige Abhandlungen und noch mehr Gedichte geschrieben; nehmen Sie nur dies Eine mit nach Hause und lesen Sie es mit Aufmerksamkeit, es ist mein Lebenslauf und könnte auch der Ihre werden; mein Name und meine Wohnung stehen darunter, Sie müssen mich morgen besuchen.

Seht, lieben Kinder, das Gedicht habe ich seitdem immer in meinem Taschenbuche getragen; lese es Einer von Euch vor, ich muß mich ausruhen, denn ich habe Euch noch viel zu erzählen, Einer der Schüler nahm es und las·

Heldenlauf.

Frisch zu! das ist mein erster Ruf,
Will rasch die Welt beschau'n
Wie sie der frische Morgen schuf,
Und mich daran erbau'n.
Ich schwing' mich auf mein Ritterpferd
Und werfe weg den Zaum,
So rennt und gras't es auf der Erd'
Bei meinem Morgentraum.

Geht auch mein Pferdchen mit mir durch,
Es geht nicht zu geschwind,
Denn unten dröhnt noch feste Burg
Und oben saust der Wind,
Der Wind, der durch die Haare saust,
Der singt mein Morgenlied
Vom Adler, der sich kaum gemaust
Und schon zur Sonne zieht.

Gern dräng' ich in den Morgenglanz,
Doch steh ich schon am Meer;
O wie so golden eins und ganz
Scheint Meer und Himmel her;
Wie einer Muschel offnes Haus
Ist Meer und Luft vereint
Und eine Perle steigt heraus
Ein Schifflein so erscheint.

Vom Schiffe treten auf den Strand
Zwei Frau'n von edlem Blick,
Als wären sie von heil'gem Stand,
Und Zeichen vom Geschick.
Die Eine stets voraus gesehn,
Tritt erst in meinen Lauf;
Es mißt ihr Schritt den Weg im Gehn,
Sie schreibt sich Alles auf.

Der tret' ich neckend ins Geheg,
Sie reizt den Eigensinn,
Ach, wäre ich nur wieder weg,
Sonst bin ich wahrlich hin.
Vom Pferde zieht sie mich herab,
Die Schleppe trag' ich ihr;
Ihr Auge tief, so wie ein Grab,
Blickt selten nur nach mir.

Sie nennet sich die Wissenschaft,
Sie nimmt mich in die Lehr',
Und giebt nichts meiner Leidenschaft,
In der ich mich verzehr'.
Ich schleiche sanft von ihr mich fort
Zur andern, die mir singt
„Für jeden Sinn ist nur ein Ort,
Ein Klang nur, der ihn zwingt.

Wer dieses Wort im Herzen hält,
Und singt es nicht heraus,
Der ist wohl unstät auf der Welt
Und Qual ist ihm sein Haus.
Du armes Herz, sag mir dein Wort,
Zu meinem hellen Klang,
Ein gutes Wort hat seinen Ort
Unsterblich im Gesang."

Wie wird mir da auf einmal leicht
Im Herzen, im Verstand;
Ein heller Strahl zum Himmel steigt
Ich gab ihr Wort und Hand.
Die Sängerin nennt sich die Kunst,
Ach, wie gefällt sie mir!
Doch Wissenschaft verlangt auch Gunst,
Weil ich zuerst bei ihr.

Und sagen möcht' ich aller Welt,
Was ich gefühlt, gelernt,
Da hat sich Niemand mir gesellt,
Mein Ernst die Welt entfernt.

Ich klag: „Ihr seid mir Beide nichts,
Wenn ich mit euch allein,
Wenn sich kein Volk des innern Lichts
In Unschuld will erfreu'n.

Schafft mir ein Volk, das mit mir fühlt,
Und gern die Lehre faßt,
Daß dieser Strahl in mir nicht kühlt
Und nicht mit mir erblaßt."
Sie weisen mich nun zur Geduld,
Die uns als Magd gedient,
Doch ich verschmähe ihre Huld,
Mein Muth hat sich erkühnt.

„Noch habe ich mein Ritterpferd,
Noch kann ich euch entfliehn,
Eh Abend löscht den Feuerheerd,
Will ich mit Vielen glühn.
Es blinkt die Welt von neuer Sonn'
Es ist der Waffen Licht;
Gehabt euch wohl, ich reit davon,
Dort fehlt das Volk mir nicht!"

Es zieht der Krieg zu uns heran,
Ein Jüngling mit der Fahn'
Theilt Waffen aus an Jedermann
Und löst mir jeden Wahn.
Er spricht: „Ich hab' dich lang belauscht
Und auch die beiden Frau'n,
Sie haben dich schier ausgetausch
Darfst ihnen nicht vertrau'n.

Mach' keine Langeweil der Welt,
So bist du tugendhaft,
Nur That und Tod ihr jetzt gefällt,
Gotts Lob ist deine Kraft,
Er giebt ins Herz Zerstörungslust,
Wo Schöpfungskraft gehemmt,
Du zwingst die Welt dir unbewußt,
Wenn nichts dein Herz beklemmt.

Wie Schwerd am Schwerdte wiederklingt,
Klingt Herz am Herzen auch,
Gemeinsam ist, was uns verjüngt,
Zur Flamme wird der Rauch."
Und ein Vertrauen wunderbar
Ergreift mich bei dem Wort,
Verbrüdert mich der Heldenschaar
Und zieht mich freudig fort.

Ja ich ersah der Waffen Ziel,
Versteh der Fahnen Flug,
Und Wissenschaft erscheint als Spiel
Und Kunst als ein Betrug,
Frisch drauf! das ist mein letzter Ruf,
Die weite Welt ist mein,
So weit noch meines Rosses Huf
Haut Funken aus dem Stein.

Die Frau Rektorin fuhr hier fort: An der Gewalt dieses Liedes lag die ganze Bestimmung meines lieben Juvenis; er las es wohl tausendmal an dem Abend, der ganze Tag erschien ihm wie eine höhere Frage, die er beantworten müsse. Jene der Botanik kundige vornehme Frau war ihm zu einem allegorischen Bilde der Wissenschaft geworden, die Magd als eine Bildner-Kunst, der Offizier als das Weltgeschick, welches zum Kriege unvermeidlich hinführe, traten in ein unabwehrbares Verhältniß zu ihm. Er konnte nicht mehr wählen, das Lied hatte für ihn entschieden und noch denselben Abend schrieb er seiner unbekannten Mutter, daß er Soldat werden wolle und daß Wissenschaft und Kunst einer ruhigeren Zeit aufgespart blieben. Vergebens suchte mein seliger Mann ihm Alles ins Gedächtniß zu rufen, was er am Morgen über Wissenschaft und Kunst in seiner Rede ausgesprochen hatte; er weinte, daß er nicht zu Hause geblieben, seit er aber Alles das erfahren, müsse er meiden, was ihn so reichlich für jede Mühe belohnt habe, er müsse sein Leben ganz ändern. Wir warnten ihn am nächsten Morgen nochmals vor allem Plötzlichen, mein Mann sagte ihm: was er treibe, sei eine Art Selbstmord, ein Versuch, aus sich selbst herauszutreten, der nie gelingen könne: es half nichts, er ging zu dem Offizier. Wenige Tage darauf war er als Soldat eingekleidet und wohnte in der Kaserne; wir ahnten, daß ihn etwas Edles treibe, aber wir fühlten, daß er einen falschen Weg einschlage.

Wir sahen Juvenis jetzt selten; er gestand daß er unser Haus meide, um nicht durch uns an seine früheren Beschäftigungen erinnert zu werden. Bist Du denn glücklich in Deinem neuen Stande? fragte ich ihn einmal. Er antwortete mit einiger Verlegenheit: Warum nicht? ich werde vor Allen von den Offizieren ausgezeichnet, sobald ich den Dienst hinlänglich kenne, soll ich weiter gefördert werden. Nach vier Wochen saß er einst wieder an seinem alten Platze und der Mißmuth war auf seine Stirn geschrieben. Ich wiederholte meine Frage: Lieber Sohn, bist Du glücklich in Deinem neuen Stande? Er konnte die Thränen nicht zurückhalten und bedeckte mit den Händen sein Gesicht. Es ist Alles vergebens, sagte er, ich muß es Ihnen heut gestehen: das Wesen des Offiziers, sein Lied und ein gewisser Heldenruf in mir haben mich nicht allein in die enge bunte Jacke getrieben; ich hoffte in dieser Zerstreuung das Bild der schönen Kirschendiebin zu vernichten, das alles Gute in mir zu stören drohte; aber das Mittel hat nur in den ersten Tagen geholfen; nun die Neuheit der Umgebung und Übung verschwunden ist, sinke ich bei der Langeweile meines täglichen Exerzierunwesens immer tiefer in die Sehnsucht nach einem Wesen, das wohl in aller Hinsicht mir nicht bestimmt scheint; wäre ich nur in der Fremde, um ihr nie wieder zu begegnen! — Dies Bekenntniß erschreckte mich; ich gab ihm diese Qual für eine Frühlings-Melancholie aus, rieth ihm, bei den Künsten Zerstreuung zu suchen, die er mit Unrecht verschmäht habe. Aber er schüttelte mit dem Kopfe und behauptete, diese geistigen Thätigkeiten wären seine ärgsten Feinde, sie hätten in ihm die Fertigkeit: das Nichtvorhandene wie eine Wirklichkeit zu denken, bis zu einem so hohen Grade entwickelt, daß er trotz alles Wiederstrebens, träumend und wachend ein höchst mannigfaltiges Leben mit den beiden Frauen führe, die ihm im Treibhause begegnet.

Mit der Frau unterhalte er sich unwiderstehlich in Gedanken, sobald irgend eine Untersuchung, eine Kenntniß angeregt werde; die Magd beantworte dagegen jedes reizende Bild, jedes gefällige Spiel der Worte, das sich ihm aufdringe, mit noch zärtlicheren, reizenderen Worten, Tönen und Bildern. — Nach diesen Äußerungen wußte ich ihm nichts Anderes zu rathen, als daß er den Brunnen trinken möchte: es sei vielleicht in ihm der Keim einer Krankheit, der den Geist zu dieser Überfülle und Überlust treibe, wie das Senfkorn, das in einen Kürbis gelegt. Ich möchte krank sein, antwortete er, um an eine Besserung zu glauben, aber die Kirschendiebin ist meine Krankheit und mein Leben zugleich; ich kann nicht besser werden. — An diesem Tage habe ich ihn zum letztenmal gesehen und ahnte es nicht, denn er versprach bald wieder zu kommen. Wenige Tage darauf hörte ich mit großer Betrübniß: er habe sich öffentlich in harten Reden gegen den Offizier vergangen, der ihn zum Soldaten gemacht, sei festgesetzt worden und aus dem Arreste entflohen. Ein Brief von ihm, ohne Ort und Datum, berichtete uns einige Tage später den ganzen Vorgang in einer verstellten Handschrift, als ob von einem Dritten die Geschichte erzählt werde, mit einem Leichtsinn, der ihm sonst völlig fremd war und aus dem wir deutlich seine Sinnesänderung und seinen

Fall erkannten. Rückt das Licht näher, ich will selbst vorlesen:

„Juvenis hatte unglaublich viel in seinem neuen Stande gelitten; vergebens hatte er sich bemüht, im Guten und Schlechten seinen Kameraden gleich zu werden; er war zu verschieden von ihnen, um sich genaue Freunde zu erwerben. Das Exerziren ist nun zwar ein gutes Fegefeuer der Jugend, aber er konnte auch da seine sündlichen Gedanken nicht los werden. An einem heißen Nachmittage wurden die jungen Soldaten nach den Zeichen des Flügelhorns geübt. Da gab es viel Laufens; doch das Flügelhorn, das sie durstig gemacht, mußte sie in der ruhenden Pause auch wieder am Brunnen tränken. Dieser ergoß sein Wasser in die breite Öffnung des Horns und die Soldaten sogen einer nach dem andern am Mundstücke. Juvenis war wieder einmal in Gedanken stehen geblieben und so der Letzte beim Trinken. Hiebei wurde er nun auf doppelte Art gestört; erst sah er am Ende der Straße, als er das Horn eben angesetzt hatte, den grünen Filzhut aufgehen und zweitens rief der Offizier die Mannschaft zusammen und der Hornist wollte sein Horn ihm fortreißen. Beides brachte so unruhige Bewegungen im Wasser hervor, daß Juvenis sich verschluckte und das Wasser, wie ein Delphin am Kunstbrunnen, durch beide Nasenlöcher emvor spritzte. Kaum konnte er mit seiner unrechten Kehle in Ordnung kommen, bis Alle zusammenstanden und im schnellen Schritt mit Rechtsum und Linksum den Staub anregten. Nach dem geliebten Bilde war nicht durch zu sehen, doch entdeckte er: daß sie sich dem Platze genähert hatte. Aber leider war die Fronte der Kompagnie so aufgestellt, daß er dem schönen Kinde seine Augen nicht zuwenden konnte, daß Rechtsum und Linksum den Genuß ihres Anblicks nur einem Auge gewährte, und daß mit Halbrechts und Halblinks gar nichts Sonderliches anzufangen war. Käme doch endlich der Feind von der andern Seite! hatte er so lange heimlich gebetet, bis es endlich wahr wurde und der Offizier gegen das schöne Kind mit dem grünen Filzhute Front machte. Nun ging es schon mit dem armen Juvenis um, als ob er mit leerem Magen die feindlichen Kanonen hörte; der Schwindel vermehrte sich, als das Flügelhorn zum Vorgehen aufmunterte und er am Geländer, das den Platz umfaßte, gerade gegenüber in die beiden schwarzen Augen, wie in zwei Flintenläufe, blicken mußte. Aber beide Schüsse brannten auf einmal los gegen seine Ohren, als sie ihn anredete und fragte ob sie ihm die sechs Thaler hier wieder geben könne, die er damals großmüthig für die Kirschen bezahlte? oder ob er nicht ihre Frau besuchen wolle, wie er es ihr im Treibhause versprochen habe? So erfuhr Juvenis bestimmt: daß jene Beiden im Treibhause zu einander gehörten. Er sagte: daß er dies Geld auf dem Platze nicht annehmen dürfe, es überhaupt nicht zurück begehre und um nähere Beschreibung der Wohnung bitte, weil eine solche Straße, wie ihm die Frau genannt, nicht zu finden gewesen. Das Mädchen wußte weder den Namen der Straße noch die Nummer des Hauses; sie beschrieb nur mit rechts und links. Juvenis wünschte mehr Deutlichkeit hierin, als in seinen Kriegsübungen, bei denen auch nichts als ein ewiges Rechts und Links vorkam, aber da donnerte die Stimme des Offiziers so gewaltig, daß er sich wohl umwenden mußte. Er hörte beschämt sein Verbrechen: daß er im Gespräch mit dem Mädchen weder auf das Flügelhorn, noch auf das Kommando geachtet hatte und daß er zum Gelächter der Zuschauer dort allein stehen geblieben war. Er empfing mit Erkenntniß seines Unrechts jedes Scheltwort, als aber der Offizier in seinem Zorn kein Ende finden konnte und von dem Mädchen in schlimmen Ausdrücken sprach, daß es wohl Zeit mit ihr bis zum Abend habe, da übernahm ihn der Zorn: er vertheidigte das Mädchen, das er eben noch höher achten gelernt, seit sie ihn wegen des Geldes aufgesucht hatte, und bot jedem die Stirn, der sie lästern wolle. Die

Erinnerung: daß es eben der Offizier sei, der ihn damals gegen beide Frauen eingenommen und ihn zum Soldatenstande beredet hatte, mochte seine Ausdrücke erbittern; sie waren so hart, daß kein Verzeihen möglich war. Der Offizier befahl ihm sein Gewehr ab zu geben und ließ ihn in Arrest bringen. So lange der Zorn in dem Gefangenen forttobte, war Juvenis nicht zu beklagen; die Vorwürfe seiner Kameraden, die sein Betragen tadelten und den Offizier rühmten, erhielten diesen Zorn. Als er aber einsam in seinem Arrestzimmerchen dem Nachdenken überlassen blieb, hoffte er wohl: daß Alles nur ein böser Traum gewesen; denn in so vielen Jahren, die er im Lernen und im Wetteifer mit Anderen verlebt, hatte er immer nur Lob, nie eine Strafe von seinen Vorgesetzten verdient. Aber es blieb Alles schrecklich wahr und unleugbar, doch allmählig erschien es nicht mehr so schrecklich, es stillten sich die wilden Lichtwellen hinter seinen Augen und er blickte wieder in die Welt, wenn gleich nur durch ein enges Gitterfensterchen. Es überraschte ihn die Herrlichkeit des Frühlings in den Gärten die an das Gefängniß stießen; auf dem staubigen Exerzierplatze hatte er wenig Anlaß gefunden, des Frühlings zu denken; da regte sich Alles in Freiheit, es war als ob die Vögel an seinem Gitter pickten, um ihn wie einen ihres Gleichen in Freiheit zu setzen.

Der Frühling hatte das Innere aller Welt, worauf sich die Bäume und Sträuche so lange besonnen, aufgeschlossen, und er sollte seine Liebe, seinen Zorn verschließen? Es sah jetzt in der Welt aus, wie damals im Treibhause, nur waren die himmlischen Fenster heller, nur waren die Blumen reicher und der Baum mit Maikirschen in der Mitte des Gartens voller und glänzender. Er sah auch auf einem Gestell viele der schlangenartigen, befiederten Gewächse wieder, welche die Magd beim Gärtner abgeholt hatte. Endlich meinte er zu träumen, als dasselbe schöne Kind in den Garten trat, die ihn einmal um sein Geld, das zweitemal um seine Freiheit gebracht hatte und schnell sich zu überzeugen: ob es kein Blendwerk sei, was er sah, streckte er seinen Kopf so eifrig durch das eiserne Gitter, daß eine der Stangen, die wahrscheinlich ein Vorgänger durchgefeilt hatte, mit einem Geräusche sich verschob.

Da blickte das Mädchen hinauf, schien Juvenis zu erkennen und klopfte freudig in die Hände, riß Kirschen mit den Zweigen vom Baume ab, nahm ihr Halstuch, warf sie hinein und nahte sich mit einer Bewegung der Hand seiner Mauer: daß er dies Geschenk zu sich empor ziehen sollte. Juvenis sah sich im Zimmer nach einem Hülfsmittel um und entdeckte einen Bindfaden, der die Bettstelle zusammen hielt, welche ein unruhiger Vorgänger gesprengt haben mochte. Der Bindfaden war schnell gelöst und herab gelassen und stieg reich beladen mit Kirschen wieder empor. Er wollte ihr laut danken, aber sie legte den Finger auf den Mund; so küßte er schweigend das seidene Tüchlein, das sie vorher umschlossen hatte und aß die Kirschen, die es jetzt umschloß." — Hört, ihr Kinder, wie leichtfertig das ist, unterbrach sich die Frau Rektorin; so hätte er sonst nie zu mir gesprochen; das hätte er, wenn es ihm geschehen, sonst sicher ganz heimlich gehalten; doch wir wollen weiter lesen.

„Juvenis sah, während des Kirschenessens, daß sich die schöne Magd einem Sonnenzeiger näherte, ihm winkte und dann die Tafel des Sonnenzeigers umkehrte, worauf sie verschwand. Er schloß daraus: daß seine Freundin etwas für ihn in der Nacht unternehmen wolle; konnte er es aber auch nicht errathen, es war genug, um ihn wach zu erhalten. Die ersten dunklen Stunden vergingen ohne sichtbare Zeichen ihres Andenkens; endlich hörte er eine Thür öffnen im Gartenhause, wo die Magd verschwunden war; zwei Gestalten traten mit einer Blendlaterne heraus und kamen langsam unter sein Fenster. Die Stimme seiner lieben Magd forderte den Bindfaden und er ließ ihn herab, und als sie gebot: ihn hinauf zu ziehen, war etwas Schweres darem befestigt, das er für eine

Strickleiter erkannte und deren Haken an dem Gitter befestigte. Sein Herz hüpfte vor Freude; ohne der Folgen zu gedenken, drängte er sich bei der gebrochenen Gitterstange hinaus und so schlecht die Strickleiter sein mochte, ihm schien es eine Himmelsleiter, denn unten drückten ihm jene beiden Frauen, die ihn damals im Treibhause entzückten, die Hände. Gleich nach dem ersten Freudengruße wurde eifrig daran gearbeitet, die Strickleiter durch heftige Bewegung los zu machen und es gelang; er trug sie den beiden Frauen in das Haus nach. Der Flur war dunkel, aber es eröffnete sich eine Thüre, durch welche sie in ein prachtvolles, von einer Krone erleuchtetes, mit rother Seide ausgeschlagenes Zimmer traten, wo ihn die Frau willkommen hieß, ihm ihre schöne weiße reichberingte Hand zum Kusse reichte, während die Magd ihn zu einem Tische hinzog, der ihn für die schmale Kost des Gefängnisses entschädigen sollte. Die Frau erzählte ihm hier: daß nicht allein sein lebhafter Eifer für die Wissenschaften, den er ihr damals geäußert, daß auch die Großmuth gegen ihr Mädchen sie zu dem Entschlusse gebracht habe, ihm ein Paar Jugendjahre zu retten, die er unfehlbar auf der Festung hätte zubringen müssen; aber jetzt solle er sich ganz ihrer Führung überlassen. Juvenis versprach ihr das mit lebhaften Danke für Alles, was sie schon für ihn

gethan.

gethan. Sie verlangte darauf: daß er für einige Zeit, um sicher aus dem Lande zu kommen, weibliche Kleider anlegen sollte; in dieser Verkleidung wolle sie schon am nächsten Morgen mit ihm abreisen. Juvenis mußte sich zu dieser Verwandlung entschließen, er fand im nächsten Zimmer die Kleider. Die Uniform wurde abgeworfen, ein seidenes schwarzes Kleid angezogen, ein schwarzer Reisehut aufgesetzt und so gerüstet kam er zu den Frauen zurück, die ihm mit vielem Lachen Alles rückten und banden, wie es sich schickte, dann aber meinten, daß ihm der Anzug recht gut lasse. Nun wurde noch Einiges eingepackt, dann nahm die Frau Abschied von ihren astronomischen Instrumenten und übrigen Sammlungen. Unter andern beobachtete sie auch noch ein Paar Durchgänge von Sternen unter dem Passageinstrumente, wobei ihm die Magd manche neckende Winke hinter ihrem Rücken sandte. Bald hatte er noch mehr Gelegenheit, zu beobachten: daß leider beide Frauen nicht überall einig gesinnt waren. Denn als die Magd ihrer Gebieterin ein Lied vorsingen sollte und im Affekt nur ein wenig den Takt veränderte, mußte sie sehr harte Vorwürfe ausstehen; auch war ihr die Aussprache der Worte nie deutlich genug, so daß sie Alles zugleich gesprochen und doch auch gesungen verlangte, während Juvenis in der Gewalt der zärtlichen Stimme, bald wie ein Nachtwandler auf Bergspitzen, bald wie ein träumender Bergmann in die Tiefen unbekannter, verlassener, flimmernder Gänge hinunter zu steigen glaubte. Dein Gesang ist nicht klüger als der Gesang der Vögel, sagte die Frau und Juvenis dachte, aber er verschloß es in sich: daß der Frühling doch das Klügste und Schönste sei, wo sich so ein Vogel hören lasse. Er übersah jetzt das Angenehme und Schwierige der Lage in welcher er eintrat, und die eigne Doppelsinnigkeit seines Herzens. Diese Gedanken kamen ihm wieder, als er am Morgen, zwischen Beiden sitzend, glücklich zum Thore hinaus gefahren war, als Beide einschlummerten und ihn sich selbst überließen. Er stieß auf dem schlechten Wege mit Beiden oft zusammen, aber da war es ihm, als ob auf einer Seite immer gut gemacht würde, was ihm von der andern Seite wehe gethan. „Ich sitze da, dachte er, zwischen zwei Musen, die ich in meiner Rede mit Leichtsinn, ohne sie genau zu kennen, zu mir beschworen habe, zwischen Wissenschaft und Kunst, wohl mir, daß sie nicht von Marmor sind, sie hätten mir mit ihren Ellenbogen auf dem schlechten Pflaster der jetzigen Heerstraßen längst die Rippen eingestoßen. Ich habe erreicht, was ich heimlich wünschte, und mir ist leicht ums Herz geworden; mir mag es nun ergehen, wie die Musen mich führen, ich suchte sie in Büchern vergebens und sie begegneten mir im Leben.“ So schloß sich der Bericht unseres Juvenis, die Rektorin fuhr fort: „Wir ahnten, daß er in einem schrecklichen Irrthume befangen sei; unsere warnende Stimme konnte aber nicht zu ihm dringen, da er seinen Aufenthalt verschwiegen hatte. Dieselbe verderbliche Gewalt, die ihn uns und seinem Vaterlande entrissen, hatte ihm wahrscheinlich jede Verbindung mit uns untersagt; wir erhielten keine spätere Nachricht von ihm selbst und nur unbestimmte Gerüchte gaben uns die Hoffnung: daß er noch lebe, daß wir ihn vielleicht wiedersehen könnten. Von jener Frau wurde unter verschiedenen Namen, die sie angenommen, gesprochen; Jedermann rühmte ihre seltenen Kenntnisse und ihre Anmuth, aber Keiner hatte recht aus ihr klug werden können: was sie wolle und wozu sie das Alles treibe. Es wurde erzählt: jenes Mädchen, was sie begleite, sei in einem fernen Lande von ihr den Eltern entführt worden und sie habe so schon mehrere junge Leute ihren ererbten Lebensverhältnissen entrissen, um sie mit geistigen Banden ganz ungetheilt zu umstricken. Ein Reisender behauptete: er habe Juvenis als einen gemeinen Ackersmann auf dem Landgute jener Frau pflügen sehen, gerade als ihm jenes Mädchen ein ärmliches Mittagessen gebracht; Andere versicherten: daß er unter angenommenem Namen der Verfasser treflicher Schriften sei und daß jenes Mädchen die lieblichsten Bilder dazu geliefert habe. Unbegreiflich ist es, wie sie so heimlich ihr Wesen treiben könne; die Frau muß gewiß für Juvenis und das Mädchen die künstlichste Vorsicht gebrauchen, denn das werdet ihr aus der Geschichte wohl erkannt haben: daß Beide kaum zum gewöhnlichen Lebensverkehr mit ihrer Besonnenheit und Welteinsicht ausreichten. Aber Kinder, fuhr hier die Rektorin mit einem Ausdruck des Schreckens auf, was sitzt da in der Ecke, wo sonst unser Juvenis zu sitzen pflegte, bei den Büchern?" — Die Schüler blickten hin und waren Alle entsetzt; es saß da ein Mann mit einem langen grauen Barte, schwarz gekleidet. Ein Geist! rief der Eine und Alle flüchteten zur Thüre, nur die Frau Rektorin erholte sich bei dem Rufe und sprach: „Bin ich doch auch bald ein Geist, was sollte ich mich fürchten?" — „Fürchtet Euch nicht, sagte der bärtige Mann in der Ecke, denn ich liebe Euch und auch Du hast mich einst geliebt, treue Pflegemutter des kleinen Juvenis! Ich bin Dein Juvenis, den Du erzogen; fürchte Dich nicht, in der Liebe ist keine Furcht, ich liebe Dich im Geiste, denn alle Liebe ist im Geist; aber was Du siehst, ist nicht der Geist allein; wer könnte erkennen, was Gott schaffend zusammengefügt hat, Seele und Leib, wenn es getrennt erschiene?" — Aber mit Entsetzen traten jetzt die Schüler zurück in die Stube und Einer sagte mit Beben: „Draußen stehen noch drei Geister!" — „Lasset sie eintreten," sagte der Mann in der Ecke „und fürchtet Euch nicht; aber haltet Euer Herz zusammen, Ihr werdet ein ehrwürdiges Haupt sehen, es ist mein Vater: der Glaube; mit ihm sind ausgesöhnt meine Mutter: die Wissenschaft und meine Schwester: die Kunst; ich hatte mich eingeschlichen zu meiner lieben Pflegemutter auf Erden, daß sie nicht vor den hohen Gestalten in ihrer jetzigen Herrlichkeit erschrecken möchte. Wisse, Mutter: wir waren alle Drei der Sünde und der Verzweiflung nahe, in wechselnder Leidenschaft zu einander und gegeneinander, als ich unbewußt mit Mutter und Schwester durch die Welt schwärmte und sie nicht dafür erkennen wollte, und ein gewaltsamer Tod sollte unsere Qual endigen. Da trat in unser Haus, das alle Menschen flohen, der ehrwürdige Alte, mein Vater, der Glaube; aus fernem Morgenlande war er von einer Missionsreise heimgekehrt und die Wahrheit ward mir in seinem Worte verliehen; dem Ewigen war ich unterworfen, in dessen Gnade selbst meine Irrwege zum Ziele führten." Bei diesem Worte ergriff der alte Juvenis ein Licht und ging den Seinen entgegen und führte einen Alten in morgenländischer Tracht ins Zimmer, der über alle hinaus ragte und sagte: „Seht meinen Vater, den Glauben; seht, Vater, dies ist meine Pflegemutter, die Liebe!“ Und der Alte segnete die gute Pflegemutter und es trat in Demantschmuck die Mutter Wissenschaft und im Blumenkranze die Schwester Kunst ein, die Beiden, welche ihn entführt hatten und reichten der Pflegemutter die Hand, und diese und die Schüler umher bildeten eine fromme Gemeine.

Die zerbrochene Postkutsche.

(Text zu einer komischen Operette.)

Unter gellendem Blasen des vom Überfahren gequetschten Posthorns schwankte die ungeheure schwarze Postkutsche wieder einmal durch die Reihen kleiner Häuser des Städtchens dem Marktplatze zu, als ob es das Rathhaus wäre, welches sich wieder festzusetzen Lust habe, nachdem es vor dreißig Jahren im Feuer aufgegangen war. Hier am Markte hielt die Kutsche vor dem langersehnten Posthause, bei Tage durch das neue Schild der neuen Regierung kenntlich, jetzt mitten in der Nacht, die alle andren Lampen zum Himmel, als bewachende Sterne erhoben hatte, durch eine funkelnde Laterne über der Thüre ausgezeichnet, zu dem die rothglimmende Pfeife des in der Thür stehenden Postmeisters sich wie eine schwächere Nebensonne verhielt. „Das wundert mich," sagte der Postmeister zum Postillon, indem er seinen Schaafpelz fester umschlug, „wie er mit seinen Pferden bei dem Wege so glücklich durchgekommen ist? Hat er irgendwo Vorspann genommen?" — Aber da war keine Antwort zu vernehmen, denn in der Postkutsche tobte es mit Schelten und Fluchen, wie in einer Schenke am Sonntage, einer stampfte mit den Füßen, der andere zerschlug die mürben wachstuchenen Kutschwände, der Postmeister vernahm nichts, als die Worte: „Unanständigkeit! Gute Gesellschaft! Faule Fische! Seefische, Stinte, Austern, Häringe!" — „Ja, wie die Häringe sind wir eingepackt, aber kann ich nur erst zu meinem Hieber kommen, da will ich es gewiß nicht auf mir sitzen lassen." Der Postmeister öffnete selbst die Thüre der Postkutsche, aber niemand bezeigte Lust auszusteigen, so innig waren Alle von dem Handel ergriffen. So mochte es noch zehn Minuten fortgetobt haben, die Pferde waren schon erlöst, und latschten wie auf Pantoffeln mit hängenden Köpfen durch das geöffnete Hofthor, schon wollte dem Postmeister die Geduld brechen, als die Postkutsche wie das trojanische Pferd unerwartet ihren Bauch öffnete, und ein großer Theil der Reisegesellschaft aus dem von dem Fußstampfen brechenden Wagenkasten mit halben und ganzen Beinen hinaus rutschte. Da mußte der Postmeister lachen, daß ihm der Bauch schütterte. „Seit dreißig Jahren," rief er, „denke ich jeden Posttag: nun, diesmal kommt der alte Kasten nicht wieder bis zu uns, sondern bleibt unterwegs liegen, und heute geschiehts, daß er im Stillestehn auf ebenem Pflaster zusammenfällt." Keiner half den Passagieren, der Postillon rief die Magd vom Kaffeekochen, den Postsekretair vom Copiren der Briefadressen fort, um das Mirakel zu sehen, alle standen umher und warteten der Entwickelung. Kaum war aber die Gesellschaft aus ersterem Schrecken auf festen Fuß einigermaßen hergestellt, so richtete sich aller gegenseitige Zorn gegen den einen Postmeister, er wurde wegen des schlechten Postwagens, wegen der schlechten Pferde abgedonnert. „Wenn Sie in England wären," rief einer, „ich machte Ihnen den Prozeß, als Thierquäler und Menschenschinder." „Darum ist es gut, daß wir in deutschen Landen sind," antwortete der Postmeister sehr gefaßt; „was geht mich das an, ich habe nur über die Sache zu berichten; den Postwagen stellt der Postmeister von der ersten Station, wo er ausfährt, weil er das Mindeste dafür forderte; nach der Vorschrift muß er noch zehn Centner mehr tragen, als er heute geladen hatte, die Pferdestellung ist meinem Nachbar als Mindestfordernden überlassen, und weil er sich mit dem Scharfrichter gut steht, so hat er freilich nur schlechte Pferde. Ihr Unglück kann mir recht lieb sein, denn ich erhalte dadurch vielleicht die Stellung des Wagens und der Pferde, Sie müssen es nur höhern Orts anzeigen." — „Das werde ich auch," rief ein Passagier mit imponirender Stimme, „ich bin ohnehin vom höchsten Landescollegio zur Untersuchung der hiesigen Gerichte abgesendet, das soll auch abgethan werden. Herr Postmeister, lassen Sie mir gleich den Herrn Stadtschreiber wecken, ich werde bei ihm schlafen." — „Aber vergessen Sie nicht," rief ein junger Mann, „daß wir uns morgen sprechen."

„Ich glaube, wir haben schon zu viel über die

Sache gesprochen," entgegnete der imposante Mann; „ich habe morgen viel zu thun; haben Sie nichts gesagt, habe ich auch nichts gesagt, haben Sie nichts gehört, habe ich auch nichts gehört, wir haben vielleicht alle beide im Schlafe geredet, und damit wünsche ich eine gute Nacht." Schon war die Magd bereit, den fremden Herrn mit einer Laterne zum Herrn Stadtschreiber zu führen, während der Postillon an sein Trinkgeld erinnerte. „Keinen Pfennig geb' ich," rief der Mann, „ich werde Bericht von der ordnungswidrigen Art, wie wir gefahren sind, an mein hohes Collegium senden." „Ich gebe auch kein Trinkgeld," rief der Student, „ich gebe mein Ehrenwort, daß keiner aus der Gesellschaft ein Trinkgeld geben soll; oder er hat es mit mir zu thun!"

Die dicke Dame stimmte damit überein, auch die musikalische Familie war einstimmig, und die andern waren schon nach demselben Grundsatze heimlich davon gegangen. Der Postillion drohte, der Postmeister versicherte, er lasse keinen fort, bis das Trinkgeld bezahlt sei. Da donnerte der imponirende Mann vom Hause des Stadtschreibers her, alle beschlossen die richterliche Entscheidung im Städtchen abzuwarten, griffen nach den Felleisen und Paketen, weil aber der Postmeister diese ernstlich vertheidigte, so nahm jeder, was ihm in die Hände fiel, um doch ein Unterpfand für das Seine zu besitzen, dann vertheilten sie sich zwischen den beiden Wirthshäusern, die sich bei dem Lärmen eröffnet hatten. Erst im Wirthshause, nachdem er sich schon nach allen andern Dingen, nur nicht nach dem Seinen umgesehen, bemerkte der Student, daß er einen unrechten Mantelsack mit sich genommen, er fand Damenkleider, Hauben, Damenschuhe, neben ihm schrie die dicke Hofräthin, sie habe auch einen falschen Nachtsack. Schon dachte jeder zu dem Seinen zu kommen, aber vergebens war die Hoffnung. Die Hofräthin meinte „Gewiß gehörte dieser Koffer dem dicken Mann, der als Mehlwurm den Feldzug mitgemacht hat, und soviel von Schlachten sprach, denn sehen sie nur diesen müllerblauen Rock, die gelben Hosen, die Klappstiefeln, keinem andern würden sie passen, als ihm oder mir." — „Das ist ein vollständiger Werther-Anzug," antwortete der Student, „ich habe Lottenkleider, das giebt morgen eine allerliebste Komödie in dem Städtchen." „Ach," seufzte die Hofräthin, „die gute Zeit schwärmender Wertherliebe ist lange vorüber." „Hier noch nicht," antwortete der Student, „in diesem Land kommt Alles funfzig Jahr später, eben seh ich den Werther auf dem Nähzeuge in dem Wirthshause von Thränen ganz naß liegen; es ist immer mein Erstes, um Leute kennen zu lernen, nach ihren Lesebüchern mich umzusehen; gewiß gilt das Buch hier in dem Städtchen in dem neuen Nachdrucke für etwas ganz Neues, und wir glauben wohl endlich gar selber, daß wir es gewesen sind."

Die Hofräthin wünschte gute Nacht, um alles zu bedenken, der Student hatte noch keine Ruhe, sondern kleidete sich als Lotte aus dem gefundenen Vorrathe an, heftete eine große Schleife, die er dem Spiegel seines Zimmers raubte, auf seinen Busen, so entschlief er auf dem Bette ungewiegt und uneingesungen.

Zu dieser Ruhe konnte der imponirende Gerichtsvisitator noch nicht kommen. Der Stadtschreiber, ein feierlicher Mann, hatte das ganze Haus geweckt, überall Räucherkerzen angezündet, seinen besten Rock angezogen, auch die Frau mit eigener Hand ausstaffirt. In der Küche wurde gesotten und gebraten, die Weinflaschen liefen Trepp auf, Trepp ab, um dem Herrn Rath die beste auszusuchen, während heimlich zum Haltfest und zum Rathsstenter geschickt wurde, um alles soviel wie möglich der neuen Gerichtsordnung in den Gefängnissen und im Rathszimmer anzupassen, ehe die Rathsherren es inne würden, daß ihr Stadtschreiber nichts von der neuen Gerichtsordnung verstände. Der imponirende Fremde ließ es am zulangen nicht fehlen, sprach verächtlich von dem schlechten Mittagessen auf der letzten Station, und ließ es an bedenklichen Fragen über alle Zweige der Gerichtsverwaltung nicht fehlen, ob das Depositorium ein feuerfester, bombenfester, gewölbter Raum sei, ob die herabgesetzte Sporteltaxe genau befolgt werde, ob die Stempelordnung beobachtet sei, wie es mit dem Urtheilsprechen ergehe.

„Das Urtheilsprechen," sagte der Herr Stadtschreiber, „ist eine schlimme Sache! Unser Geschäft war sonst nur, die Sache von beiden Seiten auf's Reine zu bringen, dann stellten wir es Gott und den Universitäten anheim." „Wird sich alles finden," antwortete der Imposante, „nur nicht zu genau genommen mit dem Urtheil sprechen; wozu wären denn die höhern Instanzen, wenn gleich alles in der ersten abgemacht werden sollte? Geben sie Achtung, wenn die hiesigen Amtsgerichte erst Land- und Stadtgerichte heißen, sie kriegen gleich einen ordentlichen Respekt gegen ihre eigene Weisheit." — Unter so ernsten Gesprächen versank der Herr Rath in Schlummer, der Herr Stadtschreiber unterstand sich nicht, einen solchen Mann zu wecken, wollte ihn aber auch nicht allein lassen, weil er sonst beim Erwachen das Schlafzimmer nicht gefunden hätte; er vereinigte sich also leise mit seiner Frau dahin, daß sie einander theils durch gegenseitiges Einschenken, theils durch eine Prise Taback, abwechselnd mit einem Kuß wach erhalten wollten, um den geehrten Gast beim ersten Aufblicken aus dem Schlummer in's Schlafzimmer einzuführen. Vorsorglich wurde beschlossen, da sich einige Fliegen, sogar ein Paar singende Mücken im Zimmer bewegten, daß sich beide in der Handthierung eines Fliegenwedels abwechseln sollten, damit der Schlummernde dadurch in keine böse Laune versetzt werde. Es ist uns lieb, daß wir diesen breiten Herrn zur Ruhe gebracht haben, um die andere Postwagengesellschaft wollen wir uns erst am nächsten Morgen bekümmern, der allen zu früh das geschäftige Städtchen erweckt.

Der erste Lärmen am Markte entstand Morgens durch die Kinder des Postmeisters, die in dem zerbrochenen Postwagen Verstecken spielten, und bei dieser Gelegenheit in der Ecke desselben einen ungemein alten stinkenden Krebs mit einer Inschrift gefunden hatten, die sie laut dem Postillion vorsangen.

Wenn ihr ihn riecht, wenn ihr ihn seht,
Ein Schneider hat ihn angenehk,
Als Sinnbild, wie es langsam geht
Auf diesem großen Wagen,
Er wird's den Leuten klagen
Nach dreien heißen Tagen.

„Also war der Herr doch nicht Schuld daran," sagte der Postillion, „alle behaupteten ihm ins Gesicht, er habe verdorbene Fische in seinem Eßkober, und darüber wollten sie einander mit Pistolen zu Leibe gehen; was konnte ich dazu sagen, es roch schrecklich schlecht, das war ganz richtig, als ich in den Wagen die Nase steckte, ob es aber Fische oder Krebse waren, wer konnte das wissen, und wenn es der Klügste war." Während er so in breiter Art späßelte, kamen

Frauen,

Frauen, die aus den Läden etwas zum Frühstück kaufen sollten, hielten ihre Gespräche, besahen den Krebs, stritten sich, wie alt er sei, ob der Krebs gut oder schlecht angenäht gewesen, jede wußte eine Geschichte von Krebsen, wie sie am besten gekocht würden, daß Krebse stürben, wenn ein Schwein unter dem Wagen durchliefe, auf welchem sie gefahren werden, davon möchte der Krebs auch wohl gestorben sein. Das lachte, kreischte, summte allmälig auf dem Markte, daß der Student ungeachtet seiner Ermüdung aufwachen mußte. Nun interessirte ihn das Marktgeschrei nicht, destomehr aber das Gespräch zweier Leute vor seiner Thüre, das zur Musik des Stiefelwichsers geführt wurde. Waren es nicht Engländer, die diese Nacht so spät hereinfuhren? fragte der Eine. Freilich antwortete der Andre, alle viere.

Jener. Woher weißt Du das?

Dieser. Wozu habe ich meine Paar Augen im Kopfe?

Jener. Verstehst Du Dich so gut auf die Gesichter?

Dieser. Sie suchen das Gesicht am unrechten Orte; ob es gerade Nationalengländer sind, weiß ich nicht, wer kann das jetzt sagen, aber Stutzschwänze waren es, lang und dürr.

Jener. Dummes Zeug, Du sprichst von den Pferden, ich wollte von der Herrschaft etwas wissen, woher sie sind, ob sie mir vielleicht Wein abkaufen; gieb ihnen doch diesen Preiscourant.

Dieser. Es wird auch nichts helfen, sie haben gestern Wein verlangt, und sie bekamen von Ihrem Besten, und doch schnitten sie schreckliche Gesichter, und tranken lieber unser Stadtbier.

Jener. Einbildung, es war gewiß der Zettel von der Flasche abgefallen, und sie wußten nicht, was sie tranken, oder es waren Frauenzimmer?

Dieser. Ein junger Herr mit seiner Mutter.

Jener. Lade sie doch heute zu meinem Deklamatorium ein.

Dieser. Heute wird nichts daraus, da schläft ein Herr Musikus und zwei Musikantinnen, welche diese Nacht mit dem zerbrochenen Postwagen ankamen, und sich in der Dunkelheit da einquartiert haben; die lassen sich nicht hinaustreiben, wollen auch heut ein Deklamatorium geben; nichts hilft, was ihnen auch der Wirth vorgestellt hat, vor Gott und nach Gott.

Jener. Es wird doch noch Recht und Gerechtigkeit in der Stadt sein, ich gehe zum Herrn Stadtschreiber, der nimmt auch von meinen Weinen. Der nimmt heute niemand an, entgegnete der andere, es ist ein Gerichtsherr da angekommen, der die ganze Stadt in Untersuchung nehmen will. Der Student jubelte und eilte, die Frau Hofräthin von dem Streite zwischen zwei Deklamatoren zu unterrichten, zugleich beredeten sie sich über die im Concerte zu spielende Rolle mit mehr Lust, als je bei dem Spas heraus kommen konnte.

Mit dem Frühstück kam der gestempelte Fremdenzettel, es wurden von dem Studenten die Namen Werther und Lotte ins Buch eingetragen. Wirklich saß schon die Hofräthin ohne Verwunderung des Kellners als Werther gekleidet auf den Sopha, denn bei der Nacht war es ihm nicht recht einleuchtend geworden, ob der Herr oder die Frau, die er auf die Zimmer gebracht, dünn oder dick gewesen, genug es war eine Dame und ein Herr vorhanden. Der Kellner war kaum fort und der Student schmierte sich eben zum Kaffee einen tüchtigen Ranken Brod, da blickte ein sehr geschmückter Lockenkopf mit einem ältlichen Gesichte durch die Thüre und fragte, ob es erlaubt sei einzutreten. Der Student nickte gnädig, der Geschmückte ergriff seine Hand und küßte sie mit den Worten: „Werthers Lotte, welches auch Ihr echter Name sei, Sie sind es, die Liebe zu Ihnen hat Millionen erwärmt, wir sind Ihnen Alle Dank schuldig, und Sie schmieren noch immer Butterbrod, wie damals, o ich bin auch ein gutes Kind, geben Sie auch mir eins dieser zierlichen Butterbrödte!" — Der Student gab ihm gern das Butterbrod, um ihm den Mund zu stopfen, aber der Gelockte fuhr fort: „Sie sind so ernsthaft geworden Lotte, hatte der unglückliche Zufall mit Herrn Werther, der, wie ich sehe, ihm selbst sehr gut bekommen ist, so schlimme Wirkung auf Ihre Gesundheit?" — „Ach darum ist es nicht," antwortete der Student, „er verbrannte sich mit dem Schusse kaum ein Bischen die Haut, aber wir haben eine ansehnliche Brennerei, und fürchten die Einführung des Blasenzinses, das ist die Ursach unserer Reise. Könnten Sie uns darüber Auskunft geben?" — „Blasenzins?" rief der Fremde erstaunt, „das ist etwas unerhörtes, denn so etwas habe ich nie gehört, aber lassen Sie mich sorgen, ich bin berühmt, ich bin wirklich ein sehr berühmter Schriftsteller, ich vertheidige Sie gegen den Blasenzins, dagegen unterstützen Sie heute unser Deklamatorium, mich und zwei berühmte Schauspielerinnen, ich weiß, wie gefühlvoll Sie den Klopstock sonst gelesen haben."

„Diesen Morgen ist hier Viehmarkt, Nachmittags wird schon der Krammarkt aufgebaut, und ich bin gewiß, wir haben eine zahlreiche Versammlung, eine glänzende Einnahme." — „Top," sagte der Student, „Sie geben mir den vierten Theil der Einnahme und ich deklamire ihnen den ganzen Messias, Sie sollen sehen, in der Tiefe suche ich meinen Meister, so tief kann kein anderes Frauenzimmer kommen, in der Höhe muß mir mein Werther zu Hülfe kommen, seit dem der schmächtige Mensch so stark geworden, hat sich seine Stimme ganz in die Höhe gedrängt; singen Sie uns etwas, Herr Werther." Der vermeinte Werther begann hier ein beliebtes Lied und der Deklamator brachte seine beiden Schauspielerinnen zum Zuhören herbei. Da gab's ein Leben, denn die beiden Weiberchen waren eben in einem Streit über einen alten Blumenkranz gestört, wem von beiden er eigentlich gehöre. Beide waren sehr erhitzt, sie hörten nicht auf das Zureden des Schriftstellers, sondern trugen ihren Fall der Studentenlotte vor; sie hatten einander allerlei Fehler im Wuchse, Fehler in der Haut vorgeworfen; solche Vorwürfe kränken mehr als moralische, denn das Übel läßt sich nicht verbessern, so wenig vom Menschen, wie vom Himmel, der mit seiner Schöpfung im Ganzen zufrieden ist. Der Schriftsteller, um beide zu übertäuben, zog das Stück aus der Tasche, was er am Abend deklamiren wollte, und überschrie beide mit dem Versuche, den Prolog seines Trauerspiels vorzulesen, er beschrieb darin in sehr kurzen hüpfenden Versen, gleichsam mit schottischen Pas den ganzen großen Lauf der Planeten und alle ihre betrüblichen Schicksale, wobei es immer sinnreich zu nennen war, wie jeder seltsame Reim ein seltsameres Schicksal geboren hatte. Die beiden Schauspielerinnen zerrieben sich die Hände in Ungeduld, jede flüsterte ihm in die Ohren, aber sie brachten ihn zu keinem andern Aufmerken, als daß er ernstlich bat, ihm nicht die Frisur zu verderben. Der vermeinte

Werther reichte den beiden Schauspielerfurien Frisierkämme, um ihn in Ordnung zu bringen, und half selbst mit einem dritten, seine gelockten Haare in hohen Strahlen aufzutoupiren, daß er bald als Sternengott zwischen Sterblichen zu sitzen schien, obgleich er selbst seiner lächerlichen Strahlen nicht inne wurde, so hatte ihn der Inhalt des Stücks gefesselt, den wir späterhin mittheilen wollen.

Das Erwachen des imponirenden Mannes beim Stadtschreiber war inzwischen schreckhafter gewesen. Die Frau Stadtschreiberin, um sich wach zu erhalten, hatte den Flaschen zu ämsig zugesprochen, ihre heftige Gemüthsart erregte sich, und im Zorn über eine Fliege, die von dem schlafenden Rath nicht weichen wollte, schlug sie dieselbe mit der Fliegenklappe dicht neben seinen Ohren todt, daß er erschrocken auffuhr. Die gute Frau wollte sich demüthig entschuldigen, konnte aber die Worte nicht verbinden, wie es sich gehörte, denn ihre Zunge war schwer geworden, die Thränen liefen ihr über die Wangen, sie konnte sich nicht enthalten, dem Erstaunten um den Hals zu fallen. Der Mann sah verzweifelnd, und doch mit großem Anstande, daß hier nichts mehr zu verhüten sei, er suchte also diese Seltsamkeit zu beschönigen. „Die guten Weiber sind immer etwas heftig," sagte er, zugleich warf er einen grimmigen Seitenblick auf die Frau, die sich zitternd entfernte. Er trug darauf deren Entschuldigung in die Ohren des geehrten Gastes zu Protokoll, indem er alles auf ein Glas Krambambuli schob, und erkundigte sich nach seinen Befehlen für den bevorstehenden Tag. Der Imposante nahm bedenklich seine Rede auf, entschuldigte die Frau vollkommen, warf aber dem Stadtschreiber vor, daß er nicht nach seiner Vollmacht gefragt habe, ehe er ihm die Einsicht des Gerichts gestatte, darin habe er gegen seine Pflicht gehandelt. Der Stadtschreiber entschuldigte sich mit dem besondern Vertrauen, das ihm der Herr Rath beim ersten Anblick eingeflößt. Der Imposante dankte dafür, und sagte, es sei ihm lieb, da er sonst einen Tag verlieren müsse, indem er auf seiner zerbrochenen Kutsche alle seine Papiere und Kleider zurück gelassen habe, um in seiner Bereisung keine Zeit zu verlieren; erst am Abend werde sein Bedienter mit dem hergestellten Wagen im Städtchen eintreffen, und bis dahin hoffe er alles durchgesehen zu haben, und sofort ließ er sich nun alle Listen von schwebenden und abgemachten Prozessen vorlegen, durchlief die Akten, und tobte wie ein Besessener, wo etwas gegen die neu eingeführte Gerichtsordnung gesündigt war, berichtigte aber gleich alles mit großem Eifer. Doch sein Zorn kannte kaum Gränzen, als er das provisorische Depositorium in einem ehemaligen Taubenhaus angelegt fand, das zwar von Steinen erbaut, aber doch nicht bombenfest gewölbt war. Bei dieser schmerzlichen Untersuchung wurden beide vom Rathsdiener gestört, der von einer berühmten französischen Dame berichtete, die im Wirthshause gestern Abend angekommen, jetzt große französische Reden an die zum Markt eintreffenden Roßhändler halte, daß sie weder den Werth ihrer Pferde überschätzen, noch die Fehler derselben verstecken sollten, auch habe sie gegen die Quälerei des Englisirens der Pferde gesprochen. Einige Offiziere hätten sich zu der Frau gesellt, die zum Pferdekauf hergekommen, und überhaupt thue diese eine Frau dem Marktgeschäfte mehr Schaden, als alle Leiermädchen, die aus Vorsicht fortgewiesen worden. Der Stadtschreiber griff nach dem neuen Gesetzbuche, und durchblätterte es heimlich gegen die Wand gekehrt, ob nichts über diesen Fall darin gesagt sei, während er weitschichtige Worte von genauer Erwägung der Umstände vor sich hin brummte. Er fand aber zu seinem Schrecken nichts darin aufgezeichnet, und der Angstschweiß stand auf seiner Stirn. Der Imponirende beobachtete ihn ruhig, ließ ihn seine Noth bekennen, und eröffnete ihm dann, daß, in dem Falle die Gesetze schwiegen, die polizeilichen Maßregeln mit jeder Art Willkühr aushelfen müßten, hier aber wäre es wohl besser, zu ignoriren, denn eine solche Französin habe überall Zugang, und es komme in solchem Falle sehr viel auf Lebendigkeit der Darstellung an, worin sie gewiß dem Herrn Stadtschreiber überlegen wäre. Übrigens möchte er die Frau sehen, ob es wirklich die berühmte reisende Frau sei, von der er oft schon gehört habe. Der Rathsdiener berichtete, sie werde zu einem Concerte ohne Musikanten kommen, das ein fremder Herr mit zwei Damen im Gasthof gebe, die Leute in der Stadt wären alle sehr neugierig darauf, weil die Geschichte der Kindermörderin, die hier so viel Aufsehen gemacht, nach ihrem rechten Verlauf hergesagt werden solle, ein gewisser Schiller habe alles genau berichtet. „Dummer Teufel," rief der Imposante, „weiß er denn nicht, daß sein gewisser Schiller ein berühmter Mann ist, ein rechtes Genie?" — „Ja," sagte der Rathsdiener, „die Leute haben immer viel vom Schill erzählt, aber unser eins achtet nicht viel auf solche Kleinigkeiten." Dem Stadtschreiber setzte nun der Imposante seine ganze Literaturkenntniß aus einander, welches sehr lange dauerte, weswegen wir uns von ihm wenden.

Die Haare des Musengottes hatten unter den Händen Werthers ihre höchste Höhe und Blüthe erreicht, als durch ein glückliches Ungefähr der Perückenmacher des Ortes, der die Staatsperücke des Superintendenten zum heutigen Viehmarkte neu frisirt hatte, auf der Straße vorbeiging. Lotte rief ihn herauf, nahm seinen vollen Puderpiester und bepuderte mit dieser Höllenmaschine den wunderbaren Haarbau, indem sie den Dichter ersuchte, seine Augen zu schließen.

Da dieser aber vom Hauptmomente seiner Tragödie ergriffen, seine Augen nicht schließen wollte, so wurden sie ihm von dem Puder geschlossen, und er sprang in großer Sorge auf und davon, daß er auf diese Art blind werden könne, und das könne kein Mensch der Welt ersetzen, wenn er sie dann nicht sehen, nicht darstellen könne. Ihm entgegen trat ein großer gelber Mann, beide liefen einander fast um, indem sie einander ausweichen wollten. „Überall treten sie mir in die Queer," sagte der Eintretende, es war der Weinhändler, aber jener ließ sich in Angst, durch den Puder das Schicksal Homers und Miltons zu theilen, auf keine Erörterungen ein, und seine Freundinnen geleiteten ihn fort.

Der Weinhändler zog hierauf einen Preiscourant aus der Tasche, und übergab ihn dem vermeinten Werther mit der Anzeige prompter und reeller Bedienung, und der Versicherung, daß immer sein Streben gewesen sei, alle berühmte Männer mit Wein zu bedienen. Dann trat er näher mit seinem poetischen Anliegen, indem er auseinander setzte, wie die Weinlieder die besten Empfehler des Weins wären, und das eine Lied: „Am Rhein, am Rhein, da wachsen unsre Reben," ihm wenigstens hundert Oxhoft Rheinwein verkauft habe, deswegen habe er sich auch auf das Dichten von Weinliedern gelegt, und führe diese mit obligater Begleitung von Wein als spirituelle Coicerte auf, und darin bestehe sein bester Absatz. Diesmal zum großen Viehmarkt habe der Schicksalsdichter durch Zufall den einzigen Saal des Ortes eingenommen, aber er hoffe, sich zu rächen. Von seinen Weinkunden unterstützt, hoffe er, ihn wie eine anfangende Säure noch aus der guten Gesellschaft hinaus zu schwefeln. Durch Verrath der kleinen Schauspielerin sei er dahinter gekommen, was dieser Emporkömmling in der Literatur, der sich mit seinem Credit gar nicht messen könne, heute vortragen wolle, es sei nichts weiter, als die Geschichte von dem Messer, das in einem holländischen Wirthshause aufgehängt worden. Wer das anrührte, sei es aus Neugierde, Muthwillen, selbst in Vergessenheit, mußte sich mit dem Wirthe auf Messer wie es da üblich ist, schlagen, denn das hatte der Wirth als Gelübde über sich genommen bei dem Ankaufe des Wirthshauses. Auf diese Art tödtete und vertrieb er alle seine Gäste, und mußte wohl verarmen, und das Wirthshaus an den Meistbietenden unter gleicher Bedingung verkaufen, wenn er nicht selbst inzwischen umkam, und den Zorn des Schicksals dadurch versöhnte. „Richtig," sagte Werther, „das ist sein Stück, wir haben es eben vorlesen hören." — „So hören Sie den Inhalt meiner Parodie," rief der Gelbe, „der Titel schon ist lustig: So schlägt man viele Fliegen mit einer Klappe. Ein Messer ist auch hier das Hauptmotiv, und zwar ein altes kleines

Messer, dergleichen auf mehreren Kunstkammern gezeigt werden, das beim Zungenschaben von einem Altvordern des hohen Hauses verschluckt worden, weil er im Augenblick über Adam und Eva etwas Böses sprechen wollte. Dieses Messer sei ihm, wie Adam die Rippe aus seiner Seite, ohne großen Schaden herausgenommen und seitdem als ein bedeutendes Andenken unter Glas und Rahmen in der Putzstube des Hauses aufgestellt und gezeigt worden. So wäre es lange ganz gut im Hause gegangen, bis das Schicksal in der Gestalt eines jungen Doktors in das Haus gekommen, und die Wahrheit dieser Geschichte bestritten habe. Das habe den letzten Abkömmling dieses Geschlechts, der eben sich nach seinem Wunsche vermählen wollte, dermaßen empört, daß er der Versuchung nicht widerstanden, das Messer von dem Schranke zu nehmen, und es selbst herunter zu schlucken. Alles andre, das Lauern der Familie und der Zuschauer, ob er an dem Messer sterben werde, oder ob er es auch zur Seite hinausschwitze, können Sie sich denken." — Werther und Lotte zollten ihm Beifall, zum Danke aber, sagte der Gelbe, müsse er ein Geheimniß anvertrauen: es sei eine Dame in demselben Wirthshause mit ihrem Sohne in der Nacht angekommen, die sich für die ächte Lotte Werthers erkläre, und öffentlich der vermeinten, die sich im Fremdenbuche aufgeschrieben, entgegenstellen wolle, zugleich wolle sie entscheiden, ob der ächte Werther noch vorhanden sei, und ob er sich aus Falschheit einer andern Lotte verbunden habe. O der übermüthigen, fleckenbärtigen Jugend, dem Studenten war die Erwartung dieses öffentlichen Skandals eine rechte Lebenswürze, er bat den Gelben, daß er sich bemühen möchte, die Wichtigkeit dieses Streits dem ganzen Städtlein auseinander zu setzen, sie wolle ihre Rechte vor dem Publikum, wie vor den Gerichten geltend machen. Der Gelbe empfahl sich hierauf.

Auf dem Viehmarkte, mitten im Gedränge der vorsichtig harrenden, beschauenden Käufer, und der scheinbar trotzigen, stolz thuenden und doch sehnlich nach Käufern hinschielenden Verkäufer fand der Gelbe die andre Lotte, wie sie Pferde und Ochsen für ihr Landgut einhandelte, und dem einen Verkäufer wegen seiner hohen Forderung einen Prozeß anhängen wollte, wobei ihr Sohn immer nur in bekräftigenden Pantominen mitsprach. Gleich gab ihr der Gelbe von dem Eigensinne der andern Lotte Nachricht, die es zum Proceß über die Richtigkeit ihres Lottenthums wollte kommen lassen. Frau Lotte war empört, sie schlug ihren Freund Siegwart, ihre Freundin Heloise endlich sogar die kleine Geld-Lotterie, die ihr zu Ehren gestiftet, und die Provinz Lothringen, die ihr zu Ehren so genannt worden, als Zeugen ihres Lottenthums vor, und eilte zum Stadtschreiber, um dies alles gerichtlich geltend zu machen. Aber die neugierige Frau Stadtschreiberin begegnete ihr auf der Treppe, und da jene mit solcher Heftigkeit nach ihrem Manne fragte, so entflammte in ihrem bekümmelten Herzen die Eifersucht, zu der ihr sittsamer Mann so selten die kleinste Veranlassung gab, daß sie jeden Anschein mit Begierde zu ergreifen pflegte; sie vertrat ihr den Weg, und verbot ihr das Haus in unzusammenhängenden Reden. Die Fremde klagte heftig, daß ihr die Justiz versagt werde. Über diese gegenseitigen Klagen traten der Stadtschreiber und der Imposante aus der Thüre, jener suchte sie sanft zu begütigen, dieser wollte durchgreifen, und gebot der Fremden, zur Gerichtsstube anzusteigen. Nun richtete sich die Wuth der Frau gegen ihn, und der mächtige Gott, der sie bisher begeistert und getäuscht hatte, führte sie zur Wahrheit, sie nannte ihn einen Betrüger, von dem kein Mensch wisse, was er sei, woher er komme, ein so schlechter Mensch könne nicht Rath eines höchsten Collegiums sein, und er sehe ihr aus, wie ein Vagabunde, der sie nur in ihrem Hause ärgern wolle. Der Imposante verlor durch diese unerwartete Rede die Übersicht, statt seinen Willen durchzusetzen, bat er den Stadtschreiber, von der Sache abzustehen. Diesem war nichts lieber, er wies die Fremde an, den nächsten Tag zu erscheinen, weil er wegen des Viehmarktes keine Zeit habe. Diese wendete ihm stolz den Rücken, und warf ihm vor, daß er nicht hier in seinem Hause sei, die Frau Stadtschreiberin stürzte ihr zornig nach, weswegen jene die Hausthür zuschloß, in der noch der Schlüssel steckte, damit die Verfolgung ihr nicht auf den Markt folgen konnte, den Schlüssel aber nahm sie zu sich. So verschwand sie ohne Aufsehen in dem Marktgewühl. Erst, als die Stadtschreiberin vor der verschlossenen Thür wie ein eingefangenes wildes Thier tobte, und sich doch am Fenster nicht deutlich machen konnte, was eigentlich fehle, wurden die Leute aufmerksam. Zum Unglück drang ein starker Rauch, der aus der Küche, vom widrigen Winde niedergedrückt, nach den geöffneten Flurfenstern seinen Ausflug nahm, neben der schreienden Stadtschreiberin zu den Staunenden. Der ganze Markt rief ein so gräßliches Feuerlärm, es begann ein so wildes Forttreiben der Pferde und des Rindviehes, daß die schon aufgebauten Marktbuden, die Körbe mit Früchten über einander stürzten, das Brüllen des Viehes wurde vom Schimpfen der Gekränkten überboten, und die Streitenden wieder vom Vieh getrennt, das in der schnellen Bewegung verwilderte, und sich loszureißen trachtete.

Von der Accisestube und den Herbergen floh alles ohne Bezahlung, die Bürger eilten zur Sprütze, sie hatten vor dreißig Jahren das Unglück einer Feuersbrunst, und seitdem gar nichts erlebt. Der Markt war leer, die Feuersprütze angefahren, der Stadtschreider protestirte, es sei kein Feuer, aber die Bürger fragten, warum er die Thüre verschlossen halte, wenn er nicht der Strafe entgehen wolle, die der zahlen müsse, wo Feuer auskomme; der Rauch verrathe das Feuer, sie wollten nicht umsonst den Markt zerstört sehen, und die Sprütze angefahren haben. Beim Feuer fühlt sich gleich jeder wieder in chaotischer Freiheit, der Stärkere, der Lauteste gebietet, Amt und Bestallung ist vergessen, und der Stadtschreiber sprach mit seiner sanften Stimme so vergeblich zu den Bürgern, wie der Kaiser Montezuma zu den empörten Merikanern, ja, die ersten Wasserstrahlen trieben ihn vom offenen Fenster fort. Hier war der Moment, wo der Imposante seine große Natur zeigte; die eine Hand gegen den Mund gelegt, schrie er so grimmig ein Halt nach der Sprütze, daß den Bürgern die Hände von der Spritzenstange abgleiteten. Diesen Augenblick benutzte er, um Blitz und Donner unter die Anführenden zu schleudern, die Hausthür wurde auf seinen Befehl eingeschlagen, die Leute überzeugten sich, daß alles Feuer unter ordnender Gewalt auf dem Heerde stehe, manche gingen so weit, das Essen zu kosten, ob kein Brand darin gewesen; so ging endlich alles in Fluch über gegen die Unglücklicheu, die zuerst Feuer gerufen hatten, Arm und Bein sollten ihnen zerschlagen werden, aber zum Glück waren diese Marktleute längst fortgegangen. Noch nie, so lange die Stadt eine Chronik geführt hatte, war das Marktvergnügen auf so unbequeme Art gestört worden. Aber die Krämer traten um so schneller hervor; da das Vieh so früh den Platz geräumt hatte, so gab es einen Ersatz für die Kauflust; es gab der Vorfall außerdem viel zu reden, und die ganze Stadt ging aus einer in der menschlichen Natur begründeten Liebe zu Gegensätzen aus Ärger, Schrecken und Trauer zu einer unmäßigen Lustigkeit über, in der dem Imposanten, unter Begleitung der Stadtpfeifer, die den Markte anzublasen jährlich verpflichtet waren, ein seltenes Vivat gratis geblasen wurde, weil seine Stimme das wilde Unwesen gehemmt hatte. Die Frau Stadtschreiberin, im Mangel andrer Ausdrücke, fiel ihm geradeweges zu Füßen, küßte seine Stiefeln, und wollte ihre Seele aushauchen. Aber er hob sie gerührt auf, schloß sie in seine Arme, schickte einen Blick zum Himmel, legte ihre Hand auf sein Herz und sprach: „Verehrteste Madame, Sie werden sich noch sehr wundern, wenn Sie mich genauer kennen lernen, nehmen wir mit einander vorlieb, wir sind nun einmal, wie wir sind. Nehmen Sie mich an Kindesstatt in Ihr Haus, es gefällt mir hier recht wohl, Sie sind sehr vollständig eingerichtet, aber es fehlt Ihnen ein Erbe." — Die gerührte Frau schlug in seine Hand, und seufzte: „Ach, mein August kommt wohl nimmer wieder, der gute Junge, wir waren zu strenge gegen ihn." — Da konnte sich der

Imposante nicht länger halten. „Da ist er, Mutter, Euer verlorner Sohn, Vater, erkennt Ihr denn Euren August nicht mehr, seht doch meinen krummen Finger!“ — „Ja, das ist mein Krummer, Krummer, Du bist mein,“ rief die gerührte Mutter, während der Vater schwankend zwischen dem Respekt, der einem hohen Rathe des obersten Landes-Collegiums gebührte, und dem Ansehen, das er als Vater zu behaupten sich verpflichtet glaubte, die Arme hob und senkte, entgegen kam und zurück ging, bis sich alle dreie zu einem lebenden Schlangenknäul von Armen gegenseitig verwickelt hatten.

Dieses frohe Ereigniß brachte den Argwohn gegen die zurückgewiesene Lotte, daß sie die Veranlassung des großen Lärmens gewesen, in Vergessenheit. Sie war inzwischen mit stolzen Schritten, ihren Sohn am Arm dem Gasthofe zugeeilt, wo sie in heftigem Überlegen, was sie thun sollte, um den lange bewährten Ruhm der echten Lotte zu behaupten, in tiefes Nachdenken versank. Der Sohn, von der Stille langeweilt, schlich in den kleinen Garten des Wirthshauses, und pflückte in sanfter Blumenliebe ein Sträußlein zusammen. Er hatte in seiner ganzen Natur und Erziehung etwas Jüngferliches, was der Zeit, in der wir jetzt zu leben die Ehre haben, gar unbequem widersprach. Der Student sah ihn so anmuthig freundlich zwischen den zierlichen Beeten umherschreiten, daß er sich des Gedankens nicht erwehren konnte, solche gute reine Seele müsse ihm befreundet werden. Er sprang die Treppe hinunter, am Brunnen vorbei nach dem Garten, und hätte er nicht hier zufällig sein weibliches Kleid im Spiegel des Wassers erblickt, er wäre unwiderbringlich aus seiner Rolle gefallen. Jetzt aber besann er sich, mäßigte seine Riesenschritte, nahm ein Kindchen auf, das im Hofe saß, und putzte ihm die Nase, gleichsam, als wäre dieses Geschäft die einzige Ursache seiner Eile gewesen. So trat er zimperlich, das Kind am Arme, in den Garten, und der Lottensohn reichte dem Kinde mit beschämten rothen Wangen seinen Strauß, den er eigentlich Lotten reichen wollte. Lotte dankte ihm freundlich, und jener stammelte einige Worte von dem Kinde, die sich der Lottenstudent als eine Frage über Erziehung deutete, und mit großem Anstande seine Grundsätze entwickelte: „Die Bestimmung des Weibes ist Erziehung," sagte er, „sowohl geistige wie körperliche, dieser gute Knabe ist leider in beider Hinsicht vernachlässigt, ich hätte ihm längst seine plumpe Stumpfnase zu einer edlen Adlernase in die Länge gezogen, wäre er mir anvertraut gewesen, seine geistige Bildung hätte ich durch Quadratur der Schönheitslinie zur höchsten Tugendhaftigkeit und Redseligkeit eingeleitet, während er jetzt wie ein stummer Klotz uns anglotzt. Der Lottensohn bat, auch ihn in Erziehung zu nehmen, und beide gingen neben einander, seufzten und drückten einander die Hände. Gewiß wäre es jetzt zu einer verständigen Erklärung zwischen beiden gediehen, aber das Schicksal, das sich für diesen Tag noch besondre lustige Auftritte ersonnen hatte, wollte sich darin nicht stören lassen. Zu den Beiden, die sich erklären wollten, trat eine geschminkte ansehnliche Frau, mit funkelnden Augen, deren Haar sich in Locken herabrollte; sie sang ohne Stimme: „Je suis encore dans mon printems." Dann fuhr sie in einem rauhen Tone fort: „Ah c'est charmant, je vois a votre mine, mes enfans, que j'ai interrompu une déclaration, vous êtes encore bien jeunes, il faut avoir plus d'espérance pour le menage, mais je ferai votre bonheur." Diese Güte rührte den guten Lottensohn zu Thränen, er stammelte in gebrochenem Französisch seine Neigung. „Pourquoi pleurer?" fuhr die Französin fort, „j'ai marié tant des jeunes gens dans mes romans, que je m'y connois, soyez tranquille, je ferai la connoissance de vos parens, une bonne dotte, que je donnerais à cette petite, arrangera l'affaire. Elle est jolie," fuhr sie fort, indem sie beide Arme in die Seite stemmte, wie ein Henkeltopf, „mais c'est singulier, les femmes allemandes n'ont point de graces, cette légèreté leur manque, qui nous distingue." Bei diesen Worten trat sie dem Lottensohn schrecklich auf den Fuß, dieser schrie auf, aber das Gepiepe, Geschnarre, Gedudel, Geklimper, Gefiedele, Geschrape, Gepuffe, Geschmetter der verstimmten Instrumente im Concertsaale überhob sie einer Entschuldigung, sie hob ihre Röcke auf, und eilte mit ungeheuren Riesenschritten fort zur Toilette, der Lottensohn zur Mutter, und die Studentenlotte zum weiblichen Werther, der sich ein Hörrohr und eine grüne Brille mit seidnen Schauklappen zu dem Concerte angeschafft hatte. Der Gelbe hatte seine Zeit wahrgenommen, während des Stimmens den Rednersitz zu besetzen, so, daß der berühmte Dichter ihn nicht mehr vertreiben konnte; er wollte, wie er sagte, der Versammlung etwas unentgeldlich aus seinem vereitelten Declamatorium vortragen, die Viehhändler fanden das sehr edel, und er mußte anfangen, noch ehe die Instrumente mit ihrer Symphonie zu Ende, die von der Versammlung als ein bloßes Stimmen aufgenommen worden war. So las er ungestört seine Fliegenklappe zum Verdruß des Schicksalsdichters bis zu dem Augenblicke vor, als Werther und Lotte die für sie aufbewahrten hohen Polsterstühle einnahmen. Gleich lief es wie ein Heckfeuer durch den Saal, dies ist die ächte Lotte, und die Französin stellte sich gleichsam als Schiedsrichterin zwischen beide, und forderte die gegenseitigen Erklärungen. Die ältere Lotte wandte sich gegen Werther, daß er den Betrug aufdecken möchte. Dieser legte sein Hörrohr an und fragte:

„Was beliebt?“ Die Französin rief: „Oui c'est Werther, c'est le fameux Werther, je l'ai d'abord reconnu a son habit bleu, a ses culottes gaunes, ah qu'il m'a couté des pleurs, c'est le meilleur ouvrage, que la litterature allemande a jamais produite, c'est le vrai sentiment; je reconnois la Lotte, elle est d'une naiveté touchante, mais Werther, vous insultez ma phantasie par votre embonpoint; comment, Werther avec un ventre, une grande pipe de tabac dans sa poche.“

„Was beliebt?“ fragte Werther, und wollte sie umarmen, während ein französischer Sprachmeister behauptete, die berühmte Schriftstellerin spreche nicht recht rein Französisch. Die alte Lotte wurde heftiger, weil ihre Partei sich minderte, ihr Sohn, der etwas Unangenehmes für seine Lotte fürchtete, führte diese bei Seite und schnell aus dem Saale fort, während die Mutter zur Französin sprach. Als diese sich endlich nach ihr umsah, stand eine andre Lotte an der Stelle der vorigen, mit Bandschleife und Rose, wie jene gekleidet, aber außerdem mit einem Schnurbart angethan, dessen emporgewichste Spitzen wie die Flügel eines Räuberpilz an das Lippenthor geheftet erschienen. Mit großem Ernste deklamirte diese dritte Lotte die Geschichte von den drei Ringen aus Nathan dem Weisen, wie sich jeder an dem Besitze seines Ringes erfreuen solle, ohne ihn für den einzig echten halten zu wollen, alle aber sollten sich durch die echten Tugenden der Lotte auszeichnen, durch Nasenputzen und Butterbrodschmieren. Der ganze Vortrag hatte die Amtleute, Viehhändler und Schlächter, welche einen Haupttheil der Versammlung ausmachten, vollkommen überzeugt, daß hier ein Schauspiel aufgeführt werde, dessen Inhalt ihnen auch viel mehr zusagte, als alles, was der Gelbe vorgelesen, wie denn überhaupt alle Ironie bei Landleuten wenig Eingang findet. Alles klatschte nach diesem Vertrage der dritten Lotte, als die hohen Saalthüren plötzlich aufgerissen wurden, und zwei Gensd'armen, die in ihrem Diensteifer von den Pferden zu steigen vergessen hatten, den Lottensohn und die Studentenlotte zwischen ihren Pferden in den Saal führten, die sie wie auf der Flucht begriffen in einer dem Städtchen ganz fremden Schnelligkeit über den Marktplatz hatten gehen sehen, und lauschend in verdächtigen Reden attrappirt hatten. Der sanfte Lottensohn, tiefgekränkt über die Schmach, die seiner Geliebten hier bevorstehe, kniete nieder vor seiner Mutter, und beschwor sie, sich nicht zu widersetzen, er sei mit jener Lotte verlobt. — Die Mutter rief, „ich widersetze mich nicht der Wahl freier Liebe, mein Herz hat für ihre Kränkung schwer gebüßt.“ Sie wollte ihre Hand eben segnend ausstrecken, und die Amtleute klaschten schon wieder Beifall, als Werther auf seinem Hörrohr den Dessauer Marsch zu blasen anfing, denn dieses vermeinte Hörrohr war nichts, als ein abgelegtes Posthorn, und der Student mit lächerlichen Sprüngen umhertanzte, und die Worte der edlen Schwestern von Prag absang:

Ich bin keine Dame,
Crispin ist mein Name,
Ich bin ein Student.

Dann sagte er zum Sohne der Lotte, daß es zwar mit dem Heirathen für diesmal unmöglich sei, aber weil jener eben auch zur Universität sich bestimme, so wollten sie als treue Freunde einander auf die Universität geleiten. „Ah il est bon," rief die Französin, deklamirte aus dem Ossian nach Werthers Übersetzung, „Stern der demende nackt," was Stern der dämmernden Nacht bezeichnen sollte, dann fuhr sie fort: „l'histoire est charmante, mais pour la finir, rendez moi mes culottes, Werthere, et mon habit, je suis très fatigué de ces jupons." — „Es ist der Mehlwurm," rief die Hofräthin Werther, „der hat sich verstellen können, ich hätte ihn so wenig wie meine Kleider erkannt." — Der Mehlwurm nahm seinen großen grün besetzten Damenhut mit der Damenperücke ab, und hing ihn auf den großen Baß: „Da ist schon ein Stück," rief er, „das halte der Henker aus, alle Sentiments in der Hitze." — Werther fuhr begierig los auf den Damenhut, und setzte ihn sich auf den Kopf, indem er dem Mehlwurm die Hand zum Tanze reichte, der dafür seinen dreieckigen mit Wachsleinwand nach französischer Art besetzten Hut annahm und aufsetzte. Diesem ersten Tanzpaare folgte die andre Lotte mit dem Lottensohne, während die eigentliche Lotte von dem Revisionsrathe der hohen Behörde ergriffen wurde. Dieser suchte nämlich der dritten Lotte zu entkommen, die ihm unaufhörlich in die Ohren schrie, er sei kein Rath, er sei nur der Schreiber des Herren Raths, der zur Revision der Gerichte noch diesen Abend ankommen werde. — „Schweig still," rief der Lottenstudent, „Du bist auch nicht was Du scheinst, ich sehe recht gut, daß Du mein Felleisen geplündert hast, und das Kleid, das ich der Schwester zum Geschenk kaufte, trägst." — „Wie Du das meine," antwortete jener, während er die eine Schauspielerin beim Arm nahm, vom allmächtigen Zauber des Walzers fortgerissen. Ihm folgte der gelockte Schauspieldichter mit der andern Schauspielerin im Tanze, aber der Gelbe sah sich verzweiflungsvoll nach einer Tänzerin um, bis er die Frau Stadtschreiberin erblickte, die mit ihrem ganzen Körper den Takt schlug, und auch diese im Wirbel fortriß.

Der Tanz schritt in seliger Vergessenheit immer schneller vorwärts, da traten von mehreren Seiten die Gerichtsdiener den Stadtschreiber an, ihm berichtend, wie ein kostbarer Wagen mit einem Justizcollegio vor seinem Hause warte, um eine Revision des Gerichts vorzunehmen. Der Stadtschreiber rief seinem Sohne zu, daß seine Herren Collegen angekommen! „Lassen Sie die guten Leute kommen,“ antwortete dieser, „ich habe alles in Ordnung gebracht, ich kenne alle die Kleinigkeiten, wonach sie gleich zu fragen pflegen, und sie werden jetzt nichts vermissen, Kleider und Stiefeln werde ich zur rechten Zeit reinigen, auch bei Tische aufwarten, jetzt ist mein College zu ihrer Bedienung hinlänglich.“ — „Mein Gott, welch ein Collegium,“ rief erstaunt der Stadtrichter, „ein Rath putzt dem andern die Stiefel.“ — „Lieber Vater,“ antwortete jener, „guten Rath wußte ich für Sie, um alle Vorwürfe zu entfernen, die Ihre Neuheit in unserer Gerichtsverfassung Ihnen zuziehen konnte, aber ich bin weder Rath noch Beisitzer, sondern Schreiber.“ — „Kein Rath,“ antwortete der Stadtschreiber, und sah ihn erstaunt an, „also auch mein Sohn nicht.“ — „Diese Ehre bleibt mir,“ antwortete jener, „Sie haben mich verstoßen, ohne mein Herz zu kennen, Sie haben mich aufgenommen unter falschem Titel, ich bin immer noch derselbe verlorne Sohn.“ — „Mein Sohn.“ antwortete der Stadtschreiber, „ich sehe wohl ein, daß ich Dich jetzt gut brauchen kann als Gehülfen, daß Du mir durch Deine Arbeit heut genutzt hast, sonst käme ich in Versuchung, Dich wegen Deiner Impertinenz noch einmal fort zu jagen.“ — „Aber mein Trinkgeld will ich haben,“ rief plötzlich die rauhe

Stimme des Postillons, der wieder in die Stadt gekommen war mit der Extrapost, dabei knallte er mit der Peitsche, „ich habe es schon den Herren Räthen geklagt, daß mir keine Gerechtigkeit würde wegen meines Trinkgeldes, da kommen die Herren Räthe mit ihren Brillen.“ „Schweig nur, alter Junge,“ sagte der Stadtschreiber, „hier ist Geld, nur mache mir die fremden Herren Räthe mit Deiner Peitsche nicht scheu. Unterthäniger Diener,“ sagte er zu den eintretenden Räthen, „ich bin der Herr Stadtschreiber, ist es den Herren Räthen vielleicht gefällig, an unserm bürgerlichen Tanzvergnügen Theil zu nehmen, die Herren vom Rathe stehen dort hinter dem Ofen, und ich spreche ihre Gesinnung in Ergebenheit aus.“ „Wir sind so angenehm überrascht worden,“ sagte der eine, „von der richtigen Befolgung aller Vorschriften in ihrer Amtsstube, daß wir uns diese kleine Zerstreuung nicht versagen können, wir finden hier nichts mehr zu moniren.“ — Bei diesen Worten ergriffen diese Herren eine gleiche Zahl der ihnen vorgeführten Frauenzimmer, und polterten dem Tanzwirbel nach, und der Herr Stadtschreiber hielt es für seine Pflicht gegen Amt und Sohn, den Herren mit einem weißen Schnupftuche nachzuspringen, wenn es ihnen etwa beliebte, die gefurchten Amtsstirnen zu trocknen. Die Landleute hielten aber alles für ein so geschicktes anmuthiges Schauspiel, daß das allgemeine Klatschen und Bravorufen fast den wunderherrlichen Congreßwalzer mit allen seinen Noten und Gegennoten übertönte, bis es, von ihm aufgenommen zu einer allgemeinen Friedensbedingung mit vereinigt wurde. Bei dieser Veranlassung möchte ich die Frage vorlegen, wer der Componist des Wiener Congreßwalzers gewesen? Er hat unendliches Verdienst sich erworben, nicht blos um die Befriedigung des kleinen Städtchens, sondern auch der ganzen Welt.

Die Weihnachts-Ausstellung.

(Ein Schwank.)

Die Schritte beschleunigten sich in der Nähe des Conditor-Ladens, als ginge es mit einem schweren Fuhrwerke bergab. Wir zwangen uns vorbei zu gehen und um uns für diese Selbstüberwindung zu lohnen, standen wir still und liefen, als wäre es verabredet, schnurstracks zurück und gerade hinein in den Conditor-Laden. Hieher zieht uns das Gesetz der Geistesschwere, hier ist der Mittelpunkt aller lebenden Kunst und Wissenschaft; Architektur umspannt die Säle; Flötenuhren verstecken den ernsten Stundenschlag hinter Melodieen; die Sculptur bearbeitet den Zucker wie den cararischen Marmor; die Malerei vereinigt sich mit ihr zur Fertigung dieser übernatürlichen Tragant-Blumen; Poesie zeigt in Devisen: daß sie auch im Kleinen groß sein kann; alle übrigen Künste und Wissenschaften liegen in einem Dutzend beschmutzter Journalhefte und Zeitungen auf den Marmor-Tischen umher und duften, als ob es zum Feste wäre, von antiken Salben, von übergeschütteter Chokolade und Eier-Punsch.

„Ach! erinnern Sie mich nicht an das nahe Weihnachts-Fest," unterbrach uns der Conditor, Herr Quitte, indem er eine, mit Rosenöhl parfümirte Schnupftabacks-Dose darreichte: „ich laufe schon seit vierzehn Tagen mit zwei Leuten, — von denen Einer einen Baumkuchen, der Andre eine Citronentorte trägt, — wie die heiligen drei Könige, zu allen Malern und Mechanikern, um sie durch diese Gaben zu einer Anstrengung ihres Genies zu vermögen, aber Keiner schneidet den Kuchen an, meine Herren Collegen haben schon Alle in Arbeit gesetzt." — „Was Kukuk wollen Sie denn mit den Mechanikern?" fragte Einer, sollen die Reistorten künftig auf uns zu laufen, wie wir jetzt auf die Reistorten?" — „O meine Herren," sagte Herr Quitte, „das wissen Sie schon, daß ich die schönste Ausstellung zur Weihnachts-Zeit haben muß, das lasse ich mir nicht nehmen, so wahr ich Quitte heiße, es kommt mir auch sonst kein Mensch" — „Pfui Teufel, Herr Quitte," rief Einer, „wie schmeckt Ihr Punsch!" — „Verzeihen Sie," sagte er, „aber man verliert alle Gedanken bei dem Herumlaufen, ich habe Ihnen Orgeaden-Syrup eingegossen, gebe Ihnen gleich ein andres Glas." — „Aber Sie rühren ja mit dem kleinen Finger um!" schrie Jener noch lauter. — „Dachte ich doch es wäre der Theelöffel," antwortete Quitte, „ich mache Ihnen gleich ein frisches; hör' Franz, hilf mir nur diesmal." — Dieser Franz, ein pausbackiger Gymnasiast in den beliebten Flegeljahren, ging aber gleichgültig vorüber und besah sich im Spiegel, während ein artiges reinliches Mädchen von ihrer Arbeit aufstand,

(Anett-

(Anettchen bekleidete eben nackte Kastanien mit Papier-Hemden) und dem Alten zu Hülfe eilte. „Das ist recht artig von Ihnen," sagte er, „der Herr Sohn sollte sich schämen; wozu gebe ich alles Geld für Bücher und Maiters aus? er denkt an nichts, als an sein Halstuch und seine Stiefelwichse." Brummend ging der Sohn zur Mutter und Anette sagte: „Ich möchte Ihnen doch einen Rath geben, wenn Sie es erlauben; der Herr im Seitenflügel könnte Ihnen aus aller Noth helfen, bei dem sind so viel künstliche Stücke zu sehen, daß Einem davor graut und er macht das Alles selbst." — „Woher wissen Sie das?" fragte der Alte. — Anette wendete sich von ihm ab, aber wir sahen, daß sie roth wurde, indem sie sprach: „Ich verirrte mich neulich auf der Treppe und kam nach dem Flügel und in das Zimmer des jungen Herrn." — „Anette, ein Glas Anisette!" rief Einer von uns, um ihr aus der Verlegenheit zu helfen. Der Alte beschloß sogleich den jungen Herrn zu befragen: ob er so etwas zu machen verstehe. „Gehen Sie ihm nur nach," sprach Anette, „Sie sollen Ihr Wunder bei dem jungen Herrn sehen, der kann Alles machen." — „Wie heißt er denn?" — „Es ist der Herr Arnold von Lindenberg, der Sohn des Herrn Siegfried von Lindenberg. Sie haben gewiß das schöne Buch gelesen?" — „Den müssen wir kennen lernen!" — Als wir dem Alten nachkamen, öffnete er schon die Thüre und da starrten uns Gottes Wunder entgegen, eine rußige Werkstatt voll Dampf und Rauch, eine Schmiede-Werkstatt, ein chemischer Ofen: alles war in den engen Raum gedrängt. „Bin ich denn in meinem Hause?“ rief der Alte, „die schöne Malerei, der ausgelegte Fußboden, die prächtige Decke, alles ist verdorben! Was haben Sie vor? Wollen Sie mir das Haus über den Kopf anstecken?“ — „Stören Sie mich nicht,“ sagte Herr Arnold, der Laborant, „was ich verderbe werde ich bezahlen.“ — „Das kommt von dem Ausgang nach der kleinen Straße,“ rief der Alte, „und von meinem Sohn, der sagte mir immer: wie schön reinlich Sie Ihre Zimmer erhielten. Herr, ich müßte mich sehr irren, oder Sie sind ein Zauberer.“ — Da wir einen Zank fürchteten, so legte sich Einer ins Mittel und sagte: „Vielleicht können Sie, Herr von Lindenberg, unserm süßen Freunde eine sehr leichte Ausgleichung für den Schaden an den Zierrathen des Zimmers verschaffen, wenn Sie ihm seine Weihnachts-Ausstellung mit kunstreichen Erfindungen zieren.“ — „Haben Sie Einfälle?“ fragte der Alte, „mir will diesmal nichts einfallen; können Sie eine Ausstellung erfinden?“ — „Ich weiß wohl, daß Ihnen die Einfälle in diesem Jahre fehlen,“ sagte Arnold, „das kommt aber daher, weil ich im Hause wohne und sie alle zu mir herziehe, und ich ziehe sie zu mir her, weil ich sie ausführen kann.“ —

„Also wäre das hier Alles mein," sagte der Alte lächelnd, „all der Kribskrabs, wovon ich kein Wort verstehe? nun immerhin, benutzen Sie meine Einfälle, aber machen Sie mir eine Ausstellung." — „Dafür ist gesorgt," rief Arnold; „vor drei Wochen schon, als Sie zum erstenmal danach ausliefen, brachte ich dieses Klavier in Ordnung, auf welchem ich, mit Hülfe dreifacher Claviatur und des Pedals, alle Arten Figuren in allerlei Bewegung setzen kann; sehen Sie hier die Reiter, wie natürlich die Pferde sich bewegen, wenn ich das linke Hinterbein ausnehme, wo der Drath sich übergeschlagen hat." — „Ich meinte schon die Pferde wären lebendig," rief der Alte, „wenn das linke Hinterbein nicht stecken geblieben wäre; aber sagen Sie mir: können Sie auch eine Fontaine und ein Paar magnetische Fische machen?" — „Freilich!" — „Nun so nehmen Sie die Tüte Maraskino Bonbons, die meine Ladenjungfer Anette eben eingewickelt hat, zum Zeichen, daß Sie mir Ihre Arbeit widmen wollen." — „Gern," sagte Arnold, „aber Anette muß ihre Bonbons während der ganzen Zeit neben dem Aufbau einwickeln, sonst höre ich auf zu spielen und sehe ihr nach." — „Top!" sagte der Alte, „und in diesem Augenblick kriege ich zum erstenmal wieder einen Einfall, wir führen „Werners Luther" auf — wie wir ihn vor zehn Jahren gesehen, — als eben die Fanchon-Bonbons so gut gingen — mit seinem Buche vor dem

Rathhause stehend, Kaiser, Fürsten und Allerlei ziehen zu Pferde vorüber; ich habe eine dumpfe Schlage-Uhr, mein Sohn, der Schlingel, kann sprechen, ich mache das Volksgeschrei." — „Wir gehen gleich ans Werk," rief Arnold begeistert; „Anette muß Kraftmehl und Drath bringen, scheeren Sie sich fort, lieber alter Herr, Sie sind mir im Wege." — „Gleich," rief der Alte und wir eilten mit ihm hinunter; Anette mußte nach der Vorrathskammer eilen, dann zum jungen Herrn. Mit rothen Wangen ging sie hinauf, mit weißen kam sie herunter, noch ehe wir den Punsch ausgetrunken hatten, nicht aus Schrecken, sondern vom Mehl, das Arnold ihr unbesonnen während des Einknetens übers Gesicht gestrichen hatte. Wir machten sie aufmerksam und sie wurde nicht roth, weil sie es vor dem Mehl nicht werden konnte, aber sie behauptete, es selbst gethan zu haben: freilich aus Versehen. Der Alte sah auf nichts, er triumphirte bedeutungsvoll zu allen Leuten, und als der Sohn sehr gleichgültig eintrat, setzte er ihm eine Priese in die Nase und einen Nasenstüber darauf und rief: „Nicht einmal niesen kann der Bursche! Gleich geh' zum Herrn von Lindenberg: der ist jetzt Deine Schule und Dein Lehrmeister, hilf ihm oder ich schlage Dich todt!" — Wir mußten, ehe wir fortgingen, ihm schwören: Niemand von dem Geheimnisse etwas zu erzählen; Conditoren lieben es, überraschend zu wirken. Vergebens stellte einer der unsern vor: daß das Wernersche Stück vielen redlichen Leuten ein Greuel sei, nicht etwa darum: weil sie Luther über alle Kunst erhaben glaubten, sondern nur darum: weil er in der Wernerschen Begeisterung sogar dumm und einfältig auftrete und in sehr verdächtiger Gesellschaft. Der Conditor beruhigte sich, indem er uns versicherte: weder den verrufenen Theobald mit seiner Flöte, noch die Therese, die immer nach ihrer Hyazinthe sieht, noch die zudringliche Bohra mit ihrem Urbild auftreten zu lassen, sondern blos ein Stücklein aus dem Stücke, in welchem die schöne Tracht alle Menschen befriedigen müsse.

Der Raum zu dem kunstreichen Aufbau war schon am nächsten Morgen abgeschlagen. Wir hatten einen Grund mehr, den Laden zu besuchen, denn als Mitwissende durften wir in das Innere des Tempels blicken; auch halfen wir zuweilen. Mit Anetten wollte es uns nicht gelingen, näher bekannt zu werden; sie blieb bei kurzen Sätzen, die nichts sagten; und doch interessirte sie uns, obgleich meines Wissens keiner von uns nur einigermaßen in sie verliebt war. Eines Tages fanden wir Herrn Arnold sehr brummig; das kam aber daher: statt Anetten wirthschaftete ihre Mutter im Laden. Die war viel geschwätziger, und erzählte uns: daß die Tochter heute für sie auf dem Markte Lieder und kleine Bücher verkaufe, weil sie selbst sich unwohl befinde, und lieber im Laden sitzen möge; aber den nächsten Tag müsse sie schon wieder hinaus, weil Herr Quitte behaupte: daß die Leute ihr nicht so gern, wie der Tochter, abkauften. Wir versprachen ihr schöne Lieder aus unsrer Fabrik, wenn sie uns ihre Geschichte erzählen wolle, und das war bald gethan. Sie war Kammerjungfer bei einem Consistorialrathe gewesen, und Schulmeister Schwalbe hatte sie geheirathet, um eine gute Schulmeisterstelle zu bekommen. Aber der Consistorialrath war gestorben, ehe er dazu gelangte, und ohne Hoffnung, durch Andre befördert zu werden, war er ihr davon gelaufen, als sie ihm Anetten geboren. Sie hatte sich allmählig, durch Vermittelung eines Buchdruckers, ernähren gelernt, und befand sich jetzt sehr geängstigt, weil der entlaufene Mann ihr drohte: bei ihr zu erscheinen, sein Unrecht gut zu machen, und sie aus Sparsamkeit die förmliche Scheidung noch immer unterlassen hatte. Vergebens war es, daß sie ihn gröblich von sich gewiesen, weil er sie in der Noth verlassen; er drohte zur Weihnachtszeit anzukommen. Die Frau weinte bitterlich über diesen verheißenen Mann, und sagte: Der Mensch bleibt nicht derselbe hier auf Erden; wie habe ich geweint, als mein Mann davon gelaufen war, und nun weine ich, daß er wieder kommt. Damals lief ich ihm viele Meilen nach in der Kälte, mein Kind in der Kiepe auf dem

Rücken, und was mir da geschehen, vergesse ich niemals. Es wurde Abend und der Sand immer tiefer; kein Dorf war zu sehen; der Winternebel hatte die Gegend warm zugedeckt; mich fror auch nicht, denn das Tragen wurde mir sauer. So kam ich in einen Wald, der erst nur aus einzelnen Kiehnbäumen bestand, bald aber dichter wurde; kein Vogel war zu hören, auch der Wind schwieg. Und wie ich so ganz in mich gekehrt gehe, und weiß gar nicht mehr, ob ich auf der Welt bin, keucht eine kleine magere Frau neben mir, trägt den Kopf mit einem schwarzen Tuch gebunden, sonst ist sie grau gekleidet, hat einen Krückstock in der einen Hand, und in der andern kleine Zweige, an denen die Knospen eben aufbrechen wollen. Ich erschrecke gleich, aber ich fasse mich doch; als sie mir nun die Zweige anbietet, so hatte ich wohl ein Lüsten daran, ich weise sie jedoch von mir und sage ihr: daß ich schon genug zu tragen hätte. Und wie ich so spreche, ist mein Kind, die Anette aufgewacht, und langt aus der Kiepe nach den Zweigen. Weil mir aber vor der Frau graut, schwenk ich das Kind mit der Kiepe nach der andern Seite, als die Alte ihm eben die kleinen Ruthen darreichen will. Das Kind schreit, die Alte brummt verdrießlich einige Worte, die ich nicht recht verstehe; es war aber ungefähr so: daß dem nicht zu helfen sey, der sein Glück von sich stoße; und nun geht das Mütterchen, das vorher mit mir geschlichen, auf einmal rasch fort. Um sie nicht gekränkt fortgehen zu lassen, rufe ich ihr nach: Mütterchen, sag' sie mir, ist es noch weit bis zum Ort, wo sie wohnt? — Da war's mir, als strecke sie die eine Hand bis zum Himmel aus, und rühre mit der andern die Erde; und wo sie an den Himmel gestoßen, stand der erste Stern des Abends, und wo sie die Erde berührt, da war ein schwarzer Fleck, als ob Kohlen da gebrannt worden. Nachher meinte ich zwar, es sei mir in den Nebel eine große Kiehne wie die Hand der Frau vorgekommen; aber wo war sie so schnell fortgekommen? nirgends war ihre Spur auf der Erde zu finden, und so eine Frau hebt doch ihre Beine nicht hoch, sondern schaufelt am Boden einher, wie es gehen will. Dunkel war es freilich schon und auch ein starker Nebel, und meine Augen waren vom vielen Weinen trübe, und es könnte wohl Alles nicht wahr gewesen sein; aber im nächsten Dorfe, wo ich in den Krug trat, kannten alle Bauern die Frau, und sagten gleich, wie sie aussähe, und daß ich sehr thöricht gewesen, die Ruthen nicht anzunehmen, denn das seien Wünschelruthen gewesen, mit denen ich große Schätze hätte entdecken können, so etwas habe sie noch Keinem geboten. So war freilich mein armes Kind um sein Glück gebracht, aber das Gute hatte es doch: daß die Geschichte einen Buchdrucker, der an dem Tische schon eingeschlafen war, aufweckte, und daß er sich nach mir erkundigte, für mich zu sorgen versprach, mich auf dem Wagen nach der Stadt zurückfuhr, und mir den Verkauf seiner Liederbücher und Holzschnitte übertrug, woraus ich und mein Kind viel gelernt und unsern Unterhalt reichlich verdient haben. Wie sie ausgesprochen hatte, trat Anette ein, die Wangen von der kalten Luft lieblich geröthet, und brachte der Mutter einen Brief. Wahrhaftig, schrie die Alte, er kommt in diesen Tagen, ich armes Weib! — Anette tröstete sie, so gut es gehen wollte, es sei doch auch hübsch, einen Vater zu haben, und dann sagte sie: Seht einmal, Mutter, da steht in der Zeitung ein Aufruf an die Erben eines Mannes, der in Ostindien gestorben, und der gerade so heißt, wie euer väterlicher Name. — Es giebt viele Schulzen in der Welt, sagte die Mutter, und warf das Blatt fort, das Arnold neugierig aufgriff.

Die Ausstellung war zum Erstenmal eröffnet und das Marionettenklavier als Bühne behangen; Arnold, der es spielte, saß von einer Gardine gedeckt, welche das Wormser Rathhaus sehr glänzend gemalt darstellte, und blickte durch die ausgeschnittenen Giebelfenster nach Anetten, die heute Kirsch-Bonbons einwickelte; des Conditors Sohn, der Gymnasiast, sagte die Reden der Fürsten her, wie sie vorüber ritten und noch manches andre, was zur Rundung dieser Scenen nöthig gefunden war, während seine Hand einer modernen

Stutzuhr den feierlichen Glockenklang obligat durch beständiges Wiederholen des Glockenschlags entzupfte. Es kam hiebei sehr viel auf Genauigkeit an, daß keine Pause eintrat. War der Zug vorüber, so steckte er einen Knallfidibus ins Licht, was einen Kanonenschuß andeutete, bei welchem Zeichen der alte Conditor ein jubelndes Volksgeschrei erhob und Luthern ein Lebehoch! darbrachte. Nach diesem Geschrei fiel der vordere Vorhang, der einen krummen Baumgang darstellte, in welchen sich viele alte Gottheiten aus himmlischer Wolken-Schleuse ergossen. Dieses Volksgeschrei unterstützten die Gymnasiums-Kameraden des Sohnes, die sogenannten Thomas-Schüler, welche er in das väterliche Interesse durch tägliche Spende von Kuchen zu ziehen gewußt, um sie den Schülern der Sebastians-Schule entgegen zu setzen, die sich wider die Darstellung des Luther vereinigt hatten, weil es nach ihrer Ansicht eine Herabwürdigung des Reformators sei, ihn beim Zuckerbäcker auftreten zu lassen. So lange die Sebastians-Schüler sich schwächer an Zahl als die Thomas-Schüler sahen, ließen sie es bei dumpfen Gegenreden bewenden; sie gaben aber zu verstehen: daß die Rochus-Schüler ihnen noch zu Hülfe kommen würden. So standen die Sachen, als wir, die vereinigten Spazierfreunde, uns durch das Gedränge der Fahnen-Verkäufer und Brumm-Teufler in den Laden hinein gearbeitet hatten. Herr Quitte war so stolz, daß er unserm Gruße kaum dankte, Anette so beschäftigt, daß sie uns nicht ansah, nur Arnold begrüßte uns mit einem Trompetchen durch das Giebelfenster des Rathhauses. Kaum hatten wir uns zu einem Schock Baisees gesetzt, so drängte sich durch die angelaufene blinkende Fensterthür, nicht ohne Geschrei der Buben, ein großer alter rüstiger Herr in einer Pelzhülle, mit einer Fuchsmütze, für schwächere Augen einem Raubthiere ähnlicher als einem Menschen, in der Nähe beschaut: mit dem Ausdrucke höchster Gutmüthigkeit begabt. Ihm folgte ein seltsames dickes Wesen, dessen Kopf in einer Perücke steckte, deren Haare aber aus den alten Locken in die Freiheit gekämmt waren; über die Halsbinde hinaus hing ein großer deutscher Kragen, sehr groß, aber etwas löcherig und der deutsche Rock darunter war zusammengesetzt aus einem alten fuchsigen schwarzen Schulmeister-Rocke, an dem vorne an den Beinen Ergänzungs- und Deckungs-Stücke aus neuem Tuche angenäht waren.

Der wilde Mann war von den Lichtern so geblendet, daß er der Ausstellung nicht achtete, sondern dem schwarzen Manne nur zurief: „Lektoris, schaff er mir einen Stuhl, mir ist ganz schwiemelig von den vielen Lichtern. Herr Zuckerbäcker, gebe er mir ein Glas Pomeranzen!“ — Nun war gerade Pomeranzen Eis an der Tagesordnung, ihm wurde demnach, aus begreiflichem Mißverständnisse, statt eines Pomeranzen-Schnapses, den er zu seiner Erwärmung wünschte, dergleichen Gefrornes gebracht. — „Das ist, sagte der wilde Mann, „Schmalz, ich will Schnaps haben." — Aber der schwarze Mann sagte! „Gnädiger Herr erlauben, habe mein Brod bei mir und will mir etwas von dem Schmalz aufstreichen." Der wilde Mann nickte; Lektoris nahm Brod und ein altes Knief aus der Tasche und schmierte recht dick auf, um dem Wirth nichts zu lassen. Aber wie erstarrte der Unglückliche, als er mit den Zähnen in das Gefrorne biß; mit aufgesperrtem Rachen blieb er sitzen wie ein Wappenschild. „Was fehlt ihm Lektoris?" fragte der Herr; „kriegt er die Maulsperre wieder, weil er zu viel eingefahren hat?" Bei diesem Worte kostete der Herr selbst das Schmalz und warf das Glas dem Burschen, der es ihm brachte, an den Kopf. „Bei meiner Seligkeit, das ist Schnee," rief der wilde Mann; „Ihr meint, weil wir vom Lande kommen, daß wir den nicht kennen. Aber er schmeckt süß der Stadtschnee!" — Wir verständigten ihm, was es sei und der Mann gab dem Burschen Geld zur Versöhnung und sprach: „Besann mich nur nicht gleich, meine Frau selig hatte mir von dem Gerichte was erzählt, sie hatte einen Onkel, der es einmal essen sehen, aber unser Lektoris freilich, der wußte nichts davon." — „Haben wir etwa die Ehre mit dem Herrn Siegfried von Lindenberg zu sprechen" sprach Einer der Unsern, „dessen Lebensgeschichte ihm so viel Freunde überall gemacht hat?" — „Hab's gehört," sagte der Wilde, „daß der braune Mann meine Regierungs-Affairen beschrieben hat; aber da kennen Sie mich nicht mehr, ich bin durch meine Frau, durch die Franzosen und Russen, und durch die Aufklärung ein ganz andrer Mensch geworden, bin assekurirt in der Hagel-Societät und beim Viehsterben, bin verseparirt und in meiner Schäferei veredelt, brenne meinen Brantwein aus Kartoffeln und koche Runkelrüben-Syrup, und alle die Füchse zu meinem Pelz habe ich mir selbst geschossen, auch bin ich im Bade gewesen und was mich noch fehlt; ein guter Styl, das will ich diesen Winter hier lernen und die Thomas-Schule besuchen, wo mein Sohn viel gelernt hat, ehe er nach die Universität abreisen that." — „Halt," flüsterte mir Einer zu, „der weiß nicht, daß der Herr Sohn hier im Zucker kleben geblieben, verstehst Du nicht, das ist ja Arnolds Vater." — Der Älteste und Dickste von uns gab sich hierauf für den Rektor der Thomas-Schule aus, lobte seinen Entschluß, und versicherte ihm: zum Lernen sei man nie zu alt, auch examinirte er ihn, was er könne und ob sein Begleiter etwa der berühmte Schullehrer Schwalbe sei? Der schwarze Mann nickte, zuckte die Achseln und sagte: daß sein Herr ihn in die Stadt führe, um die

Turnkunst zu erlernen. — „Ja," sagte der Herr, „unser Lektoris soll mit dem Geiste der Zeit fortschreiten, einen Pestalozzi habe ich ihm schon auf der Auction kaufen lassen, nun habe ich ihm noch einen Wispel Roggen Streichmaaß als Zulage versprechen, wenn er mir mit den Jungens eine Turnfahrt durchs Land machen kann und wie eine Ente mit ihren Jungen durch unsern See schwimmt; da soll einmal der Herr Landrath das Maul aufspèrren, der nichts kann als die Wege verderben mit Gerademachen." Der schwarze Mann seufzte und blickte zum Himmel, während der Wilde über seine Ansichten und Absichten zu uns und Allen sich aussprach; da wir ihm aber fleißig einschenkten und die vielen Stadtwege, die Pelzwärme und das Schicksal über ihn walteten, so ließ er endlich seine untere Kinnlade und die Augenlieder fallen und schlief schnarchend ein. Als der Schulmeister das bemerkte, stand er mit uns auf, ging in das Ausstellungs-Zimmer und sprach: „Non sum qualis eram, aber der Herr ist sich gar nicht mehr ähnlich, seit er im Bade war; er hat viel Schulden gemacht, Niemand will ihm noch Geld leihen. Mit einem Normal-Zopfe ist er hingereist und mit ausgekämmten Haaren kam er zurück: die aussehen, als ob ihn der Teufel frisirt hätte; sonst ging er in einem Husaren-Dollmann, der blinkerte von ächtem Golde, nun hat er einen schwarzen Rock wie ein Leichenbitter, oder wie unser Einer, angezogen und ich salva venia mußte mich auch gleich auskleiden, den Puder aus der Perücke kämmen, ja ich sollte mein eignes Haar tragen und habe doch kein Haar mehr auf dem Kopfe. Ein Glück war's, daß meine böse Sieben gestorben, da nahm ich ihre Kirchenjacke und machte mir daraus Vorderschöße am Rock und nahm ihren Kirchen-Schnupftuch, — ach! wie oft hatte die Selige damit ihre weinenden Augen in der Kirche gewischt, denn sie wurde den Schnupfen nie recht los, — jetzt schneiderte ich daraus nach dem Muster des Herrn einen deutschen Festungs-Kragen mit allen Außenwerken. Sic transit gloria mundi. — „Lassen Sie es sich nicht leid sein,“ sagte ich, „denn dieses deutsche Kleid hat sie gleich mit uns verbrüdert, obgleich sie uns unbekannt waren. Der schöne Traum, wie schon die Tracht alle Deutsche verbinden sollte, ist im Spiele der Jugend wirklich geworden und ich bedaure nur: ein Paar Jahrzehende zu früh geboren zu sein, um mich der guten kommenden Zeit singend, ringend, springend ganz freuen, sie ganz als mein betrachten zu können.“ — „Aber ich bin noch viel älter wie Sie,“ rief der Alte betrübt. — „Ei was,“ antwortete ich, „Sie sind ein Schneider und ein Schulmeister, Sie bleiben durch die elektrische Tuchreibung, wie durch die magnetische Jugend-Atmosphäre immerdar jung.“ — „Ich kann freilich noch Alles wie der jüngste

Mensch," sagte er, „aber das Turnen, was ich hier lernen soll, ist doch gegen mein ingenium. Zwar habe ich manchen Birnbaum unserm Junker Arnold zu Liebe bis an die Spitze visitirt, aber an so einer glatten Stange hinauf zu klimmen, das kann nicht einmal ein Eichhörnchen, vielweniger ich altes, dickes Rhinozeros. Und wäre ich oben hinauf geturnt, da würde mir thürmelig vor den Augen und ich fiele wie ein Faulthier herunter, wenn es satt ist. Est modus in rebus. Ich stehe wie Herkules am Scheidewege und ich glaube, daß ich lieber meinen Abschied nehme, ehe ich mich zu solchen halsbrechenden Kapriolen entschließe." Bei diesen Worten griff er sich mit Verzweiflung in die Perücke, daß sie auf's eine Ohr zu sitzen kam.

„Lieber Herr Schulmeister" sagte Einer von uns, „Sie stellen sich die Schwierigkeiten bei der Turnkunst allzugroß vor; wie Sie mich hier sehen, bin ich einer der besten Turner und jeden Augenblick bereit, die Wetterfahne und den Knopf vom babylonischen Thurme herunter zu nehmen; über unsern Fluß setze ich mit einer Stange, gerade so leicht, wie ich jetzt mit einem bloßen Aufsetzen der Hände auf ihre Achseln über Sie springe." — Bei dieser Veranlassung sprangen wir Alle über den Schulmeister und er verwunderte sich und sprach: „das können unsre Jungens ohne Turnkunst." — Der Freund, nachdem er beim

Überspringen die Perücke des Schulmeisters ganz umgedreht hatte, fuhr dann fort: „Die schwersten Übungen sind immer noch die im Turn-Essen, und darin bin ich sehr zurück; sechs Metzen Kartoffeln auf einmal zu verzehren, ist doch etwas viel verlangt.“ — „Nein,“ schrie der Schulmeister, „das geht, wenn man Einem nur Zeit läßt, der Mensch ist ein Kartoffelsack ohne Boden.“ — „Aber die Schwierigkeit ist,“ fuhr Jener fort, „alle Kartoffeln mit dem Munde im Ballspiel aufzufangen; — doch trinken wir ein Glas Bischof, um uns Muth zu machen, denn es giebt noch viele andre Prüfungen körperlicher Kräfte. Wenn Sie die genannten Kartoffeln gegessen haben, wird Ihnen ein Ambos auf den Magen gesetzt und drei tüchtige Schmiede-Gesellen schmieden Ihnen darauf ein Hufeisen.“ — „Sollte das gesund sein?“ sprach der Schulmeister bedenklich und Jener fuhr fort: „Nachher geht es an die Arbeiten des Herkules, da müssen Sie in einem Speisesaal, der während eines heißen Sommers mit summenden Fliegen sich bevölkert hat, alle einzeln mit der Lanze tödten und aus einem großen Garten alle Raupen von den Bäumen mit Pfeilen abschießen.“ — „Nicht kumpabel,“ rief der Schulmeister, „habe mich oft an einem Bäumchen drei Tage marterirt und habe mit den zehn Fingern nicht einmal alle Raupen ablesen können und wozu gäbe es Fliegengift, wenn man die Fliegen erstechen sollte; da denke ich mich in Ehren zurück zu ziehen. Ich habe hier in der Stadt noch eine Frau, die sich recht wohl ernährt; da gehe ich lieber zu der und suche hier mein Brod." — „Ei, willkommen," sagten wir, „Sie sind also der Mann von Frau Elisabeth, eine geborne Schulze; nun das haben wir Ihnen gleich angesehen, von der können wir Alle Ihnen ein Lied singen." — „Das ist mir nicht lieb," sagte Schwalbe. — „Sie verkauft Lieder, darum ist das sehr leicht möglich," rief ich und schenkte dem alten Knaben ein, sagte ihm aber nicht, daß seine Tochter ihm so nahe liebäugle. Hier zeigte sich aber der Natur-Trieb, der Verwandtschafts-Instinkt in rechter Glorie, denn kaum durchströmte warmes Bischofs-Blut sein lahmes Herz, so trat er zu Anetten und streichelte ihr die Wange. „Geh er," sagte sie vergebens, er faßte ihr ans Kinn und kneipte auch ihre Backe, wobei er sich zu ihr gebückt hatte. Der junge Quitte deklamirte eben in Herrn Erichs Namen: „Pfäfflein, du gehst einen sauren Gang!" — da drehte sich auf einmal Luther zum Schulmeister und schlug mit der fast ausgerenkten harten Hand auf ihn los, während aus den Fenstern des Wormser Rathhauses allerlei Zucker-Kugeln die rothe Nase des Schulmeisters beschossen. „Ich weiß nicht," sagte der Erschrockene, „aber mich is akkerat, als ob unser Junker mir ins Gesicht schösse; so hat er's mir auch in der Schule gemacht." Zur

Antwort erhielt er wieder einige Dragees an die Backe. — „Liebes Junkerchen," sagte er, „wo seind Sie denn? Ich habe Ihnen so viel Neues zu erzählen: der scheckige Bulle, ihr Spielkamerad, führt jetzt die Dorfkühe; des Leinewebers dicker Amor hüthet jetzt die Schweine; die Mast war diesmal recht gut, ich hatte ein Schwinchen, das konnte nicht mehr aufstehen und ein Würstchen habe ich für unsern lieben Junker in den Rauch gehängt." — „Stille, stille!" rief das Chor der Thomas-Schüler. „Sprich weiter!" entgegnete das Chor der Sebastians-Schüler, zu denen die Rochus-Schüler sich eben gesellten. Von dem Geschrei erwachte der Herr von Lindenberg und trat fragend ein, ohne zu bemerken, daß ihm das zweite kleine liebe Söhnchen des Herrn Conditors einen aufgerissenen Pfannkuchen dergestalt auf die Nase geklemmt hatte, daß er erst nach einer Weile herabfiel und seine Stelle von Kirschmus geschwärzt zurück ließ. Nur kurze Zeit versöhnte der lächerliche Anblick die streitenden Chöre. Herr Siegfried fragte den alten Quitte: was dies Geschrei bedeute? — „Mein Gott, lassen Sie mich los, ich muß Volksgeschrei machen!" — „Was, Volksgeschrei!" rief Siegfried; „ist er der Kornwucherer, von dem sie im Bade gesprochen haben? Ich kann das Volksgeschrei nicht leiden, alle Menschen sollen zufrieden sein." Aber die Thomas-Schüler wollten das Volksgeschrei hören und so waren nun drei streitige Parteien, von denen jede schrie: Das Reich muß uns doch bleiben! — durch welche sich die Mutter Anettens drängte, die mit Heftigkeit zu ihrer Tochter sagte: „Mein verlaufner Mann, der Schwalbe ist hier, und draußen steht ein Wagen mit einem Herrn, der will uns umsonst nach Nürnberg fahren, wo wir unsern Handel recht gut treiben können.“ Anette wollte ihr folgen, aber Arnold faßte sie beim Arm, wir ergriffen die Hand der Mutter und baten sie, ihrer Tochter diesmal zu erlauben, nach der Wünschelruthe zu greifen, die ihr außer dem Gelde auch Glück verheiße; sie möchte daran denken, wie sie schon einmal das arme Kind verhindert habe, reich zu werden. Aber die Mutter ließ nicht nach und es stürzte die Wand des Rathhauses ein; die Sebastians-Schüler triumphirten, der alte Lindenberg sah seinen Sohn und rief: „Was Kukuk, Arnold, Du schriebst mir Deinen letzten Brief aus Berlin, es sind noch keine acht Tage.“ — „Verzeihen Sie, gnädiger Vater,“ sagte Arnold und umarmte ihn, „ich schrieb ihn in einem Wirthshause, das zur Stadt Berlin genannt wird.“ — „Nun das wußte ich wohl, daß Du immer die Wahrheit sagst!“ sprach der alte Herr mit Behaglichkeit. — „Veni, vidi, vici,“ rief der Schulmeister, der sich inzwischen mit unserer Hülfe orientirt hatte; „gnädiger Herr, hier ist meine Frau, und das hübsche Mädchen, in die ich mich eben verliebte, soll, so wahr der Himmel lebt, meine rechte Tochter sein!" — „Was Kukuk," rief Lindenberg, „hat er zwei Frauen gehabt?" Kleinlaut sagte der Schulmeister: „Leider hatte ich diese vergessen, als ich mir die andre nahm." Da fuhr der alte Lindenberg auf: „So muß ich ihn hinrichten lassen, und das thäte mich sehr leid." — „Da seind Ihr Gnaden zu gut," rief der Schulmeister. — „Ich bleibe nicht bei dem Manne," rief die Mutter; „er hat mich mit dem Kinde in der Noth verlassen. Anette trippelte schwankend zwischen Beiden; dem alten Lindenberg standen die Tropfen auf der Stirn, er wußte nicht was er denken sollte. Der Sohn allein behielt Gegenwart des Geistes, ließ den kleinen Vorhang der Bühne fallen, faßte Anetten und den Vater an, führte sie durch die Hinterthüre zu seinem Zimmer hinauf, der Schulmeister, die Mutter und wir Hausfreunde folgten ihm. Der Sohn bat uns zu schweigen; er vertraute dem Vater: daß er mit Anetten, der Tochter des Schulmeisters verlobt sei, weil der Vater ihm geschrieben habe, daß er im Bade alle Adels-Vorurtheile abgewaschen habe. — „Leider hat der Junge recht," sagte der Alte, „aber jedennoch erlaube ich es nicht." — „Aber das Glück Aller fordert diese Verbindung, dann bleibt die Frau beim lieben Herrn Schulmeister und Sie brauchen ihn nicht hinzurichten wegen seiner doppelten Ehe." — „Das wäre recht schön," rief der Schulmeister. — Wenn es so käme, sagte die Mutter, so könnte ich meinem verlaufenen Mann auch verzeihen und erzählte: wie sie einst die Wünschelruthen des Glücks von sich gestoßen und der Herr möchte es nicht so machen. — „Aber jedennoch erlaube ich es nicht," rief der alte Junker.

„Sehen Sie, Vater," sprach der Sohn, der jetzt mit seinen Anstalten fertig war, „auch die lieben Todten wollen unsre Vermählung, die Mutter bringt einen Kranz." — Er blies hier das Licht aus, welches ich nachgetragen und wir sahen das Bild einer Matrone, von einem Glanze umgeben, mit einem Kranze durch das Zimmer schreiten, doch ohne daß sie die Füße bewegte — „Meine selige Frau," rief der Alte; „ach! sie war immer gut, sie hätte auch diese Mißheirath dem Sohn zu Liebe erlaubt, sie that ihm stets allen Willen, dabei kam nichts Gutes heraus; aber ich erlaube es Euch jedennoch nicht." — Bei diesen Worten änderte Arnold die Vorstellung und es erschien auf der Wand ein deutscher Brief aus Amsterdam, in welchem geschrieben stand: daß der in Batavia gestorbene Küper, Herr Friedrich Schulze, nach Inhalt seines Testamentes nur eine Schwester, Frau Elisabeth Schwalbe hinterlassen und sie als Erbin seines, aus achtzigtausend Gulden bestehenden Vermögens eingesetzt habe. Mutter und Tochter schrieen freudig auf und dankten

Arnold für seine Mühwaltung; sie hätten sich nie um das Geld bekümmert und Herr Siegfried, als er die Sache eingesehen, schwor darauf: nun solle die Heirath allen Ahnen und Vettern zum Trotz geschehen, er wolle das Gut dem Sohn übergeben, der es nun von Schulden frei machen könne. Jetzt machte Herr Schwalbe einige Umstände, dessen Muth mit dem Glück gestiegen; aber die Mutter schrie ihn an: daß sie ihn verklagen wolle wegen seiner doppelten Ehe und so mußte er die Augen eindrücken, wie eine Katze, die einen Schlag bekommen. Als er nun auch eingewilligt hatte, öffnete Arnold das Ventil seiner Gasbeleuchtung und zündete die Feuerstrahlen an, die das Zimmer von allen Seiten wie ein flammendes Feenschloß erhellten. — „Sohn, Sohn," rief der Alte, „daß mein Fuchspelz nur nicht anbrennt, Du bist wie der Doktor Faust im Puppenspiel, hüte Dich, wenn es heißt: Präparate!" — Da sprang der alte Quitte herein und sprach: „Helft mir Freunde, die Herren Gymnasiasten zerschlagen mir im Streite miteinander alle Tragant-Hyazinthen und Marzepan-Flöten wie die Bilderstürmer im Doktor Luther; edle Freunde, rettet!" — Arnold ergriff ein Faß mit Kohlenpulver und ein brennendes Licht, ging voran, wir ihm nach; er drang wie ein Rasender unter die tobende Jugendwelt und rief mit entsetzlicher Stimme: „Ihr habt mein Kunstwerk zerstört, seht meine Pulvertonne, ich sprenge mich mit euch Allen in die Luft.“ Bei diesen Worten verschüttete er etwas wirkliches Pulver zur Beglaubigung in ein Licht. Wir thaten, als ob wir vergeblich mit ihm rängen und dann entliefen. Da stürzte die Jugend von Thomas, Sebastian und Rochus zum Laden hinaus, der hinter ihnen zugeschlossen wurde. Wir hörten die Chöre im Freien: sie wollten den blutigen Kampf da erneuen, wir aber, wir mußten uns freuen, daß wir nach allem Schreien einen ruhigen Platz hatten, um die Verlobung der jungen Leute und die Wieder-Vermählung des alten Herrn Schulmeisters zu feiern. Herr Quitte klagte über sein gestörtes Geschäft, mußte aber nachmals eingestehen: daß wir an dem Abend, auf Herrn von Lindenbergs Kosten, soviel wie ein ganzes Publikum verzehrt hätten und außerdem versprach ihm dieser gnädige Herr eine solche Wagenreihe mit Gänsen, Schinken, Speck, Pökelfleisch, Ochsenzungen, Kartoffeln, Petersilien-Wurzeln, Sellerie, Ober- und Unter-Kolrabi vom Gute in seinen Hof fahren zu lassen, daß er den Verlust der Einnahme von der verunglückten Ausstellung leicht verschmerzen konnte. Nach der Verlobung zeigte der junge Herr dem Vater die Zauberlaterne, durch welche er den Schatten seiner Frau Mutter dargestellt hatte, um ihn zur Einwilligung zu bewegen und der Alte, statt zu zürnen, sagte ihm gerührten Dank für seine Einsicht und Erfindung und spielte so lange mit der Laterne, draß sich die Verlobten fast müde küßten, wir uns müde tranken und Alle sich recht herzlich nach dem Bette sehnten, um die Seligkeit dieses Abends nicht mehr loben zu müssen. Endlich ging der Alte und bestand darauf: uns mit seiner seligen Frau vorzuleuchten, die er bald einer Austrägerin, bald einem schlafenden Nachtwächter zum Schrecken über die weißen Häuser-Wände voraus tanzen, bald von dem Geldbriefe aus Holland ablösen ließ; wir andern Schatten stolperten hinterher, indem wir abwechselnd Perücke, deutschen Kragen, Stock und wollene Handschuhe aufsuchten, die der Herr Schulmeister, der vorn von Frau, Tochter und Eidam bugsirt wurde, in seligem Unbewußtsein wie eine Saat auf dem weichen zerschmelzenden Schnee und den von Wagen durchfurchten Straßenhumus ausstreute. — Der gute Mann wurde uns aber besonders jetzt zur Last, wo die Thomas-Schüler, von den Sebastians-Schülern gedrängt, an uns vorüber flohen und bei einem zusammengefegten Schneehaufen Front machten, ihre verschossene Schnee-Munition ersetzten und ihre Schneebälle gegen die anrückenden Sebastians- und Rochus-Schüler aus allen Händen warfen. Die Sebastian-Schüler stutzten, aber sie wichen nicht; sie erwiederten das Bombardement, das nun der gute Schulmeister und die Seinen, welche dazwischen standen, von beiden Seiten empfingen.

Vergebens erhob Arnold außer seinem Hut auch des Schulmeisters Perücke zum Schutze Anettens, um die Schneebälle damit auszupariren; die Sache würde bedenklicher, als Herr Siegfried in seiner Begeisterung daran dachte: daß er Thomas-Schüler werden wolle und jetzt ihre Partei nehmen müsse, denn so wurden wir ohne Absicht und Willen in die Parteiung hinein gezogen und der Schulmeister unter Schnee begraben. Da riefen einige Schüler außer sich in Verwunderung: Seht Doktor Luther am Himmel, er winkt mit der Palme! Und Friede verbreitete sich mit dem Geschrei; die letzten Schneebälle sanken kraftlos zu Boden und wir konnten wieder frei aus den Augen sehen. Welch ein Anblick! Der Rand des Vollmonds leuchtete über die blätterlosen Bäume in der Straße und über demselben zog, von durchsichtigem Marmor, ein Viergespann von Rossen einen Triumphwagen, auf welchem Luther in einem leichten Mantel stand und mit grüner Palme winkte.

„Der kommt uns zur rechten Zeit!" flüsterte Arnold, und mit einer Beredsamkeit, die an einem fleißigen Schüler des Cicero nicht zu verwundern, stellte er die Vortheile der Eintracht dar. „Nicht umsonst," sagte er, „kehren jetzt, weil sich der Wind gedreht hat, meine Luftbälle, die ich heute Vormittag im Lustgarten des Großherzogs, dem hohen Geburtstag zu Ehren, auffliegen ließ, in dieser Stunde, in diesem höchsten Momente des Kampfes zurück. Sie bringen den Frieden, indem sie mit einer Täuschung die andre lösen. Ihr, haltet jene Erscheinung für Luther mit der Palme, es ist aber Apollo mit dem Lorbeer in der Hand; nun läßt sich in Goldschläger-Häutchen, woraus diese Figuren gemacht und dann mit brennbarer Luft gefüllt sind, nicht so genau arbeiten wie in Thon, Gyps oder Marmor und so war diese Ähnlichkeit, die euch so wichtig ward, nicht meine Absicht, nicht mein Eigenthum, so wenig in der „Alceste" der Herakles auf dem Theater mit seiner rothen Perücke meinem Schwiegervater, Herrn Tobias Schwalbe, so wenig der Apollo des Theaters im grünen Schlafrock dem trefflichen Herrn Conditor Quitte gleichen sollte. Das alles ist tief in den Mysterien der Welt begründet; jedes Ding, jeder Mensch hat seine Stunde, wo er als etwas erscheint, das er oder es nicht ist, und darin den höchsten Gipfel seines Daseyns erreicht. Ist nicht selbst der Mensch im Traume etwas ganz Andres, als im Wachen, kann er nicht im Traume vollkommen der Meinung sein, die er wachend bestreitet, und streitet er deswegen im blinden Eifer der Ansicht nicht oft gegen sich selbst, gegen sein besseres Dasein. Träumen wir nicht vielleicht in diesem Augenblicke, oder giebt es wohl gar Zeiten, welche die schönsten und fruchtbarsten in der Geschichte zu nennen sind, die viele Jahrhunderte in ihrer Richtung bestimmt haben und in denen der Traum vom Wachen gar nicht zu unterscheiden ist, sondern mit ihm zusammen fällt? Ist dieser Zustand, welcher allerdings herrlich zu nennen, wo Verstand und Phantasie, Glauben und Wissen sich einträchtig durchdringen, jemals aus Streit hervor gegangen? Nimmer! Sondern unbewußt, wie die Liebe in ihrer Entstehung, tritt das Herrliche in die Welt und achtet so wenig des Widerspruchs, wie des Nachsprechens. Statt euch zu streiten versucht es einmal: euch zu einer großen That zu verbinden, die euren Kräften angemessen, und helft mir den Apollo-Wagen von den Baumästen los machen, in denen sich das Vorderpferd verwickelt hat und sich zu zerreißen droht; steht eurem ehemaligen Schulkameraden nur diesmal bei! — Nach dieser Rede erklärten sich Alle bereitwillig und da viele geschickte Kletterer in beiden Schulen waren, so erschienen bald die Baumspitzen mit kleinen Gestalten wie mit Krähen besetzt. Nicht nur der Apollo-Wagen wurde glücklich herunter gebracht, sondern auch die andern Götter, welche zu Fuß und ohne Vorspann, wie die Fliegen aus der Buttermilch, nachzogen, zum Theil wie Diana auf dem blauen Himmelsrasen sich trudelnd, während Endymion Kobold schoß und der altes Okeanos umher vettermichelte. *) Auch diese wurden glücklich herab

*) Ein Volks-Ausdruck für Courmachen, kommt von dem bekannten Volksliede her: „Gestern Abend war Vetter Michel da.“

gebracht und von den beiden Schulen freundschaftlich und gemeinschaftlich zu Versuchen am folgenden Tage heimgeführt. Der Vollmond war bei dieser Arbeit mit seinem breiten Gesichte über die Häuser und Bäume herauf gekommen, und beleuchtete gar herrlich die Götter-Gestalten und den vierrädrigen Wagen des Lichtgotts, der über der fröhlich singenden und fortziehenden Jugend mit Geister-Leichtigkeit schwebte. Einer der Freunde hatte seine vier Rock- und Überrocks-Taschen mit vier Champagner-Flaschen geladen, von welchen die Pfropfen aus Freude über diese Erscheinung aufpufften; demnach mußte getrunken und dazu gesungen werden:

Trinklied im Vollmondschein.

Was ist's, das wir in Ahnung fühlen
Und was erhöhet jede Stirn?
Im Herzen dunkle Wurzeln wühlen,
Die Knospen brechen auf im Hirn;
Was ist in dieser Nacht geschehen,
Das uns so freudig will umwehen?

Ob wir in süßer Liebe wachten
Vor manchem Jahr um diese Zeit?
War heut ein Jahres-Tag der Schlachten,
Die unser Vaterland befreit?
Doch der Kalender in dem Herzen
Weiß nichts von Sieg und süßen Scherzen.

Ihr Sterne, nennet mir dies Zeichen,
Das heute über uns regiert?
Ich sah: ihr Alle müsset weichen,
Nun es den Himmelsrand berührt;
Des Vollmonds blühend rothe Wangen
Sind uns zum Vorbild aufgegangen.

Weil heut der Vollmond uns bescheinet,
So schenken wir die Gläser voll,
Wir wissen, was der Himmel meinet,
Warum er heut uns scheinen soll:
Wir sollen sehn, wie er sich füllte,
Seit er den Durst im Thaue stillte.

Aus vollen Flaschen werden Neigen
Und leere Menschen werden voll,
Es hängt der Himmel voller Geigen:
Weil heut ein Jeder tanzen soll;
Die Erde dreht sich schon im Kreise,
Die Pfropfen springen nach der Weise.

Auf Pfropfen steigen wir zum Monde,
Der allen Wein der Erde reift,
Und machen gern mit ihm die Ronde,
Wenn queer er durch den Himmel schweift.
Heut ist im Mond die große Faßnacht,
Und alles Wein da, was hier naß macht.

Die große Noth in den Finanzen
Und der Verfassung Schwierigkeit,
Löst sich, nun wir die Welt im Ganzen
Beschaun, als eine Kleinigkeit;
Kommt Zeit, kommt Rath! im Wein ist Wahrheit
Und wer gespart, der zahlet baar heut.

Ein Glück, daß ich kein Gott geworden,
Denn ich vertränk' mein Bischen Welt,
Den diamantnen Sternen-Orden

Und auch das blaue Himmelszelt,
Dies Zelt, das mir so wohlgefallen,
Seit unsre Stimmen drin erschallen.

Ja, morgen würd' ich's recht bereuen:
Wenn über uns der Himmel leer;
Ich würd' ein neues Zelt mir leihen,
Und wenn es bei dem Teufel wär;
Ja Freunde, laßt uns das bedenken,
Eh wir vom Glauben was verschenken.

Am Himmel ist nichts überflüßig,
Und auf der Erde nichts zu viel,
Und wenn wir ihrer überdrüßig
Und wenn der Himmel uns zu kühl,
Steigt süßer Schlaf aus edlem Weine
Und hüllet in Träumen die Gemeine.

Aloys und Rose.

(Französische Miscellen aus Wallis.)

Aus dem Tagebuche eines hypochondrischen Reisenden.

Nun bin ich endlich über das Ende der Welt hinweggeschritten, — Felsen und Wolken liegen zwischen uns, und es ist mir, als müßtest Du jetzt Nacht haben, weil die Sonne mit mir hieher gezogen. Die Welt meiner Gedanken ist jenseits geblieben, im lieben deutschen Vaterlande, hier ist der Tag nicht mehr Tag, das Grün nicht mehr Grün. Die letzten abgerissenen grünen Blätter meines Herzens habe ich Dir jenseits mit den letzten Bergströmen hinuntergesendet. Ich lag da, wie ein abgeschüttelter Maikäfer unter seinem laubvollen Baume auf dem Rücken, und drehte mich, ohne Kraft mich aufraffen zu können. — Da fiel es mir ein, wie Du auf Himmelblau mir Briefe schreiben wolltest, und das Himmelblau winkte mir aus der Fremde. So bin ich hieher gekommen, und habe nichts von Dir gelesen, als meine Erinnerung, die Mittagswärme hat meinen sinkenden Muth aufgelößt und vernichtet. — Die letzten deutschen Alpner verstand ich weniger als die französischen Walliser, — und doch verstand ich erstere besser — Da sitzt ein Mädchen im Zimmer, weder herzhaft freudig noch traurig, sondern so gleichmüthig spielt sie mit einer Brieftasche, daß ich nicht begreifen kann, wie sie zu dem Namen Rose gekommen. Aber irre ich mich nicht? — nein, ich höre recht, sie singt halb laut ein deutsches Liedchen, nun erhalt ich Deine himmelblauen Briefe, die suchte ich jenseits, und jenseits lebe ich Dir.

Nachmittag um 4 Uhr.

Jetzt höre, ich habe Dir viel zu schreiben. Ein trauriges Abenteuer hat meine Trägheit überwunden. Kaum hab ich jenes singende Leben berührt, so werd ich lebendig. Sie war so aufrichtig, es mir zu erzählen, ich darf ihre Aufrichtigkeit vergelten: ich will Dir unsre Unterredung kurz wiederholen. Sie fing in ihrem Gesange an.

Rose (singend).

Gleichgedeckt von milden Schatten,
In des Nußbaums klarem Dach,
Fühlte ich mein Herz ermatten,
Zieht das Aug dem Schiffly nach,
Das so schwankt vom För beweget
Wie die Sonne kaum sich reget.
Und doch schnell die Ufer tauschet
Meinen Baum zu fliehen scheint
Der so still auf sie nur lauschet,
Die im Schiffly mir erscheint:
Schau mir doch die Uferwogen
Hin zu ihr von Gluth gezogen!

Klinge hell mein Lied zum Kahne
Denn ihr Schleier winket mir!
Oder träumte ich im Wahne,
Denn so fern ist sie von hier:
Selig Luft, die dich umflossen,
Aus ihr Grüße, Blumen sprossen.

Blumen sollten all verwelken
Denn sie deckten Freiheit nicht.
Sie erschien im Glanz der Nelken
Kam zur Erde, wie das Licht;
Neu ergrünten da die Fluren,
Sie betrat der Freiheit Spuren,
So ist sie der Flur erschienen
Hält nur mich gefangen hier
Wohl mir daß ich ihr kann dienen
Wohl mir daß ich diene ihr.
Wohl mir daß mit ihren Minen
Wohl der holde Mond erschienen.

Ich. Das Lied ist an den Mond, klingt trauriger als der Mond aussieht.

Rose. Sie sprechen deutsch, das ist so selten unter den Engländern.

Ich. Wenn ich nun keiner bin?

Rose. So ist es mir noch lieber.

Ich. Erzählen Sie mir warum, denn das ist hier selten.

Rose. Bei den Gastwirthen meinen Sie, wir sind aber noch nicht lange hier.

Ich. Das habe ich gehört, und daß Sie in Zürich gewesen, glaubt ich aus dem Liede zu vernehmen.

Rose. Sie hätten nicht nöthig gehabt, zu horchen. Seit drei Monat hab ich keinen Deutschen gesprochen, darum hätt ich es Ihnen selbst schon erzählt. Vielleicht können Sie mir Nachricht bringen von Aloys.

Ich. Von Aloys?

Rose. Sie kennen ihn?

Ich. Ich habe einmal von ihm gehört, es ist sehr lange, er war aus Zürich.

Rose. Ach ja! — Sie sprang auf, wischte sich eine Thräne vom Auge, und legte die Hand aufs Herz.

Rose. Ich muß Ihnen viel erzählen, denn mein Herz bricht sonst. Ich bin von Natur geschwätzig, und darüber darf ich mit niemand hier schwatzen, ich kann hier mit niemand reden.

Ich. Wir sind allein.

Rose. Allein wenn wir deutsch reden, auch sag ich Ihnen keine Geheimnisse.

In dem Augenblicke trat eine alte Magd weinend herein, und klagte, daß der französische Soldat der Henne die Eier weggenommen, nachher habe sie der boshafte Mensch noch zum Eierkuchen eingeladen, worin er die kleinen Hühnchen mit gebacken. Sie verwünschte Wallis, und wollte nach Lausanne zurück, und sagte, daß sie nur wegen Rose bliebe, (die sie zu trösten suchte,) und, um den Franzosen mit Rattengift umzubringen.

Rose. Das thust Du doch nicht.

Magd. Aber Sie sollten es, Sie danken ihnen alles Unglück.

Rose. Da hören Sie es, wo die Quelle meines

Unglücks. Ein Arm des Stromes, der mein Vaterland verwüstet, hat auch mich getroffen.

Ich. Sie berühren da eine Saite, die jeden anschwingt, dessen Herz für Freiheit schlägt, Ihre Geschichte liegt mir schon dadurch sehr nahe.

Rose. Sie haben gehört, daß wir aus Lausanne sind. Sie reisen jetzt dahin, wenn Sie unter der Linde vor den Thoren stehn, so denken sie, daß ich so zwischen Himmel und Erde meine Jugend verlebt, so lag vor mir das grüne Lebensmeer, so rankte um mich Weinlaub und deckte jede Felsenstuffe. — Nun sehen Sie einmal heraus zum Fenster, wie wir hier von den nackten Felsen eingeschlossen, die in den Tag hineingewachsen, früh und spät ihn abkürzen.

Ich. Sie brechen ab.

Rose. Es war mir, als hätte ich etwas verloren, und suchte es im ganzen Zimmer vergebens, und — sehen Sie, da find ich es an meinem Finger.

Ich. Es ist ein Kreuz im Innern des Ringes.

Rose. Und auch sie ist todt, meine Athenais, ein liebes Mädchen, fein gebildet. Wir lasen und lernten mit einander, und wußten nicht einmal, wie lieb wir uns hatten. Ich sah sie zum letztenmale, und dachte nicht daran, ich sah ihn vielleicht auch zum letztenmale, und dachte nicht daran, damals sah ich ihn zum erstenmal, als ich das Kreuz grub. Es war an Huttens Grabe, auf der Insel Aufenau. Ich hatte an dem Tage ihren Tod erfahren, es war mein erstes Leiden, aber — nicht mein letztes.

Die Erinnerung an Hutten hatte mich vielleicht nachdenkend gemacht. Ich blickte starr durchs Fenster.

Rose. So saß er auch, und sah nicht auf mich.

Ich. Ich nicht, jedes Wort von Ihnen wacht in meinem Gedächtniß. Sie fanden Aloys in Aufenau. — Waren Sie früh von Lausanne entfernt worden?

Rose. Drei Monat vorher nahm ich von Athenais Abschied, sie war mehr gerührt als ich, es war meine erste Reise, sie schmeichelte allen meinen Eitelkeiten.

Ich. Sie sprechen zu verächtlich von Ihrer Eitelkeit.

Rose. Ich habe sie wirklich nicht mehr, und es thut mir oft darum leid, oft ist es mir wieder lieb. Wer kann das erklären? Ich will Ihnen lieber meine Geschichte aufklären, als meine Eitelkeit.

Ich. Sie schweigen?

Rose. Ich denke, wie wenig daran fehlte, Aloys und mich glücklich zu machen. Alle Schrecknisse der Zeit mußten zwischen uns fallen, um uns zu trennen. Unsre Väter waren alte Kameraden in demselben Schweizerregimente, im französischen Dienste, doch vermuthe ich eigentlich nie Freunde. Aloys Vater hatte sich allmälich in französische Sprache und Sitten gefügt, meinem Vater waren beide natürlich. Sie nahmen zugleich ihren Abschied, um die Güter ihrer Väter zu übernehmen, und sich zu verheirathen, sie versprachen es sich mit dem letzten Händedruck, ihre Kinder gegenseitig einander zu verheirathen.

Ich. Die Revolution hat ihnen vielleicht die Güter geraubt?

Rose. Nicht unmittelbar. Einen Theil seines Vermögens hatte mein Vater verspielt. Er ward einer der frühesten Anhänger der Schweizerrevolution, vielleicht um es wieder zu gewinnen. Aloys Vater hing treu und vielleicht zu strenge der alten Verfassung an, weil ihm die Anhänglichkeit an das alte regierende Haus in Frankreich, dem er gedient, und mit dem er seine Kriegsehre und Kriegsdienste vernichtet glaubte, gegen alles, was man damals neufranzösisch nannte, aufbrachte. Kaum hatte er meines Vaters Vereinigung mit den Franzosen bei ihrem Einrücken gehört, so schrieb er bündig die Heirath mit seinem Sohne ab, die wenige Wochen nachher in Zürich vollzogen werden sollte. Meinen Vater drückte der Brief wie Gewitterluft, keine Erinnerung alter Freundschaft blieb ihm, er wollte sich an ihm rächen. Die Anstalten zu meiner Reise waren gemacht, wir hatten, Athenais und ich, seit einem Jahre an meiner Ausstattung genähet, das Heirathen war mir sehr gleichgültig, aber die Reise war mein Stolz. Mein Vater beschleunigte sie noch mehr, theils um kein Aufsehn zu machen, mehr aber um mich in Zürich allgemein und besonders von dem Sohne seines alten Kameraden bewundern zu lassen, und wenn diesen die Liebe gegen den Willen seines Vaters zu einer Erklärung brächte, mich ihm stolz und verächtlich abzuschlagen. Diese Rache gefiel ihm so sehr, daß er sie meiner Eitelkeit als erlaubt einredete; meine Mutter durfte nie mit reden, weil sie während der Ehe von den Blattern entstellt worden, und mit ihrer Schönheit allen Einfluß auf meinen Vater verloren. Mich hatte sein eigenthümlicher Wille stets in der Gewalt.

Ich. Nur nicht in der Liebe, ich ahne schon.

Rose. Freilich! Leider? Aber nehmen Sie den eigenthümlichen Dünkel der Waatländer gegen die deutschen Schweizer, der aus ihrer Abhängigkeit hervorgieng, bei ihrem größern Wohlstande und dadurch hervorgebrachten allgemeinen Bildung gesellschaftlicher Verhältnisse, und Sie werden es nicht unbegreiflich finden, daß ich nach Zürich einer Art von Vergötterung entgegen zu gehen, und mit Aloys wie mit meiner Katze zu spielen glaubte. Ich sah Athenais zum letztenmal, ich fühlte ihre Thränen auf meinen unruhigen frohen Lippen. Ich wurde in Zürich von einer Verwandtin artig, aber ohne Umstände aufgenommen; mein Vater zog sie in das Geheimniß seiner Rache, womit sie unzufrieden war. Erst lachte ich über alles, aber ich merkte nicht, daß jemand sonst als ein Mädchen mit lachte, das mir bald wegen seiner nachahmenden Einfalt verhaßt wurde. Die Deutschen haben etwas besonders, wenn sie keine fremde Sprache sprechen, und das fand ich mit der Sprache, die ich schnell erlernte aus Neugierde.

Ich. Nun, ich bin auch ein Zweig aus dem großen Stamme, sagen Sie nichts böses.

Rose. Im Gegentheil, ihre Gedanken sind als wenn ich mir selbst die Kirschen aus einem Zweige pflücke sie hängen noch fest daran, sind aber auch frisch wie keine andre, oder uralte Weisheitsprüchwörter für das thätige Leben. — Keiner wollte mich heirathen, blos wegen des Sprichwortes.

Ich. Ich kenne das Sprichwort.

Rose. „Kauf deines Nachbars Rind, frei deines Nachbars Kind," das war gegen den Plan meines Vaters, mir war es gleichgültig; dagegen kränkte es mich, Aloys nicht zu sehen, der sehr einsam unter Büchern lebte, seit die Revolution es unmöglich machte, daß er angestellt wurde. Wie schöne Tage verlebte ich! es war mir, als würde ich neugeboren in meiner Sprache, alte Gewohnheiten erschienen mir anders Athenais und meine Mutter lernte ich anders lieben, meine Briefe schwärmten, und ich konnte die vorige Zeit nicht begreifen. Lavater war es, der alle diese Veränderungen in mir hervorbrachte; ich möchte Ihnen einige seiner treuherzigen Briefe geben, er redet darin immer von sich, und sagt doch alles von mir, ja ich glaubte mich unzählich oft in seinen sinnreichen Bildern zu erkennen, und was er davon in sinnreichen Unterschriften sagt, deutete ich, als wenn er auf mich es geschrieben. Ich suchte meine Besserung bis zur Angst, daß es zu spät sei. Oft lief ich mit immer schnelleren Schritten das Ufer der Limat herunter, und suchte einen Gedanken wie die fliehende Welle zu verfolgen, um ihn zu verbessern, mein Dünkel verschwand, und ich wünschte sehnlich, allen andern gleich zu werden; es schmerzte mich, wenn junge Mädchen mich heimlich genau beobachteten, um etwas von mir nachzuahmen; ich hätte nur einmal so ruhig nachsinnen mögen, wie sie ... traurig wurde mein Glück durch einen Unfall unterbrochen.

Ich. Athenais Tod?

Rose. Ich erbrach den Brief mit dieser Nachricht im Schiffe, das mich zum erstenmal nach der Insel Aufenau führte, ich glaubte, da sie zu sehen, so heftig hatte mich der Schmerz erschüttert, sie ging vor mir, hatte eine Blumenkette um mich geschlagen, wie sie sonst wohl that, und zog mich hinter sich — zu einem Grabe.

Ich. Huttens Grab.

Rose. Da verschwand sie. Auf dem Grabe saß ein ernster Mann, und las eifrig. Sein Halstuch war aufgelößt, ich sah, daß er einen Dolch versteckte, als ich eintrat. Ich fragte ihn bestürzt, wessen Grab er bewache, er sagte leise: Huttens Grab. Ich fragte, wer das gewesen, und weinte dabei in der Erinnerung an Athenais. Er antwortete kalt; lassen Sie die Trauer den Männern, ihr Geschlecht wird nie vernichtet; wie wir in den Schreibstuben zu den Büchern gebannt, so lebte der Mann, den dies Grab deckt, er konnte das Bessere nur lehren, und nichts thun fürs deutsche Vaterland, hier starb er verlassen von Allen, sein ganzer Reichthum eine Feder, aus der sein Geist in ewiger Begeisterung hinrauschte.

Ich sah in das Buch, aber es war lateinisch, er schlug eine Stelle auf, er hat sie nachher mir so oft wiederholt, daß ich seine Übersetzung behalten. Arminius spricht darin von sich:

F. Al. d. Hutten Arminius: Jung, beobachtet, ohne Ansehn und Geld, doch habe ich mir meinen Weg gebahnt, Deutschland zu befreien, einzig gestützt auf meinem festen Gemüthe, aus mir selbst holte ich den Anfang meines Wirkens. So gab ich Waffen und Kriegsweisheit meinem Lande, als ich verächtlich mich herumtrieb, meines Volkes scheinbar vergessend; aber ich schlug auf seine Feinde aus heiterm Himmel, auf seine Feinde, das mächtigste Volk der Erde, schlug auf den Gipfel ihrer Macht, und habe ihre Macht ausgerissen aus meinem Vaterlande, mit allen Wurzeln: daß mein Volk dann mächtig gewachsen, das geschahe durch mich.

Als er mir das sagte, glaubte ich, er sei selbst der tapfre Befreier, ich staunte ihn an mit tiefer Ehrfurcht, und wünschte ihn recht lange zu hören, er aber in Gefühl verloren, schien mich kaum zu sehen, das that mir leid. Wir wußten uns nichts zu sagen, ich dachte an Athenais, und zog ihren Ring vom Finger, nahm eine Nadel, und ritzte ein Kreuz hinein, er sah mich an, und ich wagte nicht aufzublicken, auch weinte ich. Ihre Wünsche liegen in dem Ringe, sagte er leise, wie meine in dem Grabe, vielleicht auch begraben. Sie alle sind todt, rief ich, meine Jugendfreundin starb. Der Schmerz gesellt sich nur der Einsamkeit, antwortete er, machte eine Verbeugung, und ging langsam fort. Er blickte sich nicht einmal um, und ich sah ihm nach, wie ich matt und erschöpft einer Erscheinung nachsehen könnte. So lange er da war, bemerkte ich nicht den Eindruck, aller Trost war von mir gewichen, ich sank bewußtlos an Huttens Grabe nieder, und was ich betete, das wußt' ich nicht.

Ich. Das schönste, das einzige Gebet.

Rose. Ich erholte mich erst aus meiner Betäubung, als bei der Rückkehr ein nahendes Ungewitter die Gesellschaft in Bewegung setzte, die bisher aus Achtung gegen meinen Schmerz geschwiegen. Der Unbekannte wurde mir immer wunderbarer, die Blitze schossen aus den dunkeln Wolken gerade so wie er sich umdrehte zu mir, und mich anblickte. Ich mußte aber eben so die Augen vor der Klarheit niederschlagen auf den im Blitze hellglänzenden Ring meiner Athenais, ich glaubte, er sei nieder- und heraufgefahren, und werde nicht wieder kommen. Ich sang damals mit dem Schiffer das erste deutsche Lied, lesen Sie es, mir ist es zu traurig worden, und ich hasse jetzt die Traurigkeit.

Ich. Heil Klarus, frei ergeben
Der Felsen Heiligkeit,
Hast du geweiht dein Leben
Der ewgen Lieblichkeit.

Du lagst auf deinen Knieen
Auf Felsen überm See,
Gebete von dir ziehen
Des schweren Kleides Weh.

Die Wolke hat gewoben
Um dich ein weißes Kleid,
Und hat dich frei erhoben
Aus allem Herzeleid.

So bist du mir entschwunden
Ich folgte dir so gern,
Durch Ring der Welt gebunden
Bleib ich dir ewig fern.

Rose. Ich schlief spät ein, im Traume sah ich Athenais, ich kann nicht sagen, wie sie mir erschien, sie glich den Blitzen und dem Unbekannten. Ich fragte sie, wie sie mich sehen könne, da sie doch todt sei, sie antwortete mir, daß meine Augen doch auch geschlossen wären vom Schlafe, wie ihre Augen vom Tode, und daß ich sie doch sähe, darauf erwiederte ich aber, ich sähe wohl jetzt nur ihren Schatten. Nein sagte sie, du siehest mein Licht, denn das hast du immer nur von mir gesehen. Ich wollte weiter fragen, aber sie zog sich immer kleiner zusammen, daß sie endlich wie ein Glühwurm fortschwankte. Da erwachte ich, und durch die Vorhänge schien etwas helles, das plötzlich wieder versank. Flammen spielten vor meinen Augen, die Ohren klangen mir, die Katzen bissen sich klagend im Hofe. Ich rief meinem Peter — (sie zeigte dabei auf einen schwarzen Kater, der vor dem Fenster in der Sonne sich die Pfoten leckte) — ich sah mit schlagender Brust zum Fenster hinaus; eine Seite des Himmels war blau, die andre eine dunkle Nacht, die dunkeln Bäume tröpfelten noch langsam von dem verzogenen Regen; ich athmete Ruhe ein, und schlief darauf ruhig. Ich habe mich nachher ängstlich vor solchen Träumen gehütet.

Ich. Könnte ich Ihnen doch solche Träume abnehmen, ich wäre sehr glücklich; mir träumt nichts als Possen, närrische Masken, die mir allerlei einreden wollen, was ich für falsch halte, und doch glaube.

Rose. Ich halte ernsthafte Träume für eine Sünde, denn ich wagte ihn niemand damals zu erzählen. Ich beschloß, mich nach jenem Unbekannten zu erkundigen, aber ich sah ihn selbst den Abend noch, in einer Gesellschaft. Wir wurden einander vorgestellt, es war Aloys, ich erröthete, und das fanden alle sehr natürlich, die unsre frühern Familienverhältnisse wußten. Eigentlich erröthete ich, ihn gestern für einen Engel gehalten zu haben, ungeachtet er mir heute weit liebenswürdiger vorkam, als gestern. Es wunderte sich jeder, ihn zu sehen, er schob die Schuld auf das schlechte Wetter, das ihn von Aufenau in die Stadt zurückgetrieben. Keiner nahm ihm die Grobheit übel als ich, die einen andern Grund vermuthet hatte; ich fand ihn jetzt sehr linkisch und ungeschickt, gezwungen spashaft. Ich glaubte uns durch diesen Abend auf immer getrennt.

Ich. Gewiß quälten Sie einander lange auf diese Weise.

Rose. Beinah zwei Monat; die gemeinschaftliche Vorliebe für alte Bücher verband uns endlich, ohne daß wir uns bestimmt erklärten. Er hatte viele geerbt, und schickte sie mir nach eigner Auswahl, wobei er einzelne bedeutende Stellen frei nachgebildet hinein legte.

Sie zog in diesem Augenblicke eine rothe seidene Brieftasche aus ihrem Busen; wie der Priester die Hostie, so zeigte sie mir dies Heiligthum, öffnete sie denn behutsam, und legte einige Blätter auseinander, die mit großen Stichen aneinander geheftet waren.

Ich will sie Dir abschreiben, und ihre Worte dazu, die sie zur Erklärung sagte.

1. Blatt.

Lancelot du Lac imprimé à Paris 1531.

Der König gestützt auf einen Baumstamm wartete auf den Morgen, daß er sein Schloß sähe, was er liebte, und was er befreien wollte; aber er verlor sich in allerlei Gedanken und gab nicht Acht auf die ersten Flammen, die aus dem Schlosse hervorblickten, denn dahin lag Sonnen Aufgang. Aber bald darauf sprangen aus allen Dächern die Funken und Flammen, es flogen Brände zu ihm hin im Winde, in kurzer Zeit stürzten herab die hohen Thürme, die Glocken läuteten noch ängstlich, dann floß schon ihr tönender Mund herab. Der Wiesengrund von Spinngeweb und Thau überzogen warf den Schein doppelt in seine starre Augen. So sah er seine letzte Hoffnung aufbrennen, nun hoffte er auf nichts mehr in seinem Jahrhundert, er fühlte sich ganz alt und gebrochen, sein Weib und Kind ohne Schutz, zu gut für dieses Leben. So stürzte er starr auf die harte Erde, und brach sich das Genick, dergestalt daß er auf dem Platze blieb.

So hoffte ich Dich von Deinen Feinden zu befreien, da bist Du mir in Flammen verschwunden, daß ich erstarrt stehen blieb. Aloys.

Rose. Meine Feinde nannte er die Grundsätze meines Vaters, denen ich aus Nachsprechung anhing; er fluchte aber so herzlich darauf daß ich mich ärgerlich von ihm gewandt hatte. Wenn er schrieb, nannte er mich immer Du, ich habe es ihm nie übel nehmen können.

2. Blatt.

Délie Paris 1564.

Disäne.

Der Weihe selig Element
Hat ahnend schon mein Grab benetzet,
Die Kerze, die dabei noch brennt,
Habt sinnend ihr dazu gesetzet:
Zusammen bin ich selbst gesetzet,
Aus Elementen in mir streitend,
Aus Wasser, Feuer, Kampf bereitend
Muß selbst im Grab ich brennen, weinen,
Die Sonne, glühend zu uns schreitend
Wird Thau in ihren Morgen weinen.

Aloys.

Rose. Ich hatt' ihm vorgeworfen, warum er nicht lustig werde, wie ich wieder geworden.

3. Blatt.

Le Cid de Corneille.

Monologue de Rodrigue.

Durchdrungen bis zum innern Herzen,
Von unerwartet tödlichem Geschosse,
Gerechter Rache elender Genosse,
Verharr ich starr, der Schickung Schmerzen
Sind ungerecht: das müde Haupt sich beuget
Dem Schlage willig, der zur Gruft es neiget!

So nahe süßer Liebe Lohn
O Gott, welch unnatürlich Leiden!
Der Lieben Vater sprach hier Hohn
Dem lieben Vater! — Ich sie meiden!

Wie wühlt es hier im harten Kampfe,
Im Herzen kämpft die Liebe gegen Ehre,
Rächt Kindesliebe, daß ich Lieb entbehre,
Sie hält die Hand — das Herz im Dampfe
Der Flamm erlöschet, die ich soll ersticken,
Um nicht der Ehre Blume zu erdrücken!
Unendlich wächst in beiden Noth
O Gott, welch unnatürlich Leiden.
Den Trotzigen bestraft nur Tod,
Sein Tod wird mich vom Leben scheiden!

So Vater Herrin, Ehre, Liebe,
Ihr edeln harten Herzenstyranneien,
Mein Glück kann ich durch Schande nur befreien,
Nur dunkel ahnen Glück die Triebe.
(Er nimmt ein Schwert.)
Du theures, grauses Schwert, der Rache Hoffen
Es steht die Seele noch der Liebe offen,
Du würd'ger Feind des höchsten Glücks,
Noch schläft in dir mein Leiden
Braucht Ehre, Rache deines Blicks?
Sollst du dies Band zerschneiden?

Viel besser mich in's Schwert zu stürzen,
Der Liebe Pflicht verbindet gleich mich beiden,
Die Herrin zürnt des Sohnes Rache-Freuden
Wer's trägt, kann nicht sein Leben kürzen.
Mein Tod beugt vor die Liebe zu verletzen,
Ihr Todeshauch soll nicht mein Leben netzen!
Verhaßte Welt, wo nirgend Heil,
Wo nichts besänftigt Leiden.
Wohl auf, mein Geist! dein Weg ist steil,
Entfliehe, Fluch zu meiden!

Doch ohn mein Leben zu besitzen,
Den Tod, den Tod des edeln Ruhms zu suchen.
Daß Spanier einst meinem Namen fluchen,
Weil ich nicht konnte ihn beschützen. —
Der Liebe folgen, die zum Leid geboren,
Zu deren Qual sich alles hat verschworen;
Nein höre nicht den niedern Rath,
Der nur zu meinem Leiden.
Frisch auf, mein Arm, zur Ehrenthat
Darfst Liebe nicht beneiden.

Ja wohl es war mein Witz betrogen,
Vor dir verdanke ich dem Vater alles.
Sei Kampf für ihn die Ursach meines Falles,
Sein reines Blut sei nicht belogen.
Schon ängstigt mich der Zög'rung läst'ge Klage,
Zur Rache sinkt die Waage, und ich schlage.
Mich brennt, daß ich verzweifelt, Schaam;
Es schwinden alle Leiden,
Daß ich des Rächers Vater kam,
Der Liebe Vater zu entleiben.

Dein Vater hat unser Vaterland durch den Vorschlag der Vereinigung mit Frankreich tief beleidigt, mein Entschluß, als ich dies schrieb, war, ihn dafür zu tödten. Heute hab ich die Zeitungen gelesen, und bin ruhig geworden. Es giebt weit mehr zu thun als das.

Ich fühle es, der Liebe Haß, der in mir wühlet,
Er ist zu groß, um einen nur zu hassen.
Ein Bär kann zweie wohl zugleich umfasseu;
Ihr Blut des Rachens Rachedürsten kühlet.
Auch darf ich nicht die Rache andern lassen,
Der Regen wohl vom Felsen Erde spühlet,

Des Lebens Wurzeln hie daraus entwühlet,
Um Thränen wird der Haß kein Herz verlassen.
Die Wurzel soll nicht einen Fuß umschlingen,
Nicht dazu kurzen Lebens lange Leiden,
Ein großer Fang soll ihrer Kraft gelingen.
Soll Liebe auch der Liebe Haß hier scheiden:
Bekämpft den Athem, um bald laut zu singen,
Und wer im Rohr muß allen Pfeifen schneiden.

Nicht Eitelkeit hat meine Brust geschwellet,
Den hohen Ton des Sieges mir verliehen,
Nein, was im Innern meiner Seele brennet,
Ein Ätherquell von Berge flammend schien.
Die Erde sprach darin in Himmelslichten,
Zum Himmel will sie hoch ein Nordlicht richten.

Kein Irrlicht je die fromme Seele schauet,
Des Truges Bild vor ihrem Blick erstarret,
Der Glaube ruhig seiner Flamme trauet,
Nicht lange vor der engen Pforte harret.
Es bersten Felsen, springen schwere Thüren,
Das Reich des stolzen Wortes einzuführen.

Aloys.

Rose. Dies Blatt machte mir bange — ich sah ihn nach zwei Tagen in einer Gesellschaft, vorübergehend fragte ich ihn — das trieb ihm alles Blut in die Wangen, er biß die Zähne zusammen, er sagte: Aufgeschoben ist nicht aufgehoben. — Das Unternehmen muß sehr kühn gewesen sein, weil es so unbemerkt vereitelt worden. Mein Vater glaubte sich damals der Rache nahe, die Rückkehr meines Aloys zu unsern Gesellschaften und manche andre Umstände zeigten ihm seine Neigung, als ihm eine Unvorsichtigkeit von mir, ein Widerspruch gegen seine politische Meinung über meine Gegenneigung Verdacht gab. Er verbot mir alle Verbindung mit Aloys in der kurzen Zeit, daß ich in Zürich bliebe. Ich schrieb ihm durch meine Muhme, die ich durch geschicktes Haubenstecken für mich gewonnen hatte. Ich mußte aber so schreiben, als ob es wegen eines Buches wäre. Der Brief hat mir viel Mühe gekostet, lesen Sie das

4. Blatt.

Als Gelehrter werden Sie es nicht unschicklich finden, wenn ein Mädchen an Sie schreibt, ich halte dafür, daß Sie alles wissen, und frage Sie deswegen nach dem Verfasser eines Liedes, dessen Musik mir wohlgefällt, es ist überschrieben: Rath zur Reise an einen Trauernden.

Liebe sucht die heitern Töne
Aller Zeiten Frühlingsschöne,
Einzig schmerzt ihr, daß die Töne
Fliehen, eh sie Liebe kröne.

Suche auf in grünen Bergen,
Wo die Töne sich verbergen,
Ob sie sind bewacht von Zwergen,
Ob geraubt von Morgenlerchen?

Suche sie im stillen Thale,
In dem dunkeln Sternensaale,
In der Seeen grüner Schaale,
Auf der Felsen moosger Kahle.

Felsen selbst von Lieb umrungen,
Hat die Wurzel kühn durchdrungen,
Nicht dem Haß ist Sieg gelungen,
Liebe hält sie fest umschlungen,

Sie vereinet ferne Ströme,
Eint den Fels mit Wolkenschöne.
Daß der holde Sieg dich kröne,
Sei, wie meines Liedes Töne;

Das so still in meiner Seele,
Nimmer dringt durch meine Kehle:
So verhehle dich und stehle
Meinen Gruß aus meiner Seele.

Ich habe aus dem Liede bemerkt, daß ich noch nicht geläufig die deutschen Verse verstehe, vielleicht können Sie mir auch über den Inhalt einige Auskunft geben. Da ich bald von hier abreise, so empfehle ich mich Ihnen bestens.

Rose.

5. Blatt.

Aloys an Rose.

Ihr gütiges Zutrauen hat Sie nicht getäuscht, geehrte Jungfer, ich kannte das Lied aus einigen mündlichen Nachrichten, es ist aus der ungedruckten Sammlung eines zarten Gemüthes. Ich habe Gelegenheit gefunden diese Sammlung kennen zu lernen, und wird sie mir auch jetzt entzogen, so wird es Ihnen doch lieb sein, noch wenigstens dieses Lied daraus zu kennen, welches ich schnell abschreibe, es kann Ihnen zur Erklärung des ersten hinreichen.

Die Hunde verjagen
Das Wildpret, das Schöne
Was helfen die Klagen
Die müßigen Töne.

Mein Fuß ist geschnüret
Ein Stab ist geschnitten
Wohin er mich führet
Wird muthig gestritten.

Und hab ich die Stelle
So hab ich die Kräfte
Da rinnet die Quelle
Da wachsen die Säfte.

Es weichen die Hunde
Wenn Wölfe sie jagen
Es heulen die Hunde
Und lassen das Jagen.

Aus Höhlen und Bergen
Steigt nieder der Frieden
Nicht mehr sich verbergen
Die jetzt mich vermieden.

Und hab ich gefunden
Gesellin, dich Schöne
Will fröhlich gesunden
Der Lust mich gewöhnen.

Entschnüren die Schuhe
Der Stab ist gebrochen
Du weilest in Ruhe
Wo Blumen gerochen.

Ich wünsche uns beiden gutes Wetter, denn ich reise mit Ihnen zugleich ab, aber nach den kleinen Kantonen.

Aloys

Rose. Er reiste und ich blieb noch. Welche Öde in der lebendigen Stadt als hätte der Feind sie zerstört. Mein Herz war beängstigt als wenn ein Schwert über mir hinge an schwachem Bande; das Schwert fiel herab, ich erhielt durch meine Muhme dies letzte Blatt.

6. Blatt.

Der Welttheil sinkt, wir können hier nicht säumen
Wir schiffen in ein bessers Vaterland.
Sieh hold das Meer im Ufersande schäumen
Der Hoffnung Farbe ist ins Meer verbannt.
Da herrschet sie mit ihren hellen Träumen
Und rufet jubelnd laut: ich sehe Land.
Du Land des Friedens bist mir heut erschienen
Ein froher Welttheil lacht aus deinen Mienen.

Er ruht das Schiff, zerfällt in eigner Schwere
Kaum strecken noch die Rippen ihren Arm
Zu eines stillen Himmels blauer Leere,
Polypen bald und Muscheln ohne Harm
Umwachsen sie im lebensreichen Meere
Es tanzt durch sie der blanken Fische Schwarm.
Du fühlest froh dein innres Herz erwachen
Wo dir Korallen roth aus Tiefen lachen.

Auf! lichten wir die Anker, nackt laß uns fliehen, daß alle drückende Lasten auf diesem drückenden Welttheile bleiben. Laß uns fliehen nach dem stillen Meere, nach den glücklichen Inseln.

Es fuhr mir der Gedanke heute wie ein Lichtstrahl durch die Seele, als ich im Vorbeirudern einen Kahn neben Aufenau verfallen im Wasser liegen sah, auf dem ich oft ohne Zweck und Nutzen mich abarbeitete. Dort habe ich dich gefunden, aber wir fanden da nicht unsre Ruhe, wenn du nicht meinen Gedanken folgen willst. Er steht so rein vor mir, so klar, wie ein Marmorbild aus alter Zeit, es drängt sich hervor aus dem alten Gemäuer, wie ein Streifen Himmelblau aus den Wolken; die guten Gedanken lassen sich nur fühlen nicht beschreiben, und doch werden sie nie vergessen. — Liebe, es ist nicht unsre Schuld, daß alles Gute in unserm Welttheile vergeudet wird, und daß das Böse bleibt; aber wenn wir bleiben um vergeudet zu werden, so lange wir noch Kraft haben zu fliehen, das wäre unsre Schuld. Auf, laßt uns die Anker lichten, ein frischer Wind schwellt die Seegel, und die Insel blickt aus der Ferne, die alle ihre Menschen, wie ihre Thiere nährt ohne Arbeit, wo ein ewiges Spiel von den grünen Blättern durch die Gedanken über die Meeresfläche sich hinschaukelt in liebendem Wechsel; wo kein Eigenthum uns enteignet, wo kein Stand langweilig beständig, wo jeder nimmt um wieder beraubt zu werden, wo alles reizt und nichts fesselt, wo Mann und Weib gleiche wandernde Lebensbürger sind.

Urn.

Du weilest, ich ahnde es, und fühle nun daß ich Dich nicht kenne. Du bist mir eine Jungfrau und weiter nichts, Du lachst in Gesellschaften und wenn Du mich siehst wirst Du traurig, ich aber bin traurig allein und in Gesellschaft, nur wenn ich Dich sehe werd' ich froh. Ich las heute in den Minnesängern, und ward das traurig inne. Ich will Dir die Gesänge in heutiges Gesprächsel übertragen.

1.

Walther von der Vogelweide I B. S. 137.

Wer kann euch zu Danke singen
Ich bin traurig ihr seid froh
Wer kann das zusammen bringen
Doch ist traurig daß es so;
Sie verirren mich, und versünd'gen sich
Wüßt ich was sie wollten das sänge ich
Wohl euch, ihr Vögeli
Ihr singt, und wißt nicht wie,
Ich kann nur herzlich fluchen
Wenn ich es will versuchen.

2.

Hesso von Reynach.

Klägelige Noth
Klag ich von der Minne,
Weil sie mir gebot
Daß ich meine Sinne

Dahin wende, wo man mich
Verderbet viel
Bös Minnespiel
Durch dich leide ich
Bin dir aller Pfeile Ziel.

Wange rosig war
Wohlgestalt das Kinn.
Augen lauter, klar
Vaterland glüht drinn.
Doch wohin hab ich geblickt:
Lieb' zum Leib
Vom seelgen Weib'
Flammend mich entrückt·
Leid mich treibt statt Zeitvertreib.

Süße Trösterinn
Tröst meine Sinnen
Durch der Minne Sinn
Daß zum Herz nicht rinnen
Thränen auf die rothe Gluth.
Ich leide Noth
Mach's Mündlein roth
Tröste mein jung Blut
Schon entbot die Noth den Tod.

Du weißt nicht Liebe, wohin du mich geschickt hast. Diese Berge, diese Höhlen, dieses hängende Grün in den Lüften hat noch eine geheime Sprache für mich aus früher Jugend, die mir das Haar auf den Scheitel zusammenwirbelt. Wenn ich dir meine Frühlinge vorrechnen sollte, wie ich jeden durchlebt, den ersten Gruß des Grüns empfangen, mir wird so weh; in diesen Gegenden sah ich den ersten Frühling und ich kannte ihn nicht, bewußtlos sprang ich am langen Stabe die Felsstufen hinunter, ohne zu ahnen, wohin sie mich führen würden. O mein liebes Vaterland, wie bist du hinunter gesprungen von deinem Felsentrotze — und hast nicht mehr die Kraft hinauf zu steigen zu der Höhe, wo die hohen Tannen wurzeln, wo die Schneelawinen geboren werden. Und Du, Liebe, holst auch mich zurück, und ziehest mich doch hieher!

Ury.

Ich kam eben aus einer grauen Schneewolke, die sich allmälig verzog, ich sah dem Schnee zu, wie meinem Genossen, wie er schmolz und herabfloß neben mir im Sonnenschein, erst blinkte er stolz mit seinen Sechsecken, jetzt hat ihn die Erde eingezogen. Die Welt ist rund, und die Gedanken sind eckig, da stoßen wir ewig an, ohne Vaterland!

Ury.

Ich weiß nicht, wie Du es machest, aber Du änderfest oft in fünf Minuten fünftausendmal Dein Gesicht, auch wußtest Du alles mit so feinen Fingern zu fassen, daß Deine Seele durch den Körper schien, wie Dein Arm durch den dünnen Ärmel. So machtest Du es, und so mache ich Dir es noch. Eine Reise zu den Entlibuchern hat mich aufgemuntert, ich habe alte Schweizerkraft geschauet im Schwingen. Höre dies Schwingeliedchen nach der Sicilischen Melodie:

Werf ich ab den Kittel
Mädchen schaue an
Wie ich ohne Knittel
Männer schlagen kann:
Schau die Sehnen schwellen
An der Schenkel Muth,
Wie zur Erde quellen
Sie in fester Wuth.

Singend schwinget schlinget
Ringet Brust an Brust,
Wer den andern zwinget
Fühlet frei die Lust
Denn wer hingestrecket
Reichet ihm den Kranz,
Eichengrün bedecket,
Seiner Stirne Glanz.

Welchem Mädchen bringet
Er den Siegerkranz,
Jedes ihn umschlinget
Froh zum Schlingetanz:
Dreht ihn schnell im Kreise
Ringt im schnellen Sprung,
Sucht nach Mädchenweise
Sieg in Tanzesschwung.

Und wer heut' besieget
Suchet morgen Sieg,
Keiner stets erlieget
David krönte Sieg:
Schwachen hilft die Schnelle,
Dauer giebt der Muth;
Schweizer von der Stelle
Nimmer weich' uns Blut.

Singet: Ringet schlinget
Dringet Brnst an Brust
Auf den Feind, und bringet
Sieg und Siegerlust:

Andacht doppelt Kräfte,
Muth nur sichert Gut,
Treue im Geschäfte
Leiht euch Himmels Huth.

Vier Waldstädtersee auf dem Schiffe.

Dort drüben in den Bergen,
Da gräbt der Wind sein Haus,
Er muß sich heute bergen,
Kein Wölklein bläßt ihn aus:
Gelähmet ist sein Wille,
Das Wasser scheint so glatt,
Es tönt durch heiße Stille
Ihr Seufzen leise matt.

Wallfahrer traurig singen
Ihr wechselndes Gebet,
Doch mit dem Teufel ringen,
Wohl nimmer einer thät:
So drängen böse Zeiten
Heuschrecken, Schrecken ein,
Wer wird sich heut bereiten
Von Schmach uns zu befrein.

Die Bretter schwitzen Thränen,
Die Ruderer beim Wein,
Verschlafen in den Kähnen
Des nahen Sturmes Dräun:
Du schaust mein Herz die Platte,
Sie rettete den Tell,
Den Muth, den Tell der Gatte,
Dem Schmerz entgegen stell.

Der Sturm trieb auf und nieder,
Sein Schiff zur Schreckens-Bahn,
Der Tell sang frohe Lieder,
Gefangen in dem Kahn:

Des Geislers kann er lachen,
Der ihn gefangen hält,
Den Bösen treiben Drachen,
Wenn Tod ihm Netze stellt.

Er lößt dem Tell die Banden,
Er soll bekämpfen Tod,
Den sie mit Schimpf umwanden,
Nach tiefer Vaternoth:
Er soll sie jetzt erretten,
Der nur für Freiheit stritt,
Den sie gelegt in Ketten,
Zum Kerker führten mit.

Die Stürme von den Bergen,
Sie waren frei zum Kampf,
Es fluthet von den Bergen,
Der grauen Wolken Dampf
Hinaus hinüber über
In Wind und Gegenwind;
Der liebe Himmel trüber,
Die Felsen deckt geschwind.

Wer giebt dem Tell die Kräfte
Wer giebt ihm solchen Muth,
Es sind der Engel Kräfte,
Die ihn beschützt beim Huth:
Schon ist er nah am Ufer,
Jetzt springt er aus dem Kahn,
Und stößt ihn rasch vom Ufer,
Zurück zur Todes-Bahn.

Die Sklaven sollen vergehen,
Gelobt sei Wilhelm Tell,
Durch sie Tyrannen bestehen,
Die Freiheit steht durch Tell!
So wurden frei die Brüder,
Der Himmel ward ihr Haus,
Es schallten frohe Lieder
Wär diese Zeit nicht aus! —

Sie ist aus diese Zeit, aber sie soll wiederkehren, aber mit unsrer Liebe ist es aus auf lange Zeit, vielleicht auf immer, Du erhältst diese Blätter als Absagebrief. Du bist frei, ich bin frei seit gestern. — Was soll ich mit Worten versüßen, was ewig bitter bleibt: — Ich heiße nicht mehr Aloys, ich heiße Adolf, bin der alte Mensch wieder, denn ich habe den neuen Menschen ausgezogen. Fluch allem Neuen. Gestern wanderte ich durch Art, es erwachte in mir eine Erinnerung, bei jedem Hause wurde sie lebhafter, endlich las ich auf dem größten Giebel neuaufgefrischt, wie es nie hätte verlöschen dürfen in meinem Geist:

Tell.

Zu Ury bei den Linden
Der Vogt steckt auf den Huth,
Und sprach: Ich will den finden,
Der dem kein' Ehr anthut.
Ich that nicht Ehr dem Huthe
Ich sah ihn kühnlich an,
Er sagt: Du traust dem Muthe,
Will seh'n, ob du ein Mann! —
Er faßt den Anschlag eitel,
Daß ich nun schieß geschwind,
Den Apfel von dem Scheitel
Meinem allerliebsten Kind!

Kind.

Ach Vater, was hab' ich gethan,
Daß du mich also bindest an.

Tell.

Mein Kind schweig still, mein Herz schon'st groß,
Ich hoff' es wird mein Pfeilgeschoß

Kein Schaden dir bereiten,
Du trägst kein Schuld und ich kein Sünd,
Ruf nur zu Gott mit mir mein Kind,
Gott wird den Pfeil schon leiten.
Halt auf dein Haupt, richt dich nur auf,
In Gottes Namen schieß ich drauf,
Der gerechte Gott soll leben!

Kind.

Ach Vater mein, Gott mit uns halt,
Der Apfel von dem Scheitel fällt,
Gott hat den Segen geben.

Das las ich als flüchtender Knabe, damals hieß ich Adolf und war innerlich erbauet — und ich habe es vergessen können, als ich der Erbauung mehr bedurfte. Fluch meinem Namen, Fluch der Zeit, beide haben mich niedergedrückt. Aber die alte Zeit ist mir in ihrer Schönheit erschienen, aller Zweifel gewichen. Wie konnte mich für diese ewige Schönheit die vergängliche Schönheit deines Leibes entschädigen, wie könnte deine Hand die Wunden des Vaterlandes heilen, an denen ich mit verblute. Es sei dein Lohn, daß du mich hieher gewiesen, zur Quelle heiliger Stärke, du bist meine Heilige geworden, und ich will für dich kämpfen, von dir kommt meine heilige Stärke, du hast die Blumen meines Muths zu einem Kranze gewunden, den ich dir weihen will, wenn er meine Stirne ganz erfrischt hat, du hast ihn durch ein schwarzes Band verbunden, worauf mit leuchtenden Buchstaben der Heergesang flammt.

Melodie. God save the king.

Lebet ihr Schweizer hoch,
Sterbe die Feindesbrut,
Die uns belog,
Streitet in Himmelshuth,
Trinket der Feinde Blut,
Heute befreit zu sein
Schlingt den Verein.

Schwühl ist die Sommerluft,
Kühl ist die Sternennacht,
Decket die Kluft!
Euer ist Leibes-Macht,
Brücken sind leicht gemacht
Über sie schreitet hin
Sieg und Gewinn.

Jubelnd zum wilden Rhein
Hallet der Kühe-Reihn
Muthig allein! —
Wär es das weite Meer
Nimmer verweilt das Heer,
Suchet mit Augenblitz
Waffenbesitz.

Hört ihr den tiefen Klang
Schauert euch Feinden bang?
Herz aus uns sang!
Blut in die Wangen drang,
Wuth in den Sehnen rang,
Wonne es stürmt das Horn
Gegen euch Zorn.

Ordnet die schnellen Reihn,
Schauet im Mondenschein
Geister sich freun:

Weihet den Schützen ein,
Decket mit Kranzes Schein,
Einen der Feind er traf
Sinkend zum Schlaf.

Dränget die Lücke voll,
Jubelnd mein Tod erscholl
Kugel nun roll;
Grase am Boden toll,
Tod ist des Lebens Zoll
Zahlet des Vaterland's
Kühlenden Sand.

Dringt mit dem Morgenstern
Kühn in die Spieße ein.
Schaut nur den Stern.
Schlucket die Spieße ein,
Krankheit ist böse Pein,
Wer von den Spießen sinkt
Himmelthau trinkt.

Schauet beim Morgenschein
Ruhend im Dämmerhayn
Feindes Gebein:
Höres den Siegsgesang
Der von den Brüdern klang! —
Feinde nur klagen bang,
Wonnegesang.

Aloys.

Rose. Hätten sie wohl dies Ende vermuthet?

Ich. Also das ist das Ende! — Aber es ist wohl noch ein Anfang möglich?

Rose. Für mich nicht. — Der Brief hatte wunderbar auf mich gewirkt, ich hörte seit der Zeit nichts von ihm, sie sagten, er habe in dem österreichischen

Heere Dienste genommen. Seine Worte durchdrangen mich unaufhörlich, ich glaubte mich eben so wie er, der Tugend opfern zu müssen, mich eben so wenig meines Vaters Meinungen anschließen zu müssen, ich gelobte ihn nie zu heirathen, wie auch die Umstände sich wendeten, ich gelobte es in Aufenau, und hoffte doch noch, daß ein Arm aus der Gruft empor meine Hand zu sich hinziehen würde. — Ich gelobte, was ich nicht sollte. —

Ich. Und Sie lachen? —

Rose. Meiner Gedanken und Plane — ich wollte Soldat werden, ihn gefangen nehmen. — Mein Vater erstaunte über meinen Eifer, denn er selbst fühlte keinen Eifer mehr, er suchte Ruhe. Es war ihm wie allen ergangen, die es mit dem Feinde gehalten, von ihren Landsleuten verabscheuet, von jenen gemißbraucht, hatte er den kleinen Theil seines übrigen Vermögens in unbedeutenden Stellen bald aufgezehrt. Er konnte es nicht ertragen, aus seinem Stande herunterzusinken, in Städten, wo alle ihn kannten, und viele ihn haßten, — er kaufte heimlich dieses kleine Gasthaus. — Er sagte mir, wir gingen nach Lausanne. Wir fuhren andere Wege, aber ich bemerkte es nicht, in Gedanken versenkt. An einem dunkeln Abend kamen wir hier an, die Felsen umschlossen uns so dunkel, wir wurden so heftig in den tiefen Wegen gestoßen, daß ich erwachte aus meinen Träumen, und den Vater küßte und fragte, wie sich alles so verändert, seit wir abgereist? Mein Vater seufzte, und ich wußte nicht, warum. Bald nachher kam meine Mutter uns aus diesem Hause entgegen, sie weinte beim Wiedersehen, der Wind verlöschte das Licht. — Ich will Sie nicht aufhalten mit Beschreibungen, — ich bekam von den unzähligen Mückenstichen einen bösen Fuß, und mußte doch die ganze Wirthschaft führen, — mein Vater starb. — Die Walliser lieben uns noch nicht, weil wir Waadtländer sind, von denen einige sie während der Revolution härter als die Franzosen bedrückt. —

In dem Augenblicke trat ein Feldwebel herein, und erlaubte sich einige Freiheiten, welche sie sehr ruhig ablehnte, und hinausging. — Indessen kam die Mutter mit der Magd, und zogen Hanf aus den Hülsen. Sie schienen beide darüber einig, daß Rose einen reichen Gemsenjäger heirathen müsse, die Magd rühmte sein Vermögen, die Mutter seine vielfachen Dienste. Der Feldwebel schien damit gar nicht zufrieden, sein Einfluß auf die Mutter war unleugbar, er schien aber die Tochter durch die Mutter gewinnen zu wollen, und das suchte die Mutter durch die Verheirathung an den Gemsenjäger zu hindern, die Magd aus Haß gegen ihn. Ich sitze während der Zeit, und schreibe ruhig fort. Der Gemsenjäger kam endlich selbst mit zwei großen Hunden, ein offener roher

Mensch. Er brachte der Mutter ein Rebhuhn, und erzählte lachend, wie er eben Rosen geängstet, indem er ihre Lieblingskatze von einem Hunde habe greifen lassen. Sie hätte das Thier mit einem Kusse loskaufen müssen. Er ließ Wein geben für sich und den Feldwebel, der ihn dafür mit kriegerischen Aufschneidereien bewirthete.

Es ist finster geworden in mir und außer mir, ich möchte dem armen Mädchen helfen, das Liebe, Stand', Gesellschaft alles ohne Schuld verlor, aber das Schicksal hat sie in einen Knoten geschlagen, den kein Sterblicher auflößt, und da scheint auf dem Hause zu lasten ein schwerer Fluch — ich glaube nicht, daß ich unter einem Dache mit ihnen schlafen kann.

Ich schreibe Dir fünf Meilen von der einsamen Rose entfernt auf einer kleinen Insel am Ende des Genfersees. Mit der stillen Wehmuth eines klaren Herbsttages sehe ich die breiten Blätter des Ahorns, der neben mir schwankt, sie werden fallen, — und dann wächst mein Herz wieder in mir, ich glaube auf einem freien Punkte außer der Erde zu sitzen, ich möchte einen Hebel ansetzen, um alle die traurigen Gebirge umzustürzen, daß sie die einsame Rose frei ließen. Aber was wäre ihr die Freiheit; was sie dem Greise giebt, dem Frau und Kind und alle Freunde und die Jugend in der Zeit seiner Gefangenschaft ausgestor-

ben

ben! Nie wird das Gras grünen, wo das Schwert den Boden drückt. — Ich fühle es, wäre ich länger da gewesen, ich hätte ihr den Rath gegeben, mit dem Kopf gegen die Mauer anzurennen, und darum nahm ich noch den Abend einen Führer, und schlich einige Schritte voraus, um Rose aufzusuchen. — Sie saß auf einem Felsstücke neben dem rauschenden Bache, ihre Beine unter sich geschlagen, ihr Auge blickte gleichgültig zu mir hin, sie strich einen großen schwarzen Kater, der sich behaglich durch ihre Hände wand. Sie sagte ruhig: Mein Peter wäre mir fast erwürgt worden von meinem Bräutigam! — Wollen Sie den Gemsenjäger heirathen? fragte ich. Ich soll wohl, sagte sie, das hilft meiner Mutter auf, er hat Vermögen, und ich kann dann ruhiger an Aloys denken, weil ich ihn dann nicht mehr heirathen kann. Ach, schrie sie auf einmal heftig, wenn ich ihn nur befreiet hätte. Sie sah meine Verwunderung. Verzeihen Sie, fuhr sie leise fort, ich habe nur selten solch einen Augenblick des Schmerzes, aber dann ist er auch mächtiger als ich. Ich denke gewöhnlich an ihn, und mache mir seine Geschichte, da träumte mir diese Nacht, er sei durch einen falschen Frieden vom Feinde betrogen, nachdem er sein Vaterland fast befreiet, habe die Waffen niedergelegt, sei heimlich gefangen nach Arburg gebracht und gefoltert worden — und ich kann ihn nicht befreien! Es war dunkler geworden, ich sah ihr Gesicht nur noch in dem Funkenscheine, den ihre Hand aus dem Fell des schnurrenden Katers zog, die Funken schienen ihre seltenen Thränen zu begrüßen. Es war eine Stille, wie im Gewitter vor einem Hauptschlag, ihr Geschrei hatte mich wie die Schlange eines allgemeinen Schicksals umwunden, endlich begann sie schnell, als wenn sie lange gesonnen und plötzlich es ihr in die Seele dränge, in immer steigender Melodie ein Lied, von dem ich dir nur eine Erinnerung aus meiner Seele abschreiben kann, so wie Du Dir Rosens Reden auch ungleich eigenthümlicher denken mußt, als ich sie Dir wiederholen könnte: Es waren nachtönende Anklänge von Aloys in einem ihm sehr unähnlichen Gemüthe.

Wer rasselt mit den Ketten
Auf Arburg in dem Schloß,
Eilt keiner ihn zu retten,
Sein Blut schon röthlich floß?"
Die Folter hats getrunken,
Er rufet: Tröste dich,
Der Tag ist bald versunken
Auf Rosen liege ich.

Ihr grüßt mich Abendstrahlen
Gefärbt mit meinem Blut,
Die Rache mir zu malen,
Zu wecken meinen Muth,
Ich höre Abendlieder
In einsam stillen Thal,
Ich sehe Rosen wieder
Am Berg im Abendstrahl.

O sieh die Alpenrose,
Der lieben Freiheit Bild,
Men Röschen auf dem Moose.
Uns deckt das blaue Schild,
Das milde ausgespannet,
Der Freiheit Streiter lohnt,
Wer von der Welt verbannet,
Auf hohen Alpen thront.

Wir haben treu gestritten
Für unser heilig Recht,
Und was wir hier erlitten,
Gerechte Nachwelt rächt:
Auf denk der ältern Brüder,
Der Todten Seligkeit,
Wir sehen heute wieder
Den Tell, der uns befreit.

Du siehst das Eiland scheinen,
So still im milden See,
Drei Palmen zu vereinen,
Auf seiner stillen Höh;
Es grünen ihre Blätter
Im Tode Siegertrost,
Die Freiheit siegt im Wetter
Im Blitzstrahl und im Frost.

Es gehen ia dem Schatten,
Die drei vom alten Bund,
Was sie geschaffen hatten
Geht wahrlich nicht zu Grund:
Das Alphorn soll erschallen,
Zum hohen Strafgericht,
Die Feinde sollen fallen,
Wenn unsre Kette bricht.

Mein Aloys ich höre,
Spricht Werner, Unken schrei'n,
O sehe ich beschwöre
Des Hochgerichtes Schein:

Da winket keine Palme,
Es rauscht das gelbe Laub,
Am Felsen dürre Halme,
Sind schon der Winde Raub.

So sollen wir verwehen,
Wenn wir hier nicht bekannt,
Da sollen wir vergehen
Wenn wir sie nicht genannt:
Die sich in Tells Kapelle
Mit uns zum neuen Bund
Verschworen an der Stelle,
Wo Tell entfloh gesund.

Wir können nicht entfliehen
Drei Pfeiler seh ich stehn,
Die Todtentänze ziehen,
Mein Weib nur möcht ich sehn:
Sieh das ist unser Himmel,
Da steigen wir hinan,
Der Geister bunt Gewimmel,
Schaut uns schon grüßend an.

Vergebens sind gestorben
Die Edlen iu dem Kampf,
Der Feind hat schlau erworben,
Den Preis von unserm Kampf:
Verträge schlau gebrochen,
Durch Falschheit uns besiegt,
Die Freiheit ist gebrochen,
Ihr Held in Ketten liegt.

Ach alles ist verloren,
Die Freiheit zog nun fort
Wo sie vom Tell geboren,
Genährt in heil'gem Ort:
Dem Sommer folgen Schauer,
Der Berge Haupt wird weiß,
Der Winter auf der Lauer,
Berühret sie schon leis.

Der Winter wird vergehen,
Spricht Aloys mit Lust,
Der Frühling wird erstehen,
Und Rache füllt die Brust:
Und wenn wir auch gestorben,
Es fließ der Henker Blut,
Die Freiheit jetzt erstorben,
Ersteht aus unserm Blut.

Bewaffnet sind die Schaaren,
Der Morgenstern ihr Hort,
Die Nacht wird sie bewahren,
Sie ziehn von Ort zu Ort.
Dann sammeln sich die Brüder,
Im heil'gen Gotteshaus,
Dann flammen hohe Lieder,
Die Freiheit hoch hinaus.

Sie werden eingeweihet
Zum Leben und zum Tod,
Die Fremden bald zerstreuet,
Ein Fremdling alle Noth.
So sterben wir für jene
Und wachen herrlich auf.
Der Freiheit höchste Töne,
Sind Auferstehungs-Kauf.

Nur das will mich betrüben,
Ich lasse meine Braut,
Mein Röslein Feindestrieben
Verlasse meine Braut,
Die Treue mir geschworen,
Aufs Schwert, das sie mir reicht,
Ich hab das Schwert verloren,
Auch Treue weicht vielleicht.

Wer rasselt mit den Ketten
Auf Arburg in dem Schloß,
Eilt keiner ihn zu retten,
Sein Blut schon röthlich floß?

Sein Röschen hats gehöret,
Als Wächter ist sie nah,
Verkleidet ungestöret,
Die Rettung sie ersah.

Sie steiget in das Zimmer,
Wo beide eng bewahrt,
Die Rose bei dem Schimmer,
Den noch der Mond bewahrt.
Still lößt sie ihre Ketten
Sie folgen ihr so gern,
Sie hoffen sich zu retten,
Er siehet seinen Stern.

Sie steigen auf und nieder,
Die Rose führt sie leicht,
Auf geistigem Gefieder
Der feuchte Nebel streicht.
Sie redet keine Worte,
Mit ihrem Bräutigam
Sie horcht an jedem Orte,
Ihr Haar weht ohne Kamm.

O Rose flüstert jener,
Du bist es liebe Braut
Ein Engel ist nicht schöner!
Sie spricht: Nur mir vertraut.
Und bin ich auch verblichen
Aus Gram und Angst um dich,
Die Ketten sind gewichen,
Die Freiheit rette ich.

Doch bald scheint sie verschwunden
Zum Morgen ging ihr Lauf,
Die Täuschung reißt die Wunden
Der alten Hoffnung auf:
Sie wagen nicht zu regen,
Den Fuß vom Boden auf,
Sie beten Abendsegen,
Da geht die Sonne auf.

Sie staunen, zweifeln, fassen,
Die Brüder an im Wahn,
Die Brüder sie umfassen
Auf ihrer Siegerbahn.
Es fehlte noch der Führer,
Zum kühnen Überfall,
Und Aloys als Führer,
Begrüßt des Alphorns Schall.

Die Freunde ausgezogen
Vom hohen Alpenland,
Vom Feinde fortbetrogen,
Führt jetzt des Helden Hand:
Und wer ihn hat geführet
Aus finsterm Schloß den Held,
Die Liebe hat geführet,
Die Freiheit in die Welt.

Sein Liebchen ruht im Arme,
Auf Aloys die Braut,
Doch ach, daß Gott erbarme,
Zugleich des Todes Braut:
Die Angst hat sie erdrücket,
Der Freiheit weicht der Held,
Zur Leiche hingebücket,
Den Arm, den sie noch hält.

So stirbt die Mutter kreißend,
Ihr Kindlein in dem Schooß,
Die Lieb zum Himmel reißend
Bleibt Freiheit nackt und blos:
O Held auf dir gebauet
Stehn wir am Felsenrand,
O Fels auf dir vertrauet,
Der Freiheit Mutterland.

Berlin, gedruckt bei Trowitzsch und Sohn.

Kolibri 360 GmbH
Ferdinand-Jühlke-Straße 7
99095 Erfurt, Deutschland
produktsicherheit@kolibri360.de